Neurociencia

D1920670

Ciencia

Biografía

Joaquín M. Fuster es doctor en filosofía y medicina, profesor distinguido de Neurociencia cognitiva en el Instituto de Investigaciones Cerebrales y en el Instituto Semel de Neurociencia y Conducta Humana de la Universidad de California, Los Ángeles. En la década de 1950, el profesor Fuster fue un pionero de la neurofisiología de la cognición, al descubrir y describir las "células de la memoria" en el cerebro de los primates. Es autor de numerosos artículos y de tres libros: *Memory in the Cerebral Cortex* (1995), *Cortex and Mind* (2003) y *The Prefrontal Cortex* (1980, 4ª edición 2008).

Joaquín M. Fuster

Neurociencia

Los cimientos cerebrales de nuestra libertad

Traducción de Joan Soler Chic

Ariel

Obra editada en colaboración con Editorial Planeta – España

Titulo original: *The Neuroscience of Freedom and Creativity*
Publicado originalmente por Cambridge University Press

Bajo el sello editorial PAIDÓS M.R.
Avenida Presidente Masarik núm. 111, Piso 2
Polanco V Sección, Miguel Hidalgo
C.P. 11560, Ciudad de México
www.planetadelibros.com.mx
www.paidos.com.mx

Diseño e ilustración de portada: Estudio la fe ciega / Domingo Martínez
Adaptación de portada: Caskara / design & packaging

Primera edición impresa en España: junio de 2014
ISBN: 978-84-344-1783-0

Primera edición en formato epub en México: abril de 2018
ISBN: 978-607-747-520-0

Primera edición impresa en México en Booket: abril de 2018
Sexta reimpresión en México en Booket: abril de 2023
ISBN: 978-607-747-496-8

Impreso en los talleres Impresora Tauro, S.A. de C.V.
Av. Año de Juárez 343, Colonia Granjas San Antonio, Iztapalapa
C.P. 09070, Ciudad de México.
Impreso en México – *Printed in Mexico*

A mi hermano Valentín,
compañero humanista, médico y científico.

Y en memoria de Václav Havel.

Índice

Figuras

Prefacio

Octubre de 2000, Universidad de París, Hospital La Salpêtrière, Anfiteatro Charcot. Fui invitado a pronunciar un breve discurso de aceptación sobre un tema de mi elección tras recibir el Premio Jean-Louis Signoret. Decidido a hacerlo en francés, le puse un título ambicioso: «Liberté et l'Exécutif du Cerveau» [«La libertad y el ejecutivo del cerebro»]. En menos de media hora traté de explicar que la corteza prefrontal es el facilitador de la agenda humana. Y que el logro de los objetivos biológicos y sociales es el resultado de la competencia entre demandas de los medios interno y externo que bombardean continuamente esa corteza. Y que entre esas demandas se cuentan, además de impulsos instintivos, imperativos éticos inconscientes. Como cabe suponer, cité a Claude Bernard y a Benjamin Constant. Acabé diciendo que el albedrío humano es un fenómeno de la capacidad del cerebro para escoger, racionalmente o no, entre diversas acciones posibles.

Pero después del discurso reparé en que me había excedido. Había hablado sobre un tema francés sagrado en un francés no exactamente perfecto ante un público francés de cierto nivel intelectual en un distinguido foro francés. Doce años después, este libro es un intento de explicar mejor todas aquellas cosas.

¿Qué empuja a un científico del cerebro a escribir sobre un asunto tan elevado como el de la libertad humana? ¿Qué preparación tiene para ello? Sabrá sin duda que es un terreno lleno de escollos. Rotundamente sí, conoce los peligros. Tiene muy claro que esos peligros son reales, sobre todo el desdén o, aún peor, la ira implacable con que la neurociencia moderna trata al desprevenido defensor del libre albedrío.

De hecho, si nos atenemos a la neurociencia, la defensa radical del libre albedrío es una causa perdida, y no tengo intención de tomar ese camino. Lo defendible –mi postura aquí– es que el albedrío, o libertad para elegir entre alternativas, depende del sistema nervioso, sobre todo de la corteza cerebral, en su interacción con el entorno; que la libertad para elegir entre alternativas –incluida la inacción– es relativa, está condicionada por ciertos límites tanto en el organismo como en el entorno; y que la experiencia subjetiva de la libertad está en función de la intensidad de la actividad cortical que precede a libertad de decisión y se ocupa de la misma.

Defender la libertad frente al determinismo del microcosmos cerebral de genes y moléculas es prácticamente imposible si pasamos por alto que un microcosmos así sigue las leyes del sistema nervioso y su entorno y no está menos sujeto a ellas que la tinta a la palabra escrita. En todo caso, casi todo el mundo tiene motivos para incluir a la libertad en ese sistema, en cuyo seno ninguna estructura parece albergar la inmensa amplitud de las finalidades humanas y las raíces biológicas de las instituciones humanas. No obstante, aunque la libertad de decisión dispusiera de un lugar concreto en el cerebro, seguiríamos teniendo la duda de cómo crea el cerebro lo nuevo a partir de lo viejo. Karl Popper vence con elocuencia en el debate contra el determinismo en la acción humana, pero luego admite que su victoria no basta para comprender la esencia de la libertad, la responsabilidad o la creatividad. «¿Cómo podemos ahora explicar a Mozart?», se pregunta pensativo.

Algunos filósofos y sociobiólogos intentan, sin demasiado éxito, situar la libertad fuera del sistema nervioso. Ciertos psicólogos evolutivos colocan la «ilusión de la libertad» en la historia filogenética de la humanidad, pero por lo visto no son conscientes de que en esa historia ha pasado algo verdaderamente nuevo que ha liberado al hombre de su pasado, lo ha empujado al futuro y lo ha vuelto capaz de inventar libremente ese futuro. Ese algo es la explosión evolutiva de la corteza de los lóbulos frontales, sobre todo la región prefrontal.

Aparte de las ganas de redimirme a mí mismo tras una imprudente conferencia en Francia sobre la libertad, lo que me impulsa a emprender esta aventura intelectual es haber dedicado casi medio siglo a investigar esa parte del cerebro. Ello no equivale a considerar que alguna estructura cerebral, ni siquiera la corteza de los lóbulos frontales, escape a la causalidad natural o esté dotada de poder para elegir y decidir por nosotros. Más bien al contrario: entiendo que la dinámica de los lóbulos frontales está determinada en última instancia por el genoma y el entorno. Además, la atribución de capacidad ejecutiva primordial a la corteza prefrontal es, como explicaré más adelante, un obstáculo importante para el estudio de su papel en la libertad. Aun así, debido a sus funciones futuras, esa corteza amplía la libertad ejecutiva del ser humano individual para moldear su futuro superando radicalmente los límites de cualquier animal individual anterior a lo largo de la evolución.

Quiero establecer una distinción clara entre la idea simplista de la corteza prefrontal como un mítico «ejecutivo central en el cerebro», cosa que no es, y su papel fundamental en la concepción y la organización de acciones con objetivo. Este papel se compone de varias subfunciones nerviosas, entre ellas la memoria de trabajo, el escenario preparatorio (*preparatory set*) y el control inhibitorio. Este libro no es una apología de una teoría nueva de la corteza prefrontal que desbanque a todas las demás, sino más bien una visión sintética de los procesos mediante los cuales esas funciones subordinadas de la corteza prefrontal, bajo su preponderante función de organizadora temporal de acciones, están al servicio de nuestra libertad y nuestra capacidad para crear lo nuevo, lo bueno, lo útil y lo bello.

El fundamento máximo de la libertad humana consta de dos funciones cognitivas que distinguen claramente a los seres humanos de los demás organismos: el lenguaje y la capacidad para predecir el futuro –y perfilar nuestras acciones en consecuencia–. El lenguaje es muchísimo más que una ampliación de la comunicación animal. Es un medio para transmitir información, emociones, experiencias y pensamiento lógico a nosotros mismos y a los demás. Como el lenguaje es también un instrumento para predecir sucesos futuros y elaborar planes de acción, la predicción y el lenguaje son en buena medida inseparables. Las dos funciones están estrechamente relacionadas entre sí, si bien ninguna es reducible a la otra. Una finalidad de este libro es examinar el carácter de esta relación. En cualquier caso, ambas funciones derivan de un complejo sistema adaptativo determinado por un pasado finito pero abierto a un futuro ilimitado. Tanto el lenguaje como la predicción se basan firmemente en el funcionamiento de la corteza prefrontal. Por este solo motivo, la corteza prefrontal surge de la evolución como la cuna de la libertad.

Prácticamente todas nuestras actividades cotidianas presentan índices de éxito de casi el cien por cien. No obstante, la mayoría de estas actividades son automáticas, memorizadas, inconscientes, y se ven reforzadas por éxitos anteriores reiterados. En cambio, nuestras decisiones más trascendentales, es decir, las que determinan el futuro (relativas a la profesión, el matrimonio, la emigración, las inversiones financieras, las investigaciones nuevas o la maternidad), casi nunca se basan en predicciones con una probabilidad máxima de éxito o dicho de otro modo, con el riesgo menor de fracaso. Son estas decisiones trascendentales las que pertenecen claramente al ámbito de la corteza prefrontal, como facilitador –no ejecutivo central– del cerebro.

Por consiguiente, el ámbito de la corteza prefrontal también engloba innumerables tipos de actividad creativa o innovadora en todas las esferas del empeño humano: la artística, la social, la profesional, la científica, la filantrópica o la deportiva. En la agenda humana, el éxito y el fracaso se definen en virtud de la consecución de objetivos relacionados no sólo con la biología –referentes a la salud, el placer o a la ausencia de dolor–, sino también con valores atesorados por los seres humanos: el amor, el reconocimiento, la confianza, el mérito, el placer estético, el elogio, la aceptación social, etcétera. Si estos valores resultan de la sublimación de impulsos biológicos, y en qué medida, no es algo esencial en mi razonamiento. Lo esencial es que nuestra libertad para luchar por ellos se basa en la salud y el vigor de la corteza prefrontal.

La dimensión crítica de esta función organizadora temporal de la corteza prefrontal, la relacionada más directamente con la libertad y la creatividad, es el futuro. Curiosamente, de entre todas las personas interesadas en las funciones frontales, la tienen en cuenta sólo los médicos y los estudiantes de la memoria de trabajo, los primeros porque los pacientes con lesiones en el lóbulo frontal tienen claras dificultades para planificar, y los segundos, porque la memoria de trabajo, para la cual el lóbulo frontal es muy importante, es recuerdo guardado para ser utilizado en el futuro cercano. Los demás parecen temer que los acusen de teleología, esto es, de creer que el futuro puede originar el presente, la némesis del científico físico.

Sin embargo, la relación entre el futuro y la corteza prefrontal están comenzando a verla otros científicos: los neuroeconomistas. La neuroeconomía se ocupa del papel de las estructuras cerebrales en la predicción y la probabilidad del riesgo y el valor *esperados* que resultan de una decisión libre: la recompensa económica, entre otros. Una de estas estructuras es la corteza prefrontal, claramente implicada en la fisiología de las decisiones y la libertad. Por un lado, está profusamente dotada de detectores neurales de placer y recompensa. Por otro, contiene los organizadores neurales de conductas buscadoras de recompensa (economía conductual), incluido el lenguaje hablado.

La neuroeconomía ha florecido últimamente debido sobre todo a la aplicación de enfoques conceptuales como la teoría de juegos y a un mayor conocimiento del papel de la corteza prefrontal en la recompensa y la insatisfacción. La probabilidad ha entrado en la neuropsicología animal prácticamente como entró antes en el estudio de la conducta humana. Se han diseñado tests conductuales para medir cómo los animales, en especial los primates, calculan las probabilidades de recompensa o riesgo. Así pues, la neuroeconomía es capaz de hacer predicciones bastante precisas sobre decisiones animales simples e incluso establecer correlaciones con la actividad neural. Sin embargo, no acaba de resolver la naturaleza humana compleja. Y no lo lograría aunque conociéramos los mecanismos del cerebro humano a la perfección. Como en la economía de mercado, tampoco aquí es posible predecir con precisión la interacción de variables. Ello se debe a que la interacción tiene lugar en la corteza cerebral, un sistema de redes neurales sometido continuamente a influencias de distintos orígenes: influencias y tendencias procedentes de recuerdos pasados en la propia corteza, o procedentes de los centros instintivos, viscerales y emocionales del sistema límbico y del tronco del encéfalo.

Sin embargo, es precisamente en el crisol de probabilidades e incertidumbres del cerebro humano donde cobra vida la libertad. La capacidad para escoger entre posibilidades proviene literalmente de la varianza y los grados de libertad de innumerables variables que subyacen a la acción humana futura. Como pasa con la evolución, el determinismo y la causalidad directa se disuelven en la probabilidad y, al hacerlo, ceden ante un factor teleológico: la *finalidad*, el *objetivo*.

Como pasa en la economía liberal, la metáfora de la «mano invisible» de Adam Smith (la conducta autorreguladora del mercado que conduce al bien común) surge en el cerebro humano en forma de influencias neurales imponderables que llevan al individuo a una mejor adaptación a su entorno. Igual que innumerables motivos impulsan a los participantes del mercado a determinar valores y precios, innumerables influencias neurales, algunas inconscientes o meramente intuitivas, impulsan al individuo a tomar decisiones personales. Entre estas influencias está no sólo el «espíritu animal» del impulso biológico, sino también los principios de la ley natural grabados en la memoria evolutiva colectiva. Están también los principios de la estética, el altruismo o la creatividad, que han sido grabados en nuestra memoria individual por la tradición, la educación y la familia –en resumen, por la cultura–. Es el conjunto de recuerdos individuales y colectivos lo que permite a la corteza prefrontal inventar el futuro y hacerlo posible en el presente. Aquí vamos a ocuparnos de la anatomía funcional de esa «mano neural invisible», la memoria del organismo en el sentido más amplio, lo que posibilita el lenguaje racional, la predicción y la libertad.

Este libro es ante todo producto de mis años de investigaciones en neurociencia cognitiva en la Universidad de California. Inmediatamente después, el libro es producto de una larga experiencia clínica con discapacitados mentales. La fenomenología de la enfermedad mental es uno de los mejores educadores sobre las lamentables consecuencias de la pérdida de libertad personal. El libro es también producto de mi anterior formación europea en artes y humanidades, sobre todo música y lenguas, esas maravillosas herramientas que nos ha otorgado el cerebro humano. Por último, naturalmente, este libro es asimismo el fruto de innumerables discusiones con colegas míos y alumnos de todos los niveles. Estoy convencido de que algunas mentes jóvenes discuten mejor sobre la libertad y la creatividad que muchos eruditos veteranos con ideas preconcebidas. Quizá esto sea verdad también en otros aspectos tan naturales y tan humanos.

A veces he pensado que el tema de este libro me viene grande… quizás a todo el mundo. De hecho, aún es mucho lo que no sabemos del cerebro ante algo que puede pasar y nuestra libertad para hacer que pase o impedirlo. Más de una vez he detectado una sonrisa en el rostro de algunos de mis colegas al enterarse de lo que he estado intentando hacer. Una sonrisa que revela una mezcla de incredulidad, compasión y buenos deseos. Pero claro, yo siempre he valorado la importancia de mi tarea, y son muchos quienes la han tomado en serio y me han echado una mano dándome ánimos y buenos consejos. Doy sinceramente las gracias a Warren

Brown, Patricia Churchland, Gerry Edelman, Ignacio Fuster, Patricia Greenfield, Peter Hagoort, Daniel Kahneman, John Schumann, Larry Squire, Peter Whybrow, entre otros. Muestro mi especial agradecimiento a Sally Arteseros por su edición experta de partes difíciles del texto, y a Carmen Cox por su ayuda en la recopilación de referencias bibliográficas y en la preparación final del manuscrito.

1

Introducción

Yo soy yo y mi circunstancia.

José Ortega y Gasset

Por lo que yo sé, la especie humana ha estado preguntándose continuamente a sí misma si es la dueña de su destino o si, en cambio, el destino humano está dictado por estrellas, deidades o genes. En la actualidad, pocos dudan de que el cerebro tiene mucho que ver con el destino. No obstante, la neurociencia moderna es, por regla general, determinista y reduccionista, contraria a la idea de que en el cerebro haya un lugar para el libre albedrío o cualquier otra clase de entidad «contra-causal».

Con todo, gracias a ciertos avances recientes en la neurociencia cognitiva, o sea, la neurociencia del conocimiento, este panorama está a punto de cambiar o está cambiando ya. Si hablamos de la cognición humana, el determinismo y el reduccionismo radicales han dejado de ser los faros que guiaban nuestro discurso.[1] Ello no signi-

1. No quiero que se me malinterprete. Mi defensa de la neurociencia de sistemas da la impresión de que considero la neurociencia

fica que el libre albedrío pueda reivindicar en el cerebro ninguna plaza de soberanía en forma de entidad diferenciada o conjunto de mecanismos neurales. Lo que sí significa es que nuestro conocimiento científico del cerebro humano está abierto a alojar la libertad; es decir, a alojar nuestra capacidad para actuar como agentes causales libres, aunque con limitaciones físicas y éticas.

La neurociencia cognitiva está empezando a explicar la capacidad para escoger entre alternativas de acción –inacción incluida– y extender nuestra facultad para originar y forjar acciones futuras. Para ello sin duda se requieren cambios sustanciales en la manera tradicional de conceptualizar la función cerebral. Este libro, entre otras cosas, intenta explicar estos cambios necesarios. Mi objetivo es liberar la libertad de limitaciones intelectuales y, al mismo tiempo, demarcar los límites tanto del cerebro como de la libertad humana.

No existe ninguna distinción semántica convincente entre *albedrío* y *libertad* [*liberty* y *freedom*, en el original]. Se han propuesto algunas diferencias con base en el uso contextual en diversas culturas, pero dichas diferencias son superficiales o simplemente se reducen a aspectos etimológicos. En inglés americano, el término «libertad [*liberty*]» quizás adquirió difusión histórica y política tras la adopción por los americanos de los principios de la Revolución francesa, uno de cuyos lemas era precisamente «libertad».[2] No obstante, las palabras derivadas de «libertad [*freedom*]», como el adjetivo «libre [*free*]» se

básica irrelevante para la cognición. Es más bien lo contrario. El estudio de los mecanismos sinápticos y la neurobiología molecular está dando grandes pasos en el escenario biofísico más elemental del procesamiento de información neuronal, tanto en el aprendizaje como en la memoria (Kandel, 2000), sin lo cual no hay cognición.

2. Puede que Thomas Jefferson tuviera algo que ver con esto, pues antes de ser presidente había sido embajador en Francia.

pueden usar más fácilmente, sin ambigüedades, que las de «libertad [*liberty*]» para describir las aplicaciones más habituales de ambas: libertad *de* y libertad *para*. En este libro las utilizo indistintamente. De este modo, intento ampliar el campo para incluir temas como la socioeconomía y la política, en los que un término resulta favorecido con respecto al otro.[3]

Uno de los acontecimientos más interesantes de la cultura occidental es la actual convergencia del pensamiento filosófico y la neurociencia en la cuestión del libre albedrío. Aquí es útil examinar brevemente esta cuestión desde el punto de vista de la filosofía moderna. Esto nos procurará una mejor perspectiva sobre cómo aborda la neurociencia el problema del libre albedrío, el principal asunto que me propongo tratar.

Immanuel Kant (1724-1804) defendía la existencia del libre albedrío con razones éticas (edición de 1993). Para su mente racionalista, la moralidad era inconcebible sin el libre albedrío. Un siglo y medio después, William James siguió la misma línea de razonamiento, aunque poniendo objeciones por razones científicas (James, 1956/1884). La principal explicación de sus dudas radicaba en el tremendo obstáculo del determinismo, sobre todo el determinismo biológico. Terminó declarándose a regañadientes indeterminista, con cierta tolerancia hacia lo que denominaba «determinismo suave», que admitía cierto grado de libertad y responsabilidad en las decisiones humanas.

El determinismo biológico en su forma extrema (determinismo «duro») está tipificado por el «demonio de Laplace» (Gillespie, 1997): la idea de que, si conociéramos *todas* las «condiciones iniciales» del universo y tuviéramos

3. Estuve dándole vueltas a la idea de titular el libro *La neurobiología de la libertad,* en un intento un tanto pretencioso de establecer un paralelismo con *La constitución de la libertad,* que posiblemente sea el mejor libro socioeconómico de Hayek (1960).

una capacidad computacional ilimitada, deberíamos ser capaces de predecir exactamente *todas* las conductas de un organismo durante su vida entera. En otras palabras, deberíamos ser capaces de trazar una línea de causalidad a través de miles de hechos y niveles de complejidad. Esta postura[4] está enfrentada a la neurociencia moderna por varias razones, entre ellas la complejidad, la varianza, la no linealidad y la naturaleza probabilística de las transacciones neurales, en especial con respecto a los fenómenos psicológicos.

Lo contrario del determinismo duro es el libre albedrío libertarista. A menudo esto se considera una postura dualista (mente/cerebro), en la cual el libre albedrío sería cierta variante del *élan vital* de Bergson (1907), una especie de entidad extracorpórea que nos infunde independencia y libertad a partir de las leyes físicas. En épocas recientes, algunos científicos del cerebro han adoptado posturas dualistas parecidas, en las que la entidad recibe el nombre de «mente» o «conciencia» –el alma de antaño– y está dotada de voluntad y control sobre el cerebro.[5] La neurociencia ya no respalda realmente ningún enfoque dualista. Por lo general, los libertaristas también se oponen a la idea (Kane, 2011). Sin embargo, como veremos, cierto ámbito de la neurociencia es compatible con cierto libertarismo.

De hecho, entre esos dos extremos –el determinismo y el libertarismo– hay una gran variedad de posturas filosóficas con las que la neurociencia moderna armoniza

4. En 1814, una postura un tanto paradójica para Laplace, que posteriormente llegó a ser un pionero de la teoría de la probabilidad.

5. A propósito, esos científicos suelen imaginar cierto «puerto de entrada» de dicha entidad en el sustrato ejecutivo del cerebro. Para sir John Eccles (correspondencia privada con este autor), ese puerto de entrada podría ser la corteza prefrontal, agrandada para incorporar el área motora suplementaria (parte de la corteza premotora del lóbulo frontal).

en un grado u otro. Casi todas se aglutinan bajo la categoría del *compatibilismo* y tienen su origen en la filosofía de Thomas Hobbes (1588-1679) (1968). En esencia, el compatibilismo mantiene que el libre albedrío y el determinismo son compatibles, no se excluyen mutuamente. Para afirmar eso, Hobbes se basó en el hecho de que, si no hay fuerza ni coacción, los individuos son capaces de tomar decisiones que concuerden con sus deseos; en otras palabras, decidirse por una acción concreta *si* no hay impedimento físico. Por regla general, los compatibilistas admiten cierto determinismo aunque lo consideran irrelevante para la conducta humana. Muchos defienden el libre albedrío con base en la ética, invocando razones pragmáticas y de sentido común, como el valor de la recompensa o el castigo. En esta línea, abogan más por la responsabilidad que por el libre albedrío aunque ambos están estrechamente relacionados.

En la época moderna, Frankfurt y Dennett se cuentan entre los compatibilistas más conocidos. Más allá de su razonamiento favorable a la compatibilidad, los dos exponen ideas fecundas para la neurociencia empírica. Según Frankfurt (1971), en ciertos casos los conflictos personales se plantean entre el deseo de realizar una acción y el deseo de no realizarla. Tras poner el ejemplo del drogadicto, clasifica ambas clases de deseos con arreglo a órdenes de intensidad y prioridad («agrupamiento jerárquico»). En el caso extremo del adicto «sin sentido», en el que prevalece el deseo de primer orden de tomar la droga sin limitación alguna, Frankfurt concluye que hay falta de «personalidad» y de autocontrol. En el conflicto «todo o nada» de la acción deseada existe una explicación neural convincente, que es especialmente aplicable al adicto: los enfrentados mecanismos prefrontales de búsqueda de recompensa y de control inhibitorio de los impulsos (Bechara, 2005). En el fracaso del segundo seguramente reside la explicación fundamental de por qué el libre albedrío del adicto acaba siendo rehén del hábito (capítulos 4 y 7).

Dennett sitúa su concepto de libre albedrío en la evolución (Dennett, 2003). A su juicio, la voluntad de ayudar a los demás (altruismo), por ejemplo, es atribuible a la presión evolutiva de la selección por el parentesco. Como veremos en el siguiente capítulo, la libertad evoluciona *pari passu* con la corteza prefrontal, que en la parte superior del *ciclo percepción/acción (PA)* relaciona el organismo con el mundo de los otros; a saber, con la población humana.

Entre las muchas ideas de Dennett –algunas embellecidas con interesantes neologismos–, la que parece más abordable por la neurociencia es la de la toma de decisiones por etapas. La idea cuenta con claros precedentes en William James (1956/1884), su autor, y otros (Mele, 2006; Poincaré, 1914; Popper y Eccles, 1977). Existen numerosas variantes, pero básicamente establece que se llega a una decisión en dos etapas. En la primera, que puede ser desencadenada por sucesos aleatorios, se consideran las posibilidades de acción en relación con la probabilidad de éxito, el resultado y las consecuencias. Poincaré, el matemático, tuvo la importante percepción de que algunos sucesos desencadenantes, amén del propio proceso de evaluación, acaso sean inconscientes. En la segunda etapa se seleccionan acciones para la decisión. Robert Kane (2011), defensor del libertarismo moderno, limita la intervención del azar y la indeterminación al mismo principio de la primera etapa y relega al individuo a lo que denomina la «última responsabilidad» (UR). Desaprueba algunos modelos de dos etapas porque, en su opinión, no respetan la UR lo suficiente; en otras palabras, no son lo bastante libertaristas.

Todos los modelos de dos etapas del libre albedrío conllevan el problema de basarse casi exclusivamente en el procesamiento de proalimentación (en la dirección del tiempo, *feed-forward*), con una retroalimentación (*feed-back*) mínima y sólo un margen limitado para el «cambio de opinión». Partiendo de la neurobiología, sugiero que el modelo del ciclo PA ayuda a resolver este problema, al menos en parte. En este modelo, sitúo la posibilidad de sucesos aleatorios en cualquier lugar del ciclo: a saber, el entorno externo, el entorno interno o el cerebro propiamente dicho. Esto supone que una acción y las decisiones que conducen a ella pueden empezar y terminar en cualquier punto del ciclo. Lo cual significa que las «etapas» hipotéticas del libre albedrío y la toma de decisiones están de hecho colapsadas, expandidas o alternadas en una continua reentrada de información: entre las cortezas frontal y posterior.

También es clave en mi razonamiento y en el modelo neural la idea de que el libre albedrío –esto es, la libertad para emprender acciones alternativas– surge de la estrecha relación entre el cerebro y el entorno en el ciclo PA. Ese entorno está en buena medida dentro de nosotros, pues incluye las representaciones internas del mundo que nos rodea. Se compone de nuestros conocimientos perceptuales, culturales y éticos; en resumidas cuentas, de nuestra «historia de mundo personal», interiorizada en la corteza cerebral.

El concepto de entorno interiorizado fue elegantemente esbozado en el contexto sociocultural por el filósofo español José Ortega y Gasset en un ensayo de 1914 (1961) y desarrollado por él mismo en obras posteriores. Fred Dretske (2000) utilizó recientemente un concepto similar enfocando directamente la percepción como un caudal de conocimientos personales adquiridos. Inspirados por Dretske, y sugiriendo una idea parecida a la de mi ciclo PA cortical, Murphy y Brown (2007) escriben: «Un estado mental es un episodio cuerpo-cerebro pertinente, o dirigido, a un contexto social o ambiental, pasado, presente o futuro». Centrándose más en la esencia de su pensamiento –y en el tema de este libro–, escriben que la causalidad mental –*ergo* una agencia mental libre– deriva de *categorías* de conocimiento irreducibles a elementos sensoriales o *qualia*. De este modo elevan la causalidad voluntaria al nivel de lo que yo llamo el *cógnito*.[6]

Lo de que con el cerebro nos sentimos libres para determinar nuestro futuro y el de otros es una obviedad. No obstante, tras esta obviedad está el extraordinario desarrollo evolutivo de la corteza cerebral, dentro de la cual está concretamente la corteza prefrontal. Es por este conocimiento, y tras estudiar durante largos años esa parte del manto cerebral, por lo que me atrevo a emprender este rescate de la libertad en el cerebro. La misión es difícil y requiere ante todo humildad intelectual, pues en nuestros conocimientos sigue habiendo grandes lagunas. En este libro intento abordar y describir lo que Hayek (1952) denomina «explicación del principio». El principio que se va a explicar aquí es cómo de la interacción funcional entre el cerebro y el entorno surge la libertad y cuál es la posición de la corteza prefrontal en dicha interacción. Esta explicación del principio quizá resulte provechosa al investigador cerebral, al filósofo natural, al jurista o al profesional de la medicina.

6. No es un neologismo caprichoso. Como explico en el capítulo 3, un cógnito tiene el significado específico de una red cortical, que es, en el conjunto, una unidad de conocimiento o de memoria con todos sus atributos asociados. Aunque utilizo a menudo la palabra «representación» al referirme a un cógnito, ese uso de la palabra es un tanto vago e impreciso, y no hace del todo justicia al carácter dinámico del cógnito –que es susceptible de cambio con el aprendizaje, de desgaste con el envejecimiento, etcétera–. Ningún conocimiento, ni recuerdo, *re-presenta* nada con precisión, como bien saben los jurados y los jueces.

En todo caso, ya es momento de explicar lo que el libro no hace –porque no puede–. No ofrece una explicación precisa de los mecanismos cerebrales en el nivel celular tras el ejercicio de nuestras libertades. Tampoco ofrece nada parecido a un algoritmo o modelo computacional de ese ejercicio. Los principales impedimentos para dicha explicación son la complejidad, las interacciones multivariadas y la no linealidad.[7]

Cualquier avance en la neurociencia cognitiva de la libertad exige que superemos cinco obstáculos importantes que oscurecen la fuerza positiva, creativa y opcional de la libertad. Antes ya me he referido a algunos desde una perspectiva filosófica. Seguro que ningún neurocientífico abrirá este libro sin tener presente alguno de estos obstáculos: (a) el determinismo; (b) el reduccionismo; (c) el «ejecutivo central»; (d) la hegemonía de la conciencia, y (e) la hegemonía del «yo». En esta introducción debo abordarlos, aunque sea brevemente, para que el lector comience a valorar la fuente real y el poder de la libertad dentro de nosotros mismos, amén de los límites de esa libertad. También avanzaré algunos conceptos básicos de mi enfoque.

La teoría del *determinismo* (a) en la conducta humana aplica en el cerebro las leyes de la termodinámica y la física clásica. Como respaldo de esas suposiciones subyacen-

7. Confío en que esto no signifique para nadie que los fundamentos de mi modelo se basan en la mera intuición. Por el contrario, he hecho el máximo esfuerzo para basar todos estos fundamentos en la mejor neurociencia disponible, por fragmentaria que pueda ser acerca de ciertos asuntos pertinentes. Con respecto a eso, aunque mi explicación quizá no contenga declaraciones faltas de sentido crítico, sí contiene cierta dosis de generalización o extrapolación. Por ejemplo, en relación con el ciclo PA, lo que es verdad para una modalidad sensorial (como la vista) asumo que es verdad también para las otras (por ejemplo, el oído y el tacto; las sensaciones químicas, el olfato y el gusto son, en este sentido, más problemáticas).

tes hay un número creciente de hechos genéticos, neurales y conductuales. Con lo que sabemos y aprendemos a diario sobre estos hechos, tenemos la sensación de estar acercándonos cada vez más a los misterios de la mente humana. Como en el cerebro –y también en el resto de la naturaleza– todo tiene antecedentes causales, las ciencias del cerebro prosperan con la esperanza de que sólo reducciones posteriores desvelarán estos misterios. Por razones que intentaré aclarar en este libro, se trata de una búsqueda infructuosa.

El determinismo general sufrió el primer contratiempo serio con la llegada de la mecánica cuántica, que vino acompañada de la certeza de la incertidumbre (Popper, 1980; Prigogine, 1997). Actualmente, es un conocimiento aceptado el que, sobre todo en el nivel de lo muy pequeño, muchos hechos naturales se producen al azar con amplios márgenes de variabilidad. La casualidad y la probabilidad han entrado en el mundo físico en los niveles más elementales y, al menos por razones teóricas, han alimentado el concepto de que el mundo y la conducta de los seres humanos han llegado a ser en gran medida imprevisibles.[8]

En niveles superiores del cerebro –los que importan realmente para la cognición–, no nos ocupamos de certezas sino más bien de posibilidades. La teoría de juegos, que incluye la evidencia de que debido a la estrategia de

8. Digo por razones teóricas porque por razones empíricas hay una distancia enorme entre la incertidumbre en el nivel subatómico y la incertidumbre en la conducta humana y las redes neurales. Esta distancia no se puede salvar con ningún razonamiento racional más allá de la declaración de analogía de principios en niveles inmensamente distintos. De hecho, es muy discutible, aunque no inconcebible, que la incertidumbre de Heisenberg en el nivel cuántico conduzca a la incertidumbre cognitiva o conductual por un camino causal directo. No obstante, Kane (1985) imaginó ese camino como posible origen del libre albedrío.

un jugador el juego es arriesgado e imprevisible, ha añadido indeterminación a los resultados de nuestras interacciones con los demás (Glimcher, 2003; Holland, 1998). Está cada vez más claro que existe una enorme varianza en los fenómenos naturales que dan lugar a la conducta humana o derivan de la misma. Esta varianza, al margen de su origen, aporta más incertidumbre aunque también procura al organismo nuevas posibilidades y funciones emergentes, como sucede en la evolución. De hecho, la varianza en el cerebro y la conducta, como en la evolución, es lo que genera opciones para la selección.

Así pues, tanto la aleatoriedad como la variabilidad son actualmente una parte esencial de la neurociencia. Esto es en especial cierto con respecto a las investigaciones en la corteza cerebral,[9] donde tienen lugar las principales funciones cognitivas: atención, percepción, memoria, lenguaje e inteligencia. Los fisiólogos sensoriales suelen atribuir al ruido la varianza observada en las respuestas de las células corticales a los estímulos sensoriales exteriores, habituados como están a la coherencia en las respuestas a estímulos con parámetros físicos idénticos.[10] En cualquier caso, al parecer todavía no hay nadie

9. La incapacidad para dar cuentas de la variabilidad aleatoria suele conducir a la conclusión de caos y a descripciones erróneas de causalidad neural. Por regla general, los mecanismos y las funciones «especializadas» de la corteza de asociación se han deducido de diferencias *relativas* en las distribuciones de varianza inducidas por una variable extrínseca. Ni los mecanismos ni las funciones se pueden deducir razonablemente de un rango parcial de su distribución tal como está demarcada por el efecto de cualquier variable extrínseca dada.

10. Pasan por alto el hecho de que la conducta de las células cerebrales en los sistemas sensoriales primarios se ajusta a una distribución de Poisson, el rasgo esencial de cualquier proceso estocástico (aleatorio). En la corteza de asociación, una gran parte de la varianza en la respuesta de estas células a un estímulo sensorial externo es atribuible a la «historia» de ese estímulo en el organismo.

preparado para reconocer que, quizá, entre los «grados de libertad» de la varianza estadística en la corteza se esconde una de las explicaciones de la libertad de la mente humana.

La libertad no es reducible a la varianza, desde luego, ni en el cerebro ni en ninguna otra parte. Pero en un sistema adaptativo complejo como el cerebro, la varianza es una condición necesaria de la plasticidad, el desarrollo y la aparición de funciones nuevas, todo esto propicio para liberar del determinismo la libertad de cognición y acción. Desde un punto de vista algo más que metafórico, la varianza desempeña en la cognición un papel no muy distinto del que desempeña en la evolución (capítulo 2), lo cual tiene tres explicaciones aparentes. La primera es que la selección entre variantes no es sólo lo que conduce a la aparición de rasgos nuevos en la evolución, sino también lo que conduce a nuevos patrones de respuesta en el cerebro. La segunda es que estos patrones son biológicamente adaptativos para los individuos así como para la especie. La tercera explicación es que, igual que la varianza, da lugar a relaciones adaptativas cambiantes del genoma con el entorno, también da lugar a relaciones adaptativas cambiantes del cerebro con ese entorno.

Más cerca de la acción, donde mejor ilustrado queda el papel de la varianza es en la corteza prefrontal. La principal función general de esta corteza es *la organización temporal de acciones con objetivo en los ámbitos de la conducta, el razonamiento y el lenguaje.* La corteza prefrontal no realiza esta función de forma aislada, sino en estrecha colaboración con muchas otras estructuras corticales y subcorticales. Está situada en la cumbre del ciclo PA, profundamente incrustada en sus circuitos. En términos dinámicos, esto significa que la corteza prefrontal se halla sujeta a muchísimos *inputs* procedentes tanto del mundo exterior como del interior. También significa que envía muchísimos *outputs* a sistemas motores eferentes así como feedback a sistemas de input. Ahí reside su posición crucial en la libertad y por encima del determinismo. Mi corteza prefrontal no es mi «centro del libre albedrío», sino el *broker* neural de las transacciones superiores entre mi entorno y yo, tanto internas como externas; es decir, las transacciones superiores en lo alto de mi ciclo PA (capítulo 4).

En un momento dado, las funciones prefrontales específicas están guiadas, si no determinadas, por innumerables inputs en competencia entre sí, todos de fuerza variable. No obstante, el output del sistema es preciso y regular, en forma de una acción seleccionada o de una serie de acciones coordinadas con un objetivo o conjunto de objetivos que acaso estén representados, al menos en parte, en la propia corteza frontal. Esta regularidad de la acción pese a la varianza de los inputs se debe a que el output resulta de promedios y probabilidades de inputs en competencia, que no necesitan ser fijos sino que pueden variar en ciertos rangos para producir el mismo output. La acción resultante es efectiva en cuanto al objetivo si, dentro de unos límites, se ajusta a la representación del objetivo. Por ejemplo, hay muchas maneras de llevar a mis labios la taza de café en función de qué músculos del brazo contraigo sucesivamente para tal fin. Dada mi posición inicial con respecto a la mesa y la taza, la trayectoria de la mano puede variar mucho, tanto al alcanzar la taza como al acercarla a la boca, pero ambas acciones serán efectivas si, con ayuda de cambiantes inputs sensoriales visuales y de articulación/músculo, el resultado final es el de la taza en los labios.

La constancia del output pese a las variaciones del input obedece a un principio fundamental con origen en la inmunología aunque presente en todos los sistemas biológicos complejos (Edelman y Gally, 2001): la *degeneración.*[11] Debido a ello, varios inputs distintos dan origen al mismo output. La degeneración tiene el efecto de categorizar acciones partiendo de muchas posibles en presencia de múltiples input variables (nos referimos a esto cuando hablamos de constancia de la acción). Del mismo modo, la constancia perceptual deriva de la categorización de inputs sensoriales también con arreglo al principio de la degeneración.

Veamos un ejemplo en el que desempeñan un papel ambas constancias, la perceptual y la de acción: en el jardín veo una bonita rosa roja entre muchas del mismo color o de color diferente. Pese a las diferencias entre ellas, todas son rosas («una rosa es una rosa...»). La constancia perceptual deriva del hecho de que, pese a las diferencias, tienen ciertas características comunes (por ejemplo, la forma de los pétalos, la fragancia, etc.). Decido cortar esa rosa roja para mi mujer. Entra en juego la constancia de acción: hay muchas maneras de llegar al rosal con las tijeras de jardín sin lastimarme, y muchos puntos a lo largo del tallo para hacer el corte... aunque para el jardinero profesional sólo hay uno. El resultado final será la rosa en las manos deseadas. La secuencia entera ilustra el ciclo PA antes de la descripción detallada del capítulo 4. (No hace falta introducir el ciclo PA emocional, aunque también entra en mi conducta y aporta inputs a la misma.)

11. Aunque se utiliza habitualmente en inmunología, la palabra es un tanto desafortunada, pues da a entender destrucción y entropía. Sin embargo, el concepto es uno de los más fecundos de la neurobiología cognitiva. La degeneración se refiere a la clasificación de inputs y outputs en categorías generales. La categorización está en el núcleo de todas las funciones cognitivas, sobre todo en la percepción. Los objetos y las acciones se clasifican en nuestra mente según sus propiedades comunes y, lo que es más importante, según las relaciones entre propiedades.

La «multideterminación» –esto es, el hecho de que una acción tenga muchas causas posibles– no da a entender que la acción sea «indeterminada», pero en la práctica suele significar lo mismo. Siendo más exactos, a medida que la multideterminación aumenta, se acerca a la indeterminación; es decir, se multiplican las causas posibles, y cualquiera de ellas aparece para desaparecer como *la* causa. Si hablamos de conducta y experiencia personal, disminuyen las limitaciones a la libertad. El individuo se siente y, a efectos prácticos es, más libre. Las opciones para la selección de inputs se multiplican a medida que se multiplican el número y los rangos de inputs. De igual modo, las opciones para la acción también se multiplican a medida que se multiplican los objetivos en competencia. Tanto los inputs como los outputs incrementados agregan más libertad al organismo.

En la búsqueda de la causalidad de la acción humana, el obstáculo más importante es la fragmentación –actualmente de moda– de la cognición en componentes neurales cada vez más pequeños... e irrelevantes. Esta tendencia, por supuesto, es la progresión natural del *reduccionismo* (b). Ha sido, y seguirá siendo, enormemente productiva en la ciencia. Además de ser la regla de oro de las ciencias naturales, el reduccionismo tiene el atractivo de cualquier avance intelectual hacia las «causas primordiales», como lo es, por ejemplo, el intento de reducir toda la química a la física. El reduccionismo es casi un artículo de fe para los científicos naturales, incluidos los neurocientíficos.[12]

12. Aquí estoy refiriéndome al reduccionismo metodológico (en contraste con otras formas, como el reduccionismo ontológico). Así, en este caso, aludo a la posibilidad de adquirir conocimiento nuevo sobre las funciones cognitivas de un sistema, como la corteza cerebral, mediante la adquisición de conocimiento nuevo sobre sus partes aisladas. Esto no contradice el concepto de emergentismo –a

Por desgracia, el reduccionismo no resulta una metodología útil para explorar ni la causalidad ni el mecanismo en la neurociencia cognitiva. Seguramente la razón principal es que el código cognitivo es de carácter relacional, irreducible a sus partes.[13] El contenido de cualquier función cognitiva se define mediante relaciones. Así pues, una percepción se define mediante relaciones entre rasgos sensoriales *(qualia)*; un recuerdo, mediante relaciones entre elementos de experiencia asociados; una palabra, mediante relaciones entre letras o fonemas; el significado de una frase, mediante relaciones entre las palabras, y así sucesivamente. En todos los casos, el análisis de los componentes desemboca inevitablemente en la desintegración o la desnaturalización del objeto de estudio; en resumidas cuentas, pierde su significado. En inglés, si no señalamos ninguna *relación* entre ellas, las letras *Y*, *K* y *S* no significan ni nos dicen nada (*sky* es «cielo»).

La inutilidad de esa clase de análisis en el estudio del problema mente/cerebro salta a la vista. No obstante, nos ha llevado a la localización espuria de recuerdos en moléculas, palabras en sitios corticales, percepciones

---

menudo invocado como contrario al reduccionismo–, que reivindica la emergencia o aparición de funciones nuevas a partir del conjunto de las funciones de las partes del sistema (Zalta *et al.*, 2012). De hecho, ciertos fenómenos, como la conciencia, pueden muy bien surgir del conjunto de la corteza activada. Además, ciertas formas de reduccionismo, como el «reduccionismo jerárquico» (Dawkins, 1986), son claramente compatibles con una metodología apropiada para investigar la organización jerárquica de los cógnitos o redes cognitivas que se examinan en el capítulo 3.

13. En todo este libro, la palabra «código» se utiliza como término genérico para indicar información, sea en la cognición o en la corteza cerebral, y se aplica de modo similar al código genético, aunque no a un código legal o digital. No obstante, en el último capítulo (7) me ocupo brevemente de los *códigos legales*.

visuales en partes concretas de la corteza o recuerdos emocionales en partes concretas del sistema límbico. Lo que suele provocar esa clase de errores es el hallazgo de que una intervención experimental (por ejemplo, una lesión o una estimulación) en una pequeña parte del cerebro puede alterar una percepción, un recuerdo o una ejecución. Si la ubicación resulta ser un nódulo de asociación densa en la red neural que relaciona los componentes de esa percepción, ese recuerdo o esa ejecución, se deduce erróneamente que éstos radican ahí. Se comete el error opuesto cuando una molécula o sustancia química omnipresente –por ejemplo, un neurotransmisor– se identifica como el procesador de una función o un contenido cognitivo dado, también sin tener en cuenta el código cognitivo relacional. Roger Sperry ha dicho oportunamente que el intento de descifrar ese código mediante biología molecular equivale a intentar entender un mensaje escrito analizando la composición química de la tinta.

Según parece, lo que necesitamos urgentemente en la neurociencia cognitiva es un «suelo» para la causalidad, una base en el nivel neural apropiado. En ese nivel, el reduccionismo es irrelevante para la cognición y, como tal, irrelevante para nuestra búsqueda del libre albedrío en el cerebro. En mi opinión, ese nivel tan básico es la red cognitiva de la corteza cerebral, que yo denomino *cógnito*, la unidad de conocimiento y memoria (Fuster, 2003, 2009). El concepto de red cognitiva o cógnito surge de nuestros actuales conocimientos de los principios básicos de la neurobiología, la arquitectura conectiva de la corteza, su fisiología en la conducta y los últimos descubrimientos de las neuroimágenes funcionales en el ser humano. El capítulo 3 se ocupa de la organización y la dinámica de los cógnitos. Aquí sólo esbozaré sus principales características. También explicaré por qué cualquier reducción al estudio morfológico o funcional de sus partes, de forma aislada y fuera del contexto conductual, no contribuye a la neurociencia cognitiva ni a la neurobiología de la libertad.

Un cógnito es una red de ensamblajes de células corticales o de redes más pequeñas que representan, como unidad, un elemento de memoria o conocimiento (el conocimiento es memoria semántica). Esta unidad se compone de episodios sensoriales, motores o emocionales experimentados al mismo tiempo o casi (Fuster, 2009). Como consecuencia de esta coincidencia –o casi coincidencia– temporal, estos episodios se relacionan entre sí mediante el fortalecimiento de los contactos (sinapsis) entre los ensamblajes celulares o redes que los representan (Hayek, 1952; Hebb, 1949; Kandel, 2000). El adagio adecuado dice así: «Las células que se activan juntas se cablean juntas». De este modo, un cógnito es a la vez una red neuronal *y* un recuerdo o elemento de conocimiento, formado por la asociación de sus representaciones constituyentes. Gracias al aprendizaje y la experiencia, los cógnitos crecen y se conectan entre sí, compartiendo nódulos que representan rasgos comunes. Por consiguiente, en la corteza cerebral, los cógnitos se interrelacionan y se solapan mucho, con lo cual, prácticamente en cualquier lugar de la corteza, una neurona o un grupo de neuronas pueden formar parte de muchos recuerdos o elementos de conocimiento. La fuerza de las sinapsis dentro de los cógnitos y entre ellos varía enormemente: depende de factores como la atención selectiva, la prominencia, la experiencia continua, la repetición o el impacto emocional. El tamaño de un cógnito y su cobertura cortical también varían dentro de unos límites amplios. El cógnito es, por definición, una unidad compuesta –no un mínimo– de memoria y conocimiento.

Los cógnitos se originan y evolucionan a lo largo de la vida. Unos se expanden cuando se adquiere un nuevo recuerdo o conocimiento y con ello se refuerzan las conexiones sinápticas.[14] Otros se encogen y debilitan por la falta de uso o el envejecimiento, estando cada factor acompañado por el desgaste de los contactos sinápticos. Debido a estos cambios, no se puede equiparar un cógnito con una representación en el sentido corriente del término. La representación supone una persistencia que el cógnito no tiene; en términos dinámicos, con un sustrato cortical en flujo constante, un cógnito no *re-presenta* nunca nada.

Los cógnitos perceptuales –es decir, cógnitos adquiridos a través de los sentidos, como el recuerdo de un partido de tenis en televisión– están distribuidos sobre todo por la corteza posterior. A la inversa, cógnitos ejecutivos como las reglas del tenis se hallan principalmente en la corteza frontal. No obstante, ciertos cógnitos perceptual-ejecutivos (sensorio-motores) se extienden por ambas cortezas, la posterior y la frontal –posiblemente también por ambos hemisferios cerebrales, enlazados por largas fibras nerviosas que cruzan el cuerpo calloso, comisura o haz de fibras que conecta los dos hemisferios–. Uno de estos cógnitos perceptual-ejecutivos, por ejemplo, sería el recuerdo de mi último partido de tenis.

Los cógnitos varían mucho de tamaño, esto es, en cuanto al número y la dispersión cortical de sus neuronas constituyentes. Los cógnitos pequeños están ubicados dentro de los grandes, todo organizado de manera jerárquica, y así los que representan recuerdos concretos

14. La coincidencia temporal sigue siendo un factor crítico en ese fortalecimiento de sinapsis como resultado de una experiencia nueva. Cualquier experiencia así va acompañada de la recuperación de la experiencia vieja mediante asociaciones de contexto y similitud. En el proceso, habrá coincidencia temporal entre un cógnito recuperado y la experiencia nueva, por lo que se añadirán conexiones nuevas al cógnito. Se habrá formado un recuerdo nuevo sobre uno viejo.

o elementos de conocimiento están ubicados dentro, y jerárquicamente debajo, de los que representan información más abstracta o compleja. Por ejemplo, los sonidos, el color y la forma del tranvía de San Francisco están dentro de los más amplios cógnitos de mi último viaje a esta ciudad y al concepto de tranvía. Y a su vez, y en parte, éstos están ubicados en el cógnito más amplio del concepto de transporte público.

Debido a la capacidad combinatoria prácticamente infinita de las neuronas o células nerviosas (entre diez mil y veinte mil millones) de nuestra corteza cerebral, la amplitud y la especificidad del conocimiento y los recuerdos individuales son potencialmente infinitas. La singularidad de nuestros recuerdos individuales reside en la especificidad de las combinaciones neuronales, si bien todos compartimos redes de conocimientos comunes (memoria semántica) que, al menos desde el punto de vista topológico e isomórfico, deben de ser similares.[15]

Al mismo tiempo, la capacidad combinatoria casi infinita de la conectividad es la fuente de la capacidad prácticamente infinita para la imaginación y la creatividad: en otras palabras, para la formación de redes nuevas y la recombinación de las viejas. (En el capítulo 3 analizamos cómo es posible esto.) Aquí el asunto clave es que la información neural, tanto para la percepción como para la

15. El concepto de isomorfismo tiene origen matemático. Se refiere a las semejanzas entre funciones que relacionan variables diferentes pero comparten ciertos elementos comunes. Aquí, como en la psicología, esto alude a la similitud entre objetos percibidos que tienen las mismas *relaciones* entre sus rasgos sensoriales constituyentes, al margen de diferencias en los propios elementos («una rosa es una rosa es una rosa...»). Una analogía útil es la de, pongamos, dos retículas tipo matriz de gomas elásticas con nudos de conexión idénticos. Pese a estirar o retorcer las retículas, se preserva su semejanza isomórfica. En nuestro contexto, la topología se refiere al isomorfismo en el espacio cerebral.

acción, está ampliamente repartida en la corteza cerebral. Cuanto más rica sea la experiencia pasada, más amplia será la distribución de cógnitos en el espacio cerebral; por tanto, mayor será el número de opciones disponibles y la libertad para elegir entre ellas.

El tercer obstáculo (c) es el «ejecutivo central». Hace tiempo que los neurocientíficos cognitivos se sienten atraídos por el concepto de una estructura cerebral controladora de todas las acciones complejas y con objetivo protagonizadas por el organismo humano. Este concepto surgió en gran medida de la neuropsicología del lóbulo frontal. Por lo general, se observaba que los seres humanos con lesiones derivadas de enfermedad o trauma en la superficie lateral de la corteza del polo frontal o la corteza prefrontal mostraban grandes déficits en ciertas funciones que los científicos cognitivos identificaron como «ejecutivas» o «supervisoras», en particular la atención y la memoria de trabajo. Desde el punto de vista clínico (capítulo 7), el conjunto de los síntomas derivados de la lesión frontal incluía, además de trastornos de la atención y la memoria a corto plazo, déficits en el impulso general, la toma de decisiones, el lenguajc y la planificación. Esta combinación de síntomas recibió el nombre de «síndrome disejecutivo» (Baddeley, 1993). Por deducción, el papel del «ejecutivo central», se atribuyó a la corteza prefrontal lateral.

Teniendo en cuenta las investigaciones con diversas especies de animales, sobre todo la humana, esta denominación parece totalmente apropiada. De hecho, muchos estudios experimentales confirman que la corteza prefrontal ejerce un supuesto control cognitivo-ejecutivo sobre una amplia variedad de estructuras cerebrales corticales y subcorticales, con la finalidad de agudizar la atención, mantener la memoria de trabajo, tomar decisiones y organizar acciones con objetivo (Fuster, 2008; Miller y

Cohen, 2001). Por lo tanto, concluyen muchos, la corteza prefrontal es la sede de una superagencia cerebral, como el «ejecutivo central», que acaso corresponda al concepto de centro cerebral de la voluntad y la ejecución. El concepto casi coincide con una postura dualista de la naturaleza de la mente, física por un lado y mental por el otro. Partiendo de ahí, apenas falta nada para que la corteza prefrontal pueda albergar la conciencia con sus capacidades deliberativas. Siguiendo este razonamiento, el «ejecutivo central» llega a ser una tapadera de una especie de «ejecutivo homuncular»[16] en el lóbulo frontal del cerebro, posiblemente en la corteza prefrontal, «que da órdenes» al resto del cerebro y del organismo.

Esta imagen es a todas luces engañosa y un grave impedimento para cualquier discurso sobre el tema cerebro-libertad. La falacia más evidente de la proposición es que da lugar a una regresión infinita. Si otorgamos a la corteza prefrontal el papel de ejecutivo supremo, entonces la cuestión es a qué otro «controlador» o «autoridad» –entidad cognitiva o estructura cerebral– obedece la corteza prefrontal; y podríamos formular la misma pregunta acerca de dicha autoridad, y así *ad infinitum.* Naturalmente, eludimos el problema al recurrir a una solución dualista y a cierta entidad misteriosa que, como el yo consciente, rige la corteza prefrontal. Sin embargo, desde el punto de vista neurobiológico, esta solución dualista es insostenible.

A mi parecer, la solución más convincente para el problema es atribuir a la corteza prefrontal el papel de *facilitador* supremo en el ciclo PA (capítulo 4). Como veremos, el

16. Este término es una expresión jocosa del concepto de «homúnculo» –una imagen distorsionada del cuerpo humano (con las manos, la cara y la boca de tamaño exagerado)– proyectada en la corteza para representar la distribución de los efectos sensoriales y motores de la estimulación eléctrica de esa corteza (Woolsey *et al.*, 1979).

ciclo PA es la disposición circular de estructuras corticales –y el flujo de procesamiento circular a través de ellas– que regulan las relaciones del organismo con su entorno. Es de carácter cibernético, con proalimentación y retroalimentación. El ciclo no necesita un ejecutivo central, pues la acción puede originarse en cualquier lugar del mismo. En lo más alto, la corteza prefrontal facilita y organiza la acción, ejerciendo un control continuo sobre la corteza posterior (perceptual), la cual aporta información continua a la corteza frontal para controlar acciones futuras. Por tanto, entre las cortezas posterior y frontal el control es recíproco, y se puede iniciar la acción en cualquier punto del ciclo –esto es, en el entorno, en la corteza perceptual o en la ejecutiva–.

Esto ayuda a resolver la controversia entre los neurofisiólogos sobre el papel de las diversas áreas corticales en la intención, la atención, la selección, el control motor y la toma de decisiones. La respuesta más creíble es que todas las áreas forman parte del ciclo y están implicadas, en un momento u otro, en alguno de estos aspectos de la conducta voluntaria.

Si ahora añadimos al ciclo PA los inputs de las estructuras emocionales del cerebro límbico a las cortezas posterior y anterior, tenemos que ambas cortezas, la perceptual y la ejecutiva, se ven influidas por las esferas del afecto, la motivación, el impulso y el instinto. Como veremos en el capítulo 4, las conductas automáticas y reflejas no necesitan las fases corticales del ciclo; se pueden dictar y coordinar en niveles inferiores. De todos modos, los inputs emocionales a los cógnitos perceptuales y ejecutivos contribuyen indudablemente a su expansión y perfeccionamiento.

Así pues, el potencial combinatorio prácticamente infinito de la conectividad cortical, la riqueza de los encuentros potenciales con el entorno y el conjunto de las emociones humanas constituyen, sin duda, un campo abonado para innumerables opciones libres, aunque también limitaciones. La creatividad, la planificación, la imaginación y la innovación prosperan en este terreno, donde el ciclo PA engrana los cógnitos del pasado con los del futuro en una continua interacción dinámica con objetivo (capítulo 5).

No se puede analizar de forma razonable la libertad en el cerebro sin abordar el problema de la *conciencia.* Aquí planteo dos objetivos introductorios y complementarios. Uno es discutir sobre la conciencia *per se* como entidad determinante de nuestra conducta. El otro es hacer hincapié en cuánto conocimiento inconsciente determina efectivamente esa conducta. Ambos objetivos requieren que examine brevemente –si es eso posible– el peliagudo problema de la base neural de la conciencia.

La conciencia, lo que incluimos en el obstáculo (d), no es una función. Tampoco es un agente causal. Considerar una cosa u otra es sugerir inmediatamente el dualismo mente/cerebro. Para ser más precisos, la conciencia es la experiencia subjetiva de un estado de actividad acentuada del cerebro, sobre todo, la corteza o parte de la misma. Es esta circunstancia la que suscita el conocimiento subjetivo de nosotros mismos y de las funciones cognitivas y emocionales ejecutadas por el cerebro. La experiencia consciente es por definición un fenómeno, o más exactamente un epifenómeno, en el sentido de que simplemente acompaña al estado y las funciones del cerebro. En cualquier caso, *sí* existe, pero carece de características operantes o incluso de definición operativa, excepto por omisión –esto es, en el sueño–.

Nada de esto niega la importancia crítica de la conciencia como recurso para estudiar la mente y el cerebro humanos (Searle, 1997); son inseparables, y a través de la conciencia ambos son accesibles a la psicología, la psicometría y el análisis cognitivo. Utilizando la conciencia del sujeto experimental o del paciente y su capacidad para la atención consciente, somos capaces de investigar su mente, evaluar su experiencia emocional consciente, proporcionarle instrucciones de pruebas y medir la ejecución de cualquier función cognitiva; es decir, la atención propiamente dicha, la percepción, la memoria, el lenguaje o la inteligencia. Al acceder a la atención consciente del individuo, somos capaces de valorar hasta qué punto ese individuo *se siente* libre para elegir y llevar a cabo sus acciones.

Pero es la corteza cerebral la que guía la atención consciente, no al revés. La corteza cerebral no necesita ningún agente supervisor, toda vez que está intrincadamente incrustada en el ciclo PA, que adapta continuamente el organismo al entorno, interno y externo. Por tanto, no necesitamos la conciencia para entender por qué nos comportamos de tal o cual manera. La conciencia quizá sea no sólo insuficiente para esta comprensión, sino también un impedimento para lograrla; un impedimento que el método psicoanalítico intenta sortear. Tampoco necesitamos un concepto etéreo como el de «conciencia universal» para comprender por qué la sociedad se comporta de una forma u otra. Lo único que precisamos es que nuestras cortezas individual y colectiva nos ajusten, a través del esfuerzo, los problemas y las circunstancias, a cierta clase de «homeostasis» personal y social.[17]

17. «Homeostasis» es un término acuñado por los fisiólogos con el fin de designar la capacidad innata del organismo para regular su medio interno contrarrestando influencias del entorno o de la meteorología que puedan alterar su equilibrio (Bernard, 1927/1865; Cannon, 1932). Los sistemas autonómico y endocrino, ambos bajo el control nervioso central, sobre todo del hipotálamo, sirven para corregir desviaciones respecto de ese equilibrio. Ambos sistemas intervienen también para proteger al individuo del estrés ambiental (Selye, 1956). Dado que la protección del individuo ayuda a proteger el grupo social al que aquél pertenece, la estabilidad social resultaría de la suma de homeostasis individuales. En el capítulo 4 se estudia la importancia de la homeostasis como base biológica del ciclo PA.

Esto no significa que seamos autómatas al servicio de una corteza cerebral rígida y predeterminada en su búsqueda de ajuste, ni mucho menos. Esta corteza no es rígida ni predeterminada. En primer lugar, llega al mundo con una enorme plasticidad potencial, parte de la misma preprogramada en el genoma, pero una buena proporción, si no es que casi toda, abierta al cambio y la selección mediante encuentros con el mundo. Cuando digo plasticidad me refiero a la capacidad para incrementar el número de células y las conexiones entre las mismas. Por encima de todo, la corteza posee una capacidad infinita para combinar sus elementos arquitectónicos en innumerables redes corticales que deben representar el mundo y lidiar de diversas maneras con el entorno, externo e interno. Ahí reside el potencial de nuestra corteza para aprender del pasado y forjar el futuro. Y ahí reside su potencial para la libertad, que es la nuestra.

En segundo lugar, la corteza, engranada en el ciclo PA de la cuna a la tumba, determina su individualidad, que es también la nuestra. Mientras crecemos, nos volvemos progresivamente más conscientes de nosotros mismos, de nuestras capacidades y limitaciones, y más conscientes de nuestra libertad y sus restricciones. Aprendemos hasta qué punto dependemos de los otros y los otros dependen de nosotros. Pero, con independencia de lo que aprendamos, no lo hacemos necesariamente de manera consciente.

El noventa y nueve por ciento –por decir un número– de lo que percibimos en nuestra vida cotidiana es inconsciente. De hecho, si no fuera así, tendríamos la corteza y la conciencia abarrotadas. Transitamos por el mundo inconscientemente «evaluando hipótesis» –esto es, expectativas– sobre el mismo.[18] Sólo si estas hipótesis son refu-

18. La idea general de que la percepción es una interpretación «de arriba abajo» de la realidad de acuerdo con las experiencias pasadas pro-

tadas, llegamos a ser conscientes de ellas y de su falsedad, a veces de inmediato, antes de ser capaces de verbalizar lo nuevo o inesperado: algo fuera de lugar en una habitación conocida, un cambio significativo de tres dígitos en el cuentarrevoluciones del coche, una flor en el jardín... Entonces, lo nuevo o inesperado capta de pronto nuestra atención consciente. Se trata de señales reveladoras de que procesamos inconscientemente el resto de lo que percibimos, innumerables detalles, al margen de la conciencia. Podemos decir casi lo mismo de las acciones diarias, la mayoría aprendidas por repetición, prácticamente automáticas hasta que sucede lo inesperado –por ejemplo, mientras conducimos en medio del tráfico–.

Si el ciclo PA no deja de funcionar nunca y no necesita de la conciencia, es lógico preguntar cuándo empieza exactamente a operar en el recién nacido. ¿Con la primera percepción o con la primera acción? La respuesta es seguramente con las dos a la vez.[19] Más adelante, en el

viene de Helmholtz (1925). En lo referente a la percepción visual, uno de sus más apasionados defensores es Richard Gregory (1970).

19. Sabemos que el recién nacido comienza a moverse inmediatamente después de nacer. Pero ¿cuándo empieza a sentir, no digamos ya percibir? Es una cuestión que llevan tiempo debatiéndola los filósofos y los psicólogos desde John Locke (Gallagher, 2005). Parecen claras dos cosas. La primera es que el inicio de las sensaciones difiere según sea la modalidad sensorial. La audición empieza en la vida fetal, cuando al parecer el aún no nacido distingue la prosodia de la madre (DeCasper y Spence, 1986). La percepción de la música comienza en etapas muy tempranas de la vida (Trehub y Hannon, 2006), quizá incluso en fase prenatal. La segunda es que, para su desarrollo adecuado, todos los sentidos deben pasar por ciertos períodos críticos de ejercicio activo al principio de la vida fuera del útero. Posiblemente, la visión y el tacto empiezan *después* de la acción (mirando y tocando de forma activa). El neonato entra en el mundo «palpándolo», con el pecho de la madre en él, a fin de encontrar los estímulos que mediante acciones innatas conducirán al vínculo con la madre y a la satisfacción de necesidades básicas.

niño y el adulto, el ciclo PA se volverá gradualmente más «entendido». También aquí aproximadamente noventa y nueve por ciento de todas las acciones son inconscientes. Sin duda habrá acciones deliberadas, cuidadosamente pensadas, y decisiones lógicas que exijan conciencia casi por necesidad o, para ser más precisos, una corteza muy activa. La opción de acciones alternativas, la solución de problemas y la aclaración de ambigüedades e incertidumbres tenderán a sacar las conductas rutinarias fuera de la conciencia. Entonces, como siempre, algunos de los motivos subyacentes a la acción, algunas de sus «subrutinas» y algunos de sus efectos potenciales serán totalmente inconscientes. Se ha observado que la activación cortical precede incluso a la intención de llevar a cabo las acciones intencionadas más reflexivas (Libet, 1985).

Al transferir la libertad desde una entidad mítica para la conciencia y el libre albedrío deliberado a la corteza cerebral, estamos dotando al individuo de más libertad, no menos. Pues la corteza «sabe» más de lo que creemos que sabe, y puede «imaginar» más de lo que creemos que imagina. La corteza almacena un inmenso caudal de información perceptual pasada, mientras en su seno la corteza prefrontal puede recombinar esa información para generar una riqueza inagotable de potenciales cógnitos de acción. La libertad individual consiste en la capacidad para recombinar cógnitos perceptuales y ejecutivos en la corteza del ser humano sano.

La conciencia de la libertad y la libre elección es un fenómeno de la implicación cortical en las operaciones cognitivas del establecimiento y la elección de objetivos, no su causa –tampoco aquí–. Es verdad que, cuando las áreas corticales se involucran claramente en una función cognitiva como la atención selectiva, la memoria de trabajo o la distinción sutil, la conciencia está invariablemente presente –como resultado directo de la activación cortical por encima de ciertos niveles de intensidad–. No obstante, tanto la fijación como la elección de objetivos están sujetas a influencias inconscientes. Por tanto, esas influencias pueden afectar a los objetivos y las opciones en un grado u otro. De todos modos, la experiencia consciente de la libertad no deriva tanto de ser consciente de acciones o finalidades concretas como de ser consciente de su potencial multiplicidad.[20]

Para concluir, la conciencia es un fenómeno de actividad cortical acentuada en la conducta y la cognición racionales y complejas. Sin embargo, la conciencia *per se* no es esencial para llevar a cabo esa cognición o conducta. Además, buena parte de nuestra actividad cognitiva –si no toda–, incluidas las decisiones para actuar y sobre cómo actuar, está influida –si no es que determinada– por conocimiento completamente inconsciente. La libertad para actuar, y sobre cómo actuar, está de hecho potenciada por el conocimiento inconsciente –salvo inhibiciones patológicas–.[21] Ese conocimiento inconsciente comprende un gran número de cógnitos corticales adquiridos por experiencias anteriores que guían no sólo las decisiones

20. Es fácilmente comprensible que un nuevo objetivo importante y su búsqueda irán acompañados de conciencia plena en virtud de la intensidad de la activación de la corteza prefrontal y sus cortezas colaboradoras. Pero, en esa búsqueda, es la corteza libre la que conduce a la conciencia, no al revés. La que es libre es nuestra corteza. Por consiguiente, nos sentimos libres. Hay aquí un leve paralelismo con el cartesiano «*cogito, ergo sum*» (pienso, luego existo): me siento libre, luego soy libre.

21. Para empezar, la libertad se ve intensificada por el conocimiento inconsciente porque este conocimiento amplía el caudal de información en el que se basarán nuestras decisiones. Por tanto, las decisiones alternativas resultan multiplicadas por la disponibilidad de ese caudal inconsciente. Por otro lado, la represión inconsciente de ese conocimiento por causas psicogénicas (como en los trastornos histéricos) da lugar a la disminución de opciones y pérdida de libertad.

racionales, sino también la conducta moral y emocional. Quizá informen a nuestra conducta mediante intuición o lógica confusa, pero en ciertos casos lo hacen con tanta eficacia como la racionalidad más deliberada. Tal vez incluyan cógnitos de conducta social que aumenten no sólo nuestra libertad, sino también la de nuestros compañeros humanos.

Por último, está «el yo» (e): es decir, el sentido del yo como entidad autónoma «en» o «sobre» el cerebro. Esto es casi inevitablemente una visión dualista, cartesiana. En la evolución, que es en esencia un proceso demográfico, la libertad del *yo* y la de la sociedad están estrechamente interrelacionadas. Cada una tiene su propio ciclo PA, por así decirlo, y la adaptación social supone la armonía, si no es que la sincronía, de las dos. Hegel (2002) no conocía la obra más importante de Darwin, pues murió treinta años antes de que ésta fuera publicada. Si la hubiera conocido, probablemente habría introducido en su ideología social los conceptos de Darwin sobre la dinámica de las poblaciones biológicas. La selección natural favorece rasgos que son adaptativos no sólo para el individuo sino también para la población en general. De hecho, la adaptación del individuo a su medio es un microcosmos de la adaptación de la población a dicho medio, lo cual constituye la dinámica de la evolución. El derecho natural es el código ético no escrito para el individuo al servicio de la población y, por tanto, de los «intereses» de supervivencia y procreación de la misma. Por consiguiente, las ideas de Hegel sobre la cohesión del grupo y la defensa del parentesco son antecedentes conceptuales –o concomitantes– de las ideas de Darwin sobre la dinámica de las poblaciones biológicas.[22]

22. Cuando los tiranos y los demagogos utilizan estas ideas para promover un grupo –étnico, nacional, religioso, etcétera– a expensas

Si el derecho natural impone restricciones a la sociedad por su propio provecho adaptativo, las impone también al individuo con el mismo fin (capítulo 7). En ambos casos, son limitaciones sobre la libertad, al menos a corto plazo, pero al mismo tiempo proyectan la libertad a largo plazo por el bien del individuo y de la sociedad.

El yo está engranado en el ciclo PA en busca de recompensa, elogio y adaptación al entorno, incluyendo desde luego, por encima de todo, la defensa de la integridad física. En estas búsquedas, el yo utiliza, de manera consciente o inconsciente, todas las opciones a disposición del cerebro con arreglo a las ganas, la prioridad y el valor. La sociedad no sólo aprueba la libertad para ejercer esas opciones sino que también la protege. A la inversa, el yo individual del ciudadano sano, de forma deliberada o no, se atiene al derecho natural y respeta sus limitaciones así como las del derecho consuetudinario.[23] De todos modos, en un momento dado quizá surja algún conflicto entre los dos, es decir, entre la libertad individual y la libertad social. Las restricciones de una acaso no cuadren con las de la otra, o los objetivos a corto plazo de una quizá no concuerden con los objetivos a largo plazo de la otra. Las instituciones humanas han evolucionado principalmente para evitar conflictos entre la sociedad y el individuo. Es más, las instituciones humanas, cuando funcionan correctamente, amplían las libertades del yo individual y el resto de la sociedad.

¿Cómo ha posibilitado esto la evolución humana? En buena medida lo ha hecho gracias al enorme crecimien-

de otros, conducen a la gente a la opresión, la miseria, la guerra y un sufrimiento humano inenarrable.

23. Mientras el derecho natural consta de las leyes de la naturaleza física, incluida la conducta de grupos sociales derivados de la evolución, el derecho consuetudinario consta de leyes desarrolladas por jueces y tribunales de justicia.

to de la corteza prefrontal. Y así dos acontecimientos decisivos han originado la expansión de las libertades. Uno es el gran incremento en el caudal de conocimiento y memoria que el cerebro humano es capaz de adquirir y poner a disposición de la acción. La corteza prefrontal, en el vértice del ciclo PA, puede recurrir a innumerables cógnitos para determinar el lenguaje, el pensamiento y la conducta. Algunos de estos cógnitos son innatos (capítulo 3), están incorporados tanto al aparato sensorial (memoria filética sensorial), que a lo largo de la evolución ha adquirido una extraordinaria capacidad de discernimiento, como al aparato motor (memoria filética ejecutiva), que ha adquirido una extraordinaria capacidad de coordinación motora. Más inputs y outputs a y desde la corteza prefrontal aumentan las opciones y la libertad del yo en la sociedad.

El otro acontecimiento decisivo resultante de la expansión de la corteza prefrontal en el ser humano es el «encaje» de la memoria y el conocimiento en el futuro.[24] La selección natural da a entender que la evolución es «posdecible», no predecible. El cerebro humano también. Pero en su evolución sucedió algo maravilloso: el cerebro propiamente dicho se convirtió en un órgano predictivo o prospectivo (capítulo 5). De hecho, el cerebro humano conserva, de la evolución, todo su aparato reflejo para adaptarse a los medios externo e interno y ajustarse a cambios en ambos. Pero además se vuelve capaz de prever estos cambios y de preparar el organismo para afrontarlos. Mientras en la evolución pasada el cerebro de los mamíferos llegó a ser adaptativo mediante la selección natural, el cerebro humano ha llegado a ser, además, *pre-adaptativo.*

24. En este contexto, «encajar» en el futuro significa proyectar hacia delante en el tiempo el conocimiento y la memoria actualmente existente en la corteza. Significa lo que más adelante (capítulo 5) denomino «memoria del futuro».

Y mientras en la evolución anterior el cerebro se volvió capaz de almacenar recuerdos del pasado, tras la llegada de la corteza prefrontal humana el cerebro también se ha vuelto capaz de fabricar «memoria del futuro» (la expresión es de David Ingvar, 1985). Sin lugar a dudas, en los primates no humanos ya hay numerosas pruebas de que su corteza prefrontal puede prever el futuro en cuestión de segundos o minutos (Fuster, 2008). Su memoria de trabajo y su sistema motor de anticipación son preparativos para la acción próxima.

No obstante, estas capacidades animales son sólo un débil precursor de la capacidad de la corteza humana para planificar el futuro. En el cerebro humano, la corteza prefrontal, basada en la experiencia previa, puede ayudar al individuo a crear lo nuevo y fabricar el porvenir. Esta capacidad resulta potenciada y multiplicada por mil gracias a la aparición del lenguaje con su tiempo verbal futuro (capítulo 6), lo cual permite codificar lingüísticamente lo venidero y salvar el lapso entre el potencial percibido y la realidad, y entre la imaginación y la creación. Además, la corteza prefrontal, sola o aliada con la de otros individuos, puede ayudarnos a imaginar el futuro no sólo del yo, sino también de la sociedad: como resultado, contamos con carreras profesionales y muchas especialidades, instituciones de estudios superiores, bibliotecas, empresas geoespaciales, galerías de arte, salas de conciertos, estadios deportivos y medios de transporte y comunicación.

De hecho, con el lenguaje y la predicción, el cerebro humano ha llegado a ser capaz de codificar para la acción futura el legado evolutivo del cuidado de los demás en la población humana. La afiliación, la confianza, el vínculo afectivo y la responsabilidad han acabado institucionalizados. La palabra escrita convierte el derecho natural en constituciones y códigos de conducta. Instituciones como las iglesias, las asambleas legislativas, los ayuntamientos, las academias y las universidades ensamblan leyes y conocimientos de origen privado y los hacen públicos para que los utilicen las generaciones futuras. Aquí es donde las libertades individuales se reconcilian con las libertades sociales (capítulo 7). También aquí, con la corteza prefrontal humana actuando como partera, nació la democracia.

Como el cerebro es una estructura física, aunque muy adaptativa, la primera limitación de la libertad es el propio cerebro. Aquí los límites provienen de la arquitectura funcional del inmenso conglomerado de células y vías nerviosas que hacen del cerebro un sistema adaptativo complejo y abierto, aunque con recursos limitados. Estos recursos varían de un individuo a otro en función de factores genéticos, ambientales y del desarrollo que tienen impacto en variables neurales como la conectividad cortical y la transmisión, la fuerza sináptica, el flujo sanguíneo a las diversas regiones cerebrales, el metabolismo de las células nerviosas, etcétera. En la medida en que estas variables, a su vez, tienen impacto en funciones cerebrales emocionales y cognitivas, se traducen en cierta varianza de libertad entre los sujetos. Aunque sólo sea por razones del desarrollo, por ejemplo, el niño es menos libre que el adulto.

Los individuos están equipados de manera distinta para la libertad debido a diferencias en la complejidad cortical derivadas de la genética y de la experiencia vital. El individuo dotado de una corteza muy intercontectada, inteligente, instruido y con destrezas lingüísticas superiores tendrá más opciones en la vida, y por tanto en principio será más libre, que uno con una corteza menos interconectada, de inteligencia mediocre y formación escasa. Naturalmente esto no significa que, en una democracia regida por el derecho constitucional, las libertades cívicas de unos y otros deban diferir.

Otras restricciones internas sobre la libertad pueden derivar de un gran número de defectos patológicos de la corteza u otras partes del cerebro implicadas en el procesamiento de señales viscerales, perceptuales o motoras (capítulo 7). La libertad de pacientes con lesiones importantes de la corteza prefrontal resulta gravemente limitada en el espacio y el tiempo. El paciente frontal es un rehén del hábito, incapaz de innovar, y está atado al aquí-y-ahora. Se recluye en un ámbito limitado y su mente carece de perspectiva temporal, sea hacia delante o hacia atrás.[25]

Y luego tenemos la pérdida de libertad que resulta de trastornos de la función neural de los impulsos biológicos básicos del organismo («bioimpulsos»), por aumento anómalo de uno a costa de los otros, o por sustitución de uno nuevo por los demás. Un buen ejemplo de lo segundo es el abuso de sustancias (capítulo 7). El adicto ha creado para sí mismo un impulso nuevo tan poderoso o más que el sexo o el hambre. Presa de un anhelo insaciable, enfoca su conducta de forma exclusiva a la satisfacción de su hábito, al que está inevitablemente encadenado. Lo mismo cabe decir de los juegos de azar. Tanto la drogadicción como el juego alteran –y resultan de la alteración de– la función de sustancias químicas y estructuras similares situadas en la base de los lóbulos frontales.

En tiempo de paz, las instituciones humanas son la limitación extrínseca más importante de la libertad. Aquí se incluyen todas las formas de legislación y control ético de la conducta humana. Desde luego, la constitución de un país civilizado, su ley suprema, protege y garantiza

25. No obstante, si el proceso de la lesión o la enfermedad se limita a la corteza frontal orbital o inferior, en general el paciente presenta un cuadro radicalmente distinto: es impulsivo, desinhibido, y se ve privado de las normas elementales de la ética. Como consecuencia de su libertad sin ataduras, socialmente inaceptable, es propenso a tener problemas con la ley.

efectivamente la libertad de cada individuo, pero siempre en el marco del bienestar social, que es la manifestación máxima de los principios básicos de la ley natural. Incrustados en la evolución, los principios de confianza y afiliación aseguran la libertad del individuo, la familia, la comunidad, la ciudad, la nación y el género humano en general. La legislación institucionaliza estos principios. Al mismo tiempo, mediante la educación y el ejemplo, estos principios se incorporan a la corteza cerebral del ciudadano responsable en forma de redes neuronales abstractas de alto nivel que representan reglas de conducta moral: es decir, cógnitos éticos.

Tras esta introducción de antecedentes podemos iniciar nuestro análisis, pero no sin señalar una peculiaridad del ensayo que acaso sorprenda a algunos lectores. Aunque hago todo lo que puedo para elaborar mi razonamiento de una manera lógica de capítulo a capítulo, empezando con hechos evolutivos y anatómicos y terminando con consideraciones sociales, también procuro que cada capítulo sea comprensible por sí mismo, sin que sea necesario volver a capítulos anteriores. Dada la variedad de temas abarcados por el libro, cabe la posibilidad de que algunos lectores se interesen más por unos capítulos que por otros. Teniendo esto presente, y para reforzar mis argumentos, a lo largo de todo el libro hago alusión a las premisas básicas de ciertos conceptos clave, como los de cógnito, el ciclo PA, la preadaptación temporal y la organización jerárquica de los tres.

2

Raíces evolutivas de la libertad

> Abandonar la ilusión que ve en ello una «sustancia» inmaterial no es negar la existencia del alma, sino, al contrario, empezar a reconocer la complejidad, la riqueza, la insondable profundidad de la herencia genética y cultural y de la experiencia personal, consciente o no, que conjuntamente constituyen este ser nuestro: el único e irrefutable testigo de sí mismo.
>
> JACQUES MONOD

ES PRÁCTICAMENTE IMPOSIBLE analizar los cimientos cerebrales de la libertad sin abordar la evolución del cerebro. La explicación es sencilla: la capacidad de los organismos de los mamíferos para modificar su entorno por decisión propia y adaptarse al mismo por medios escogidos ha aumentado muchísimo debido al crecimiento evolutivo de ciertas partes de su cerebro, concretamente la corteza cerebral. Para nuestro estudio presente, lo que más viene al caso es la corteza de los lóbulos frontales. Es realmente un hecho destacable, con un toque de ironía cósmica, que la ciencia de la neurobiología evolutiva, que sólo puede «posdecir», no predecir, haya descubierto en la corteza prefrontal del hombre la semilla de su futuro, la capacidad para predecir y transformar la predicción en acción que tendrá impacto sobre ese futuro y sobre el de la sociedad humana.

La corteza prefrontal es la vanguardia de la evolución en el sistema nervioso. No obstante, es también una de las últimas estructuras cerebrales que se ha desarrollado, tanto en la evolución como en el cerebro individual (Preuss *et al.*, 2004; Rilling, 2006; Schoenemann *et al.*, 2005; Sowell *et al.*, 2003). El lenguaje y la predicción, las dos funciones más típicamente humanas sustentadas por la corteza prefrontal, están instaladas con firmeza en la historia de las especies al igual que en la estructura de la propia corteza prefrontal. En el cerebro humano, ésta está ligada a su pasado evolutivo y al futuro que prevé. Así pues, aunque el cerebro humano no es capaz de predecir la evolución, sí es capaz de predecir las consecuencias de sus acciones, y con ellas predecir y determinar acciones futuras en un ciclo continuo, el ciclo percepción/acción (PA), el cual vincula funcionalmente al organismo con su entorno. La corteza prefrontal es la estructura máxima del ciclo, que integra el pasado y el futuro –por lejos o cerca que estén uno u otro– en la conducta, el lenguaje y el razonamiento.

El ciclo PA también hunde sus raíces en la evolución. En los animales inferiores, sus precursores más tempranos median en la adaptación del organismo al mundo circundante (Uexküll, 1926). El cerebro humano, que mantiene el ciclo PA con la corteza, es el sistema adaptativo más complejo del universo. Tiene carácter abierto, como todos los sistemas vivos (Von Bertalanffy, 1950). Por ello, está permanentemente en un cuasi-equilibrio, aunque también en un intercambio constante con su entorno para mantener dicho equilibrio. Gracias a su corteza prefrontal insertada en el ciclo PA, el cerebro humano, a diferencia de cualquier otro, desarrolla una dimensión temporal prospectiva. De este modo, efectúa cambios adaptativos avanzados a largo plazo en su entorno. Además, el lenguaje dota al cerebro humano de la capacidad para registrar estos cambios, codificarlos e institucionalizarlos.

En resumen, la corteza prefrontal confiere al cerebro humano la capacidad para *predecir* y, en consecuencia, para *preadaptarse*. Los cerebros inferiores tienen un poco de esta capacidad así como ciertas formas primitivas de comunicación con individuos de la misma especie que acaso sean los precursores atávicos del lenguaje. No obstante, la transición desde el simio al ser humano en cuanto a la capacidad de predicción y preadaptación, así como de comunicación, es tan espectacular que constituye un verdadero salto cuántico. Todas las variables pertinentes (complejidad, tiempo, «vocabulario», etcétera) se incrementan en varios órdenes de magnitud. Junto a ello, la variabilidad aumenta muchísimo, al igual que las opciones para elegir entre alternativas. De hecho, estos incrementos comparativos respecto a otras especies son tan patentes que el argumento a favor de las homologías funcionales entre seres humanos y animales, incluso los grandes simios, se torna casi irrelevante. Lo mismo pasa con la discusión sobre si en la evolución estamos ocupándonos de diferencias cualitativas o simplemente cuantitativas en continuos (Bolhuis y Wynne, 2009). Con la llegada de la corteza prefrontal humana, todos los precursores animales de la cognición –entre ellos la inteligencia y la comunicación– se abren ampliamente a una agenda futura.

Esto no significa que la estructura y el funcionamiento del cerebro animal sean irrelevantes para nuestro conocimiento de la neurobiología de la libertad. Todo lo contrario: sólo en el cerebro del animal, sobre todo en el primate no humano, podemos estudiar desde un punto de vista práctico la organización básica del conocimiento, los sentimientos y los valores que dan a los seres humanos libertad para tomar decisiones.[1] En el cerebro animal podemos investigar los mecanismos del ciclo PA que hay tras la elección, la planificación, la toma de decisiones y la organización temporal de la conducta. Todas ellas son funciones en las que, como veremos, la corteza prefrontal desempeña un papel decisivo. Estos mecanismos constituyen el sostén de la libertad humana, la creatividad y sus innumerables expresiones.

La libertad, la capacidad de escoger entre opciones, surge de la actividad de las redes de células corticales de la memoria perceptual y ejecutiva, en la confluencia de múltiples inputs convergentes de recuerdos pasados con múltiples outputs divergentes dirigidos a acciones futuras. La libertad es un fenómeno de la selección efectuada por el cerebro entre estos inputs y entre los outputs con finalidades adaptativas. Como consecuencia de la evolución y el desarrollo, la corteza cerebral y la libertad adoptan en el ser humano posturas cruciales entre un pasado convergente experiencial y un futuro divergente de posibilidades –y probabilidades–.

1. Desde luego, en ningún animal es asequible estudiar los aspectos semánticos del lenguaje y sobre todo los mecanismos neurales de sus cimientos. No obstante, muchas especies animales se prestan muy bien a la exploración de los mecanismos neurales de la organización temporal de la información que el lenguaje comparte con otras funciones cognitivas. Estos mecanismos no son directamente accesibles al cerebro humano, ni siquiera con los modernos métodos de neuroimágenes. De más está decir que sólo en ausencia de estrés o dolor se pueden examinar las funciones cognitivas en los animales; lo cual impone limitaciones científicas estrictas –además de éticas– en la experimentación animal.

Evolución de la corteza cerebral

Dos fechas aproximadas con un amplio margen de incertidumbre vienen especialmente al caso en la historia de la evolución del cerebro: hace unos 250 millones de años y hace unos 250 mil años. La primera, en la era mesozoica temprana, señala la aparición de los primeros mamíferos; la segunda, la aparición del último homínido, el *Homo sapiens.* El cerebro de los peces, los anfibios y los reptiles estaba –y está– cubierto por una estructura tipo corteza evolutivamente antigua denominada «palio»

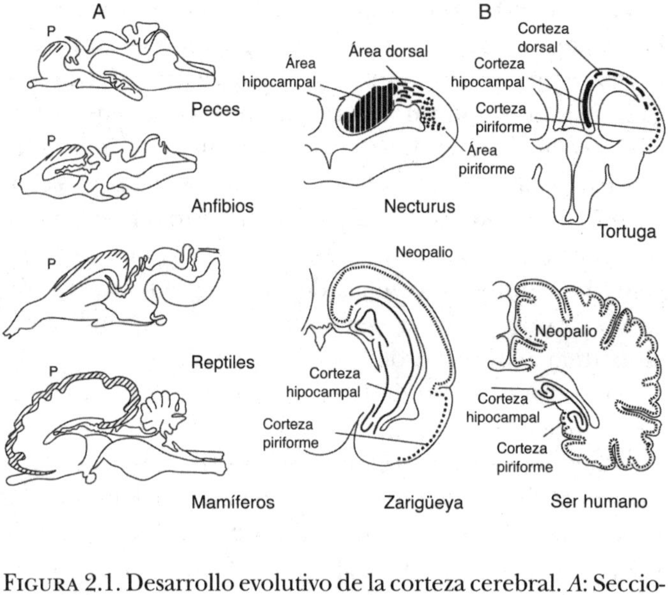

FIGURA 2.1. Desarrollo evolutivo de la corteza cerebral. *A*: Secciones longitudinales del cerebro de cuatro clases de vertebrados. *P*, palio, nombre genérico para la corteza, tanto vieja como nueva (desde el punto de vista filogenético). De Creutzfeldt (1993). *B*: Secciones transversales del cerebro de un anfibio primitivo (*Necturus*), la tortuga de caja (*Cistudo*), la zarigüeya (*Didelphis*) y el ser humano. De Herrick (1956), con modificaciones.

(manto). El palio tiene dos componentes, la corteza hipocampal, situada junto al plano intermedio del cerebro, y la corteza piriforme, en posición lateral respecto a la corteza hipocampal (figura 2.1). Entre las dos surgirá un tercer «palio» que en el *Homo sapiens* constituye el ochenta por ciento de la masa total del cerebro: la neocorteza.

La neocorteza –neopalio– la «nueva» corteza cerebral del cerebro de los mamíferos, permanece físicamente encajada entre las dos cortezas antiguas, el hipocampo y la corteza piriforme. La neocorteza en desarrollo empuja el hipocampo hacia el plano intermedio, y el lóbulo piriforme (corteza piriforme y amígdala) hacia la parte inferior lateral del cerebro. En los mamíferos posteriores, la neocorteza crece con fuerza, empujando las dos viejas cortezas una contra otra en la parte central del hemisferio cerebral. Estas dos cortezas antiguas, incluso en el cerebro de los mamíferos, conservan algunas de las funciones desempeñadas en la especie primitiva: la detección de señales de soporte vital, como el gusto, el olfato o la orientación espacial. Además, en los primates, el hipocampo está implicado en la adquisición y la recuperación de recuerdos, mientras que la amígdala lo está en la emoción: dota a los recuerdos de sentimientos.

En el transcurso de la evolución, la neocorteza –de entre todas las estructuras cerebrales– es la que más aumenta de tamaño, sobre todo en los primates. Este crecimiento evolutivo de la corteza es exponencial, no guarda proporción con el crecimiento de otras estructuras. Además, la expansión volumétrica de la neocorteza tiene lugar a la vez que la diferenciación de su arquitectura celular, lo que culmina en un cerebro humano con un tamaño relativamente grande y una acusada laminación de su estructura celular (seis capas de neuronas de distintos tamaños, formas y densidades). Estos cambios, incrustados en el genoma humano, parecen ser el resultado de la regulación selectiva al alza de la expresión genética[2] relativa a los primates no humanos (Preuss *et al.*, 2004). A través de estos cambios, y de mutaciones genéticas concomitantes, los seres humanos han desarrollado mecanismos que les permiten superar las limitaciones físicas que obstaculizan el curso de su evolución (Krubitzer, 2009). Entre los cambios se cuentan los que se producen en la arquitectura cortical. Con toda evidencia, el crecimiento evolutivo y la diferenciación de la neocorteza tienen mucho que ver con la mayor capacidad de adaptación al entorno y con la prolongación de la vida. En el cerebro humano, esta corteza ha creado un gran número de áreas especializadas para responder a toda clase de señales sensoriales así como para ejecutar toda suerte de movimientos habilidosos.

En la evolución de los mamíferos, el máximo agrandamiento neocortical tiene lugar en áreas denominadas «de asociación», que están al servicio de funciones cognitivas superiores: esto es, las que se ocupan del conocimiento y la memoria. Como es lógico, se ocupan también de las transacciones neurales entre el organismo y el entorno que dependen de esas funciones. En el cerebro humano existen dos regiones corticales con áreas de asociación. Una, en la parte posterior del cerebro, se extiende por grandes porciones de los lóbulos parietal, temporal y occipital (región PTO), que contienen redes de conocimiento y memoria (cógnitos) adquiridas a través de los sistemas sensoriales. Estas redes –cógnitos– se encargan de los aspectos superiores de la cognición, entre los que se incluyen la percepción, el lenguaje

2. La regulación al alza se refiere al incremento de la capacidad de un gen para expresar productos celulares (por ejemplo, proteínas específicas) en respuesta a estimulación interna o externa, como, por ejemplo, un anticuerpo inmunológico de un virus nuevo o una antitoxina de un agente químico nuevo.

y la inteligencia. La otra región asociativa es la corteza prefrontal, la corteza de asociación del lóbulo frontal, que atiende los aspectos ejecutivos de la cognición, en especial la organización temporal de acciones en las esferas de la conducta, el lenguaje y el razonamiento. Esta corteza «ejecutiva» se desarrolla al máximo en el cerebro humano,[3] donde ocupa casi una tercera parte de la totalidad de la neocorteza (figura 2.2).

La evolución de las conexiones entre las neuronas prefrontales y las de otras áreas corticales es especialmente pertinente al desarrollo de las distintivas prerrogativas cognitivas del ser humano en lo referente al lenguaje, la planificación y el ejercicio de la libertad. Estas conexiones, junto con las neuronas que enlazan, constituyen los componentes esenciales de la infraestructura neural de las redes cognitivas y, por tanto, de todas las funciones cognitivas de la corteza cerebral.

3. Principalmente sobre la base de los datos de neuroimágenes morfológicas (Semendeferi *et al.*, 1997), se ha defendido que la corteza prefrontal no evoluciona más, en proporción, que otras áreas corticales. Considerando que esto puede ser cierto desde el punto de vista volumétrico para la totalidad de la corteza frontal, no tiene en cuenta la fina estructura de células y conexiones de fibras que caracterizan la corteza prefrontal *per se.* En los primates, en cualquier caso, la región frontal inervada por los núcleos de asociación del tálamo, que denominamos corteza prefrontal, supera bastante en tamaño a la región inervada en la corteza posterior –perceptual– (Jones y Leavitt, 1974; Walker, 1940). Además, por razones citoarquitectónicas, la corteza prefrontal, que corresponde aproximadamente a lo que Brodmann (1909, 1912) llamó la *regio frontalis* (es decir, todas las áreas frontales menos las áreas 4 y 6), constituye, según sus cálculos, el 8.5% de la corteza total en el lémur, el 11.5% de la del gibón y el macaco, el 17% de la del chimpancé y el 29% de la del ser humano. Partiendo de esto, y del aumento desmesurado de conexiones intrínsecas, parece legítimo hablar, en sentido figurado, de una «explosión prefrontal» evolutiva en el ser humano.

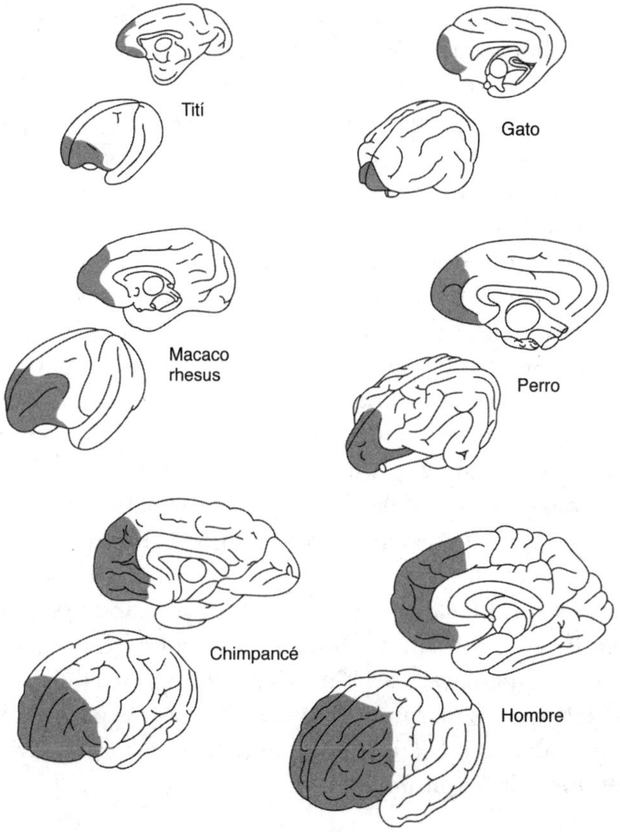

FIGURA 2.2. Tamaño relativo de la corteza prefrontal con respecto a la corteza total en seis especies de animales (marcada con el *sombreado* de la superficie hemisférica externa e interna).

La conectividad más rápida y eficiente del cerebro es la consistente en fibras rodeadas de mielina,[4] que constituyen el grueso de la sustancia blanca subcortical y del cuer-

4. La mielina es una sustancia blanca compuesta de proteínas y lípidos que conforma una vaina en torno a las fibras de conducción rápida (axones) del cerebro. Es indispensable para que se produzca la integración y la coordinación cortical adecuadas.

po calloso, la amplia comisura que conecta las cortezas de los dos hemisferios. Es la sustancia blanca de la corteza, no la gris –celular–, la que más aumenta a lo largo de la evolución. Esto es una indicación clara de la gran expansión del potencial conectivo para formar redes neurales, que la corteza humana requiere para lidiar con las complejidades del mundo circundante.

Entre todos los tractos conectivos con los que cuenta el cerebro humano, seguramente ninguno es más importante para la cognición que el que enlaza, en cada hemisferio, la corteza posterior (PTO), perceptual, con la corteza ejecutiva, prefrontal: el fascículo longitudinal superior. En este tracto, las conexiones son bidireccionales; en otras palabras, van en ambos sentidos, unas de la PTO hacia la parte delantera y otras de la parte delantera, frontal, a la PTO. Constituyen la espina dorsal del ciclo PA; conectan las cortezas posterior y frontal mutuamente en tándem. Llegarán a ser esenciales para toda clase de conductas estructuradas de manera temporal, en que la percepción guiará la acción y viceversa, a través del entorno. Y lo que es más importante, serán básicas para el lenguaje hablado en el diálogo, cuando el entorno incluye al interlocutor (capítulo 6).

Desarrollo individual de la corteza cerebral

Una vieja idea, divulgada en 1899 por Ernst Haeckel (1992), es que la ontogenia, el desarrollo temprano de un individuo, es expresión sintetizada de la filogenia, el desarrollo de la especie. De hecho, muchos rasgos del sistema nervioso individual del ser humano parecen desarrollarse con arreglo a la misma secuencia que siguieron en el transcurso de la evolución a consecuencia de la selección natural –es decir, durante el desarrollo de la especie animal más temprana–. Entre estos rasgos contamos, por ejemplo, la corteza prefrontal, que se desarrolla tardíamente en la evolución y no alcanza su pleno crecimiento hasta la tercera o cuarta década en la vida de un individuo.

La idea de Haeckel tiene en esencia un defecto importante. Mientras la selección natural sigue un proceso pasivo basado en la mutación y la varianza genética aleatoria, la ontogenia sigue un orden establecido por relojes biológicos que determinan la expresión genética y el cambio molecular-enzimático –conjuntamente con influencias ambientales desde el momento de la concepción en adelante–. No obstante, Gould (1992) intenta reconciliar ambas tendencias, la filogenética y la ontogenética, sugiriendo el concepto de «heterocronía». La heterocronía significaría simplemente el cambio, en el desarrollo del organismo individual, del índice y el ritmo relativos de aparición de caracteres ya presentes en los antepasados. En otras palabras, la ontogenia, mediante su propio reloj, comprimiría, extendería y recronometraría los *resultados* de la evolución.

El concepto de heterocronía legitimaría la predicción de la ontogenia basada, en parte, en la evolución posdecible de los rasgos, si bien esto aún dejaría la predicción sujeta a las incertidumbres que rodean al linaje y la ascendencia en la evolución. En cualquier caso, sería erróneo negar u ocultar la evidencia de que el desarrollo del cerebro humano hasta la edad adulta conlleva el desarrollo de rasgos sociales ya presentes en la conducta de la mayoría de las poblaciones animales. Entre estos rasgos están las tendencias innatas a la afiliación, la confianza, la protección grupal y la estructura social jerárquica. En consecuencia, es fascinante estudiar el desarrollo del cerebro en un intento de establecer cómo se relaciona no sólo con el desarrollo de funciones cognitivas característicamente humanas como la predicción y el lenguaje, sino también con el desarrollo de una dinámica social ya presente en poblaciones ancestrales. Ambas cuestiones son pertinentes a las raíces de la libertad.

Hay otro aliciente para estudiar la ontogenia del cerebro desde un punto de vista evolutivo. En la actualidad, es cada vez más evidente que, como ocurre en la evolución de las especies y los rasgos, el desarrollo de las características y las funciones del cerebro en la ontogenia resulta de interacciones dinámicas entre los elementos de poblaciones biológicas: poblaciones genéticas, poblaciones neuronales, poblaciones sinápticas, poblaciones de redes y poblaciones de fibras nerviosas.

El neonato llega al mundo con la estructura de la corteza cerebral prácticamente completa, con sus principales elementos en su sitio. La neocorteza, la corteza «nueva» en términos evolutivos, ya se caracteriza por su estructura laminar, la presencia en la misma de los principales tipos de células nerviosas, sinapsis y otros contactos entre células, así como los neurotransmisores químicos excitatorios e inhibitorios más importantes.[5] En términos cuantitativos, sin embargo, a lo largo del tiempo se producen ciertas fluctuaciones en las cantidades relativas de estos elementos. Hay períodos de exuberante producción de neuronas seguidos de períodos de disminución. Lo mismo cabe decir de las sinapsis y otros elementos de la arquitectura celular. De todos modos, desde el principio se da un incremento gradual y más o menos continuo de conexiones de fibras entre células en casi todas las capas de la neocorteza (figura 2.3). Este aumento de la

5. Los neurotransmisores excitatorios más importantes son el glutamato, la norepinefrina, la serotonina, la dopamina y la acetilcolina (Siegel, 1999). La concentración de cada uno varía un tanto de un área a otra. El transmisor inhibitorio más importante es, con mucho, el omnipresente ácido gamma-aminobutírico (GABA).

conectividad persiste hasta bien entrada la edad adulta evidenciándose con toda claridad en la mielinización –cobertura con mielina– de largas conexiones de fibras entre áreas corticales. Esto se traduce en incrementos generales de sustancia blanca cortical incluso en presencia de algunas disminuciones relativas de sustancia gris.

El aumento asociado a la edad en la conectividad cortical es crítico para el desarrollo cognitivo y, por tanto, para el desarrollo del libre albedrío. La conectividad es imprescindible para un código relacional, como el código de cognición y de los cógnitos de la memoria y el conocimiento.[6] Los cógnitos se definen mediante *relaciones* entre elementos (neuronas o ensamblajes de neuronas) que representan componentes definidos de un recuerdo o elemento de conocimiento (capítulo 3). En virtud de la capacidad combinatoria de las conexiones, un número también definido de ensamblajes neuronales puede codificar, mediante combinación y permutación, un número casi infinito de diferentes elementos de conocimiento y memoria. Lo mismo podemos decir de los cógnitos y las relaciones entre ellos, que pueden formar parte de cógnitos más amplios. En última instancia, es la capacidad combinatoria de las conexiones lo que nos proporciona la individualidad de nuestra memoria, nuestro conocimiento y nuestras acciones.

La existencia de más conexiones sinápticas que neuronas puede procurar a la corteza ejecutiva, sobre todo a la corteza en desarrollo tardía, inputs y outputs diversos en grado sumo. Así pues, la corteza prefrontal puede dar origen –es decir, organizar– a numerosísimas acciones alternativas. Habida cuenta de que la conectividad cortical

6. Un estudio de la conectividad cerebral mediante neuroimágenes fiables pone de manifiesto el aumento –asociado a la edad– de la conectividad cortico-cortical en niños que realizan tareas cognitivas, como escuchar relatos (Karunanayaka *et al.*, 2007).

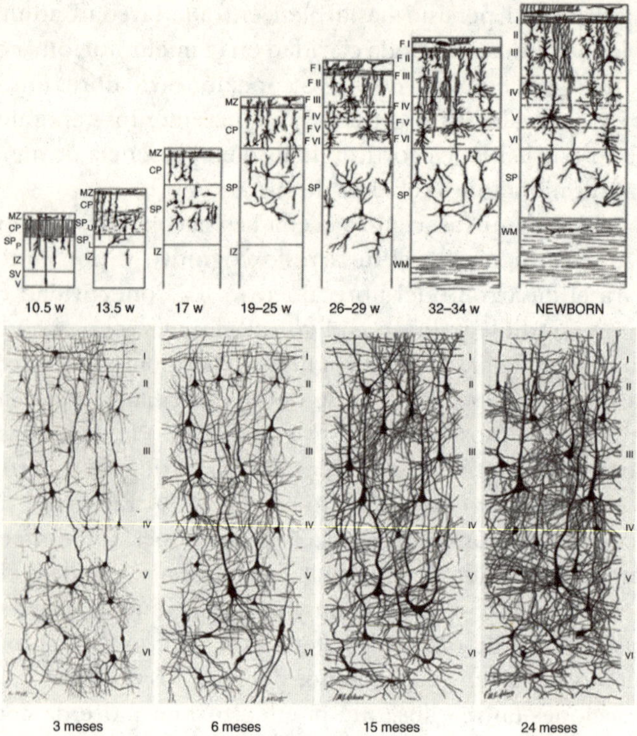

FIGURA 2.3. Desarrollo de las neuronas en la corteza humana. *Arriba*: Período prenatal, desde 10.5 semanas hasta el nacimiento. De Mrzljak *et al.* (1990), con autorización. *Abajo*: Período posnatal, a los 3, 6, 15 y 24 meses. De Conel (1963), con autorización.

aumenta con la edad a un ritmo superior al de la masa cerebral, es razonable llegar a la conclusión de que las opciones («elecciones») tanto de los inputs que van a la corteza ejecutiva como de los outputs que salen de la misma también se incrementan con la edad a un ritmo muy elevado. Lo mismo es válido para la libertad, que en esencia es la capacidad de esta corteza para favorecer selectivamente inputs y outputs o influir en ellos.

La mejor prueba directa del incremento asociado a la edad y del refuerzo de la conectividad cortical es la mielinización –dependiente de la edad– de largas fibras nerviosas corticales. Desde la obra seminal de Flechsig (1901), hace más de un siglo, sabemos que, en torno al momento del nacimiento, la mielinización cortical sigue un cierto orden cronológico que podemos detectar mediante métodos histológicos de tinción de fibras (figura 2.4). Lo primero que se mieliniza son las áreas sensoriales y motoras de la corteza. En lo sucesivo, la mielinización tiene lugar en áreas de asociación progresivamente superiores.[7] Las últimas áreas que se mielinizan del todo son las de las cortezas de asociación posterior y frontal (*blancas* en la figura 2.4). Gracias a los escáneres modernos, actualmente sabemos que la corteza prefrontal no alcanza la plena mielinización hasta la tercera o cuarta década de vida (Sowell *et al.*, 2003). Las consecuencias de este hecho son importantes, sobre todo en lo relativo a la madurez cognitiva y, por supuesto, a la libertad de acción y la responsabilidad ligadas a la misma.

Suponiendo que el grado de mielinización esté relacionado con la maduración neural en general, y suponiendo también que la maduración neural esté relacionada con la maduración psicológica, es razonable hacer conjeturas sobre las limitaciones neurales –asociadas a la edad– del desarrollo psicosocial. Por ejemplo, parece más

7. La tinción de la mielina en muestras anatómicas de la corteza cerebral no es un asunto sencillo. Se trata de una técnica laboriosa sujeta a errores, algunos de los cuales, según experimentados anatomistas, quizás han distorsionado las observaciones originales de Flechsig. No obstante, aunque se pueden formular objeciones al orden preciso de formación de la mielina tal como aparece en la figura 2.4, hay un consenso general sobre la conclusión de que el proceso da comienzo en las áreas sensorial y motora primarias y continúa a través de la corteza de asociación.

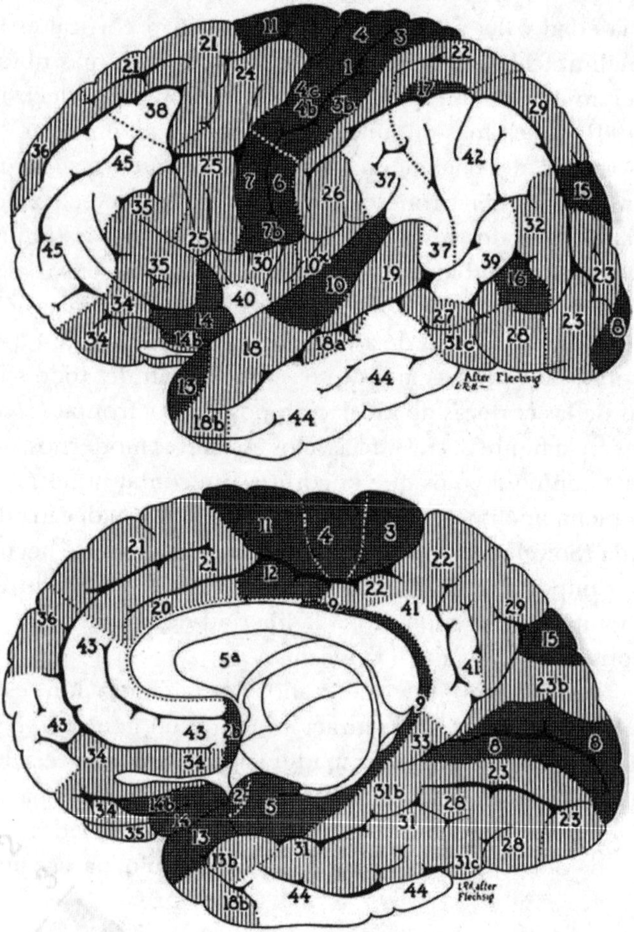

Figura 2.4. Orden numérico de la mielinización de las áreas de la corteza humana, según Flechsig. Las áreas motoras y sensoriales primarias (números bajos, *en negro*) son las primeras en mielinizarse; las áreas de asociación (números altos, *en blanco*) son las últimas. De Bonin (1950), con modificaciones.

que posible que buena parte de la agitación adolescente se deba a un desequilibrio entre los dos lados, el emocional y el cognitivo, del ciclo PA. En un lado está el input de centros emocionales bajo la avalancha de grandes cambios hormonales; sumemos a eso las exigencias de gratificación en presencia de principios de conducta todavía inmaduros. En el otro lado hay una corteza prefrontal inmadura preparada para la acción física sin la capacidad, aún no disponible, para el razonamiento o el buen juicio. El resultado es la libertad orientada hacia el yo y establecida en función del yo con apenas responsabilidad, algo propio del adolescente común.

A los 20 años, la libertad ha adquirido una dimensión social en la mayoría de los individuos, y con ello la responsabilidad social que limita, o más bien complementa, la libertad individual está acercándose a su estabilidad adulta. La tercera década de vida exige claras decisiones cognitivas sobre el futuro. Para entonces, la madurez plena alcanza las áreas más elevadas de asociación cortical. De este modo, el cerebro llega al nivel máximo de imaginación y capacidad inventiva. Con la maduración de la corteza prefrontal en concreto, se expanden el lenguaje y la capacidad para predecir, y también la capacidad para la planificación social con un objetivo común. Estas capacidades darán lugar a decisiones de nivel superior, junto con más libertad para conducir a otros a iniciativas más importantes –educativas, científicas, artísticas, legislativas, deportivas, etcétera–. Es el momento en que empiezan las carreras, se emprenden estudios superiores y se hacen planes para la asociación emocional, profesional o social con otros.[8] Con más maduración cortical, se adquieren y

8. De todos modos, es un tanto simplista atribuir la adquisición de cualquier rasgo social dado a períodos más concretos de edad cronológica. En primer lugar, cualquier rasgo fenotípico en cualquier edad resulta de la interacción de factores genéticos con factores am-

consolidan en la corteza cógnitos más detallados, complejos y abstractos como parte de la experiencia del individuo. Entre estos cógnitos se incluyen, entre otros, ciertos principios de altruismo y justicia social.

Darwinismo neural

El cerebro es, en esencia, el órgano con el cual el animal, mediante la percepción y la actuación, se adapta al entorno. Como tal, para adaptarse a ese entorno, el cerebro desarrolla medios similares, si no idénticos, a los que guiaron la evolución. Un principio del desarrollo aplicable tanto a la ontogenia como a la evolución es la selección natural. Sin lugar a dudas, la selección natural no funciona igual para desarrollar individuos que para desarrollar especies. Sin embargo, los resultados adaptativos son parecidos, y hasta cierto punto paralelos y sinérgicos.

No obstante, en el cerebro humano sucede algo radicalmente nuevo que no tiene precedentes en la evolución anterior. En gran parte debido al extraordinario crecimiento evolutivo de su corteza prefrontal, el cerebro humano «se abre» al futuro. La selección ya no se efectúa entre elementos de información o acción que se han producido en el pasado o van a producirse en el futuro inmediato. La corteza cerebral del ser humano se ha vuelto predictiva. Con este cambio, la selección se puede

---

bientales. Existe una varianza individual en ambas series de factores. Los factores ambientales intervienen en distintas edades en función de circunstancias internas, como los niveles hormonales. A su vez, esta interacción origina cambios en la interacción social. A esto hemos de añadir los imponderables de las diferencias individuales en la maduración nerviosa y hormonal. El resultado es una serie larga y compleja de ciclos PA entre el individuo y la sociedad que no están en perfecto acuerdo con la edad cronológica.

realizar entre opciones *previstas* de percepción y acción susceptibles de producirse en el futuro. De todos modos, aquí hay que ser prudente. El agente previsor no es la conciencia, el «yo» ni ninguna otra entidad subjetiva, sino la propia corteza, que al prever se vuelve preadaptativa. El albedrío es tan libre como lo es la corteza para seleccionar acciones futuras y prepararse para ellas.

Es como si el desarrollo humano hubiera provocado un cambio copernicano en la evolución, desde el pasado al futuro –un cambio, de todos modos, que no modifica los principios básicos de la selección, la varianza y la probabilidad que hacen avanzar la evolución bajo el paraguas de la adaptación–. Sin embargo, con la adaptación prospectiva humana aparecen dos principios nuevos: la teleonomía y la potencialidad de acción, que analizaremos más adelante.

Basándose en el concepto de «darwinismo neural» (1987), Edelman propuso una teoría nueva que aplica principios evolutivos al cerebro individual. Su teoría de la selección de grupos neuronales (TNGS, por sus siglas en inglés) se refiere a la formación o modulación de circuitos cerebrales como consecuencia de los contactos sensoriales del organismo con su entorno. Al principio, la corteza y su vínculo con el exterior –es decir, el tálamo– vienen a este mundo con una dotación genética de lo que Edelman denomina «repertorio primario de grupos neuronales interconectados en las dos estructuras». Mediante interacciones del animal con el medio y el mecanismo neurobiológico en virtud del cual «las células que se activan juntas se cablean juntas», se formará un repertorio secundario de grupos celulares. Este repertorio secundario surgirá a costa de los grupos celulares no seleccionados, los cuales se marchitarán –en correlación con el desgaste posnatal observado en células y contactos sinápticos–. Los grupos seleccionados reforzarán sus conexiones mediante circuitos de reentrada: el output vuelve como input. De esta manera, se adquirirá y registrará experiencia perceptual en los circuitos talámico-corticales. Se puede aplicar un razonamiento similar a los dispersos grupos neuronales de la corteza cerebral, que, si se activan juntos, se cablearán juntos en redes cognitivas. La reentrada es el consolidador y activador universal de estas redes.[9]

Con independencia del papel preciso de la genética en la filogenia y la ontogenia, permanece el hecho de que en el sistema nervioso ciertos principios son aplicables a ambas. Por lo general, estos principios se aplican a la adaptación de todos los organismos biológicos a su entorno y están indudablemente presentes tanto en la filogenia como en la ontogenia. Incluyen la varianza, la selección y la probabilidad. En el organismo humano, con sus propiedades prospectivas, hemos de añadir la teleonomía y la potencialidad de acción.

La varianza es la condición previa esencial de la evolución. La selección natural se produce en respuesta a la varianza, sea en la mutación genética aleatoria o en el cambio ambiental. Los rasgos, las características, las ventajas competitivas, etcétera, son seleccionados por la naturaleza (obsérvese la voz pasiva) para adaptar el organismo a su entorno; la adaptación tiene lugar en el nivel de la población de las especies –de hecho, la evolución es un fenómeno demográfico–, y el resultado final favorece la supervivencia y la procreación. Buena parte de la adaptación selectiva se da en el sistema nervioso, desde luego.

9. Los aspectos darwinianos de la TNGS se pueden criticar con el mismo argumento que distinguía el papel de la evolución del de la ontogenia en la formación de la estructura neural. Ni siquiera el concepto de heterocronía de Gould los reconcilia del todo. Así pues, en la defensa del darwinismo neural, algunos lo han considerado simplemente una metáfora del proceso evolutivo. Sin embargo, nadie discute la importancia decisiva de la reentrada en el desarrollo estructural y funcional de la corteza cerebral (Edelman, 1987).

La varianza del sistema nervioso, en la interfaz del organismo con el entorno, también atiende a la selección y la adaptación del individuo. No obstante, aquí la selección –pongamos, entre inputs sensoriales y entre acciones– es activa –esto es, del organismo hacia fuera–. Como pasa en la evolución, la selección es adaptativa, pero ahora el organismo la ejerce activamente en el mundo. De hecho, la evolución ha procurado al individuo los medios para realizarla por sí mismo. Como ocurre en la evolución, la selección está al servicio de fines adaptativos de la población, empezando por los circuitos y células cerebrales y extendiéndose al orden social.

La selección se produce en todas las interacciones del cerebro con el medio, tanto interno como externo. Atiende a los fines conexos de economizar recursos y aumentar la eficiencia. En ambos aspectos, la selección funciona en todas las percepciones y acciones. En estas dos esferas, la selección lleva a cabo dos funciones adaptativas separadas pero sinérgicas: (1) categorizar y (2) discriminar.

La percepción es la categorización, o clasificación, del mundo que nos rodea (Harnad, 2005; Hayek, 1952). Percibimos, es decir, categorizamos objetos en virtud de sus rasgos comunes y las relaciones entre sus partes (próximo capítulo). La identidad de un objeto permanece invariable pese a las grandes variaciones en el tamaño u otras características de sus partes, siempre y cuando las relaciones entre algunas de estas partes permanezcan invariables («una rosa es una rosa es una rosa», pese a diferencias en el color, la forma, el tamaño o la fragancia). Éste es el principio psicológico fundamental de la constancia perceptual, según el cual percibimos que un objeto es el mismo al margen de variaciones de tamaño, perspectiva, color, forma, etcétera.

En la vida cotidiana percibimos continuamente –sobre todo de manera inconsciente– los objetos y sucesos que nos rodean clasificándolos en categorías y haciéndolos corresponder con experiencias anteriores –esto es, emparejándolos con cógnitos establecidos en la corteza–. A la inversa, distinguimos y discriminamos entre objetos y sucesos al concentrarnos en sus rasgos individuales (una rosa amarilla es diferente de una rosa roja). Categorizar y discriminar son funciones simultáneas en la creación del orden sensorial en la corteza (Hayek, 1952). Orientan no sólo nuestra vida corriente sino también nuestros empeños científicos. La deducción y la inducción, la generalización y el análisis, dependen de ellas.

Las dos funciones selectivas de categorización y discriminación también operan en el lado de la acción. Ahora el principio categorizador es el fin u objetivo de la acción. Muchos movimientos posibles pueden producir el mismo resultado. Cabe llamar a esta función «constancia de la acción». Al mismo tiempo, un movimiento grande dirigido a un objetivo se compone de pequeños subcomponentes para alcanzar subobjetivos camino de un objetivo importante (Bernstein, 1967).

Desde luego, la categorización de las percepciones o las acciones en el sistema nervioso no se puede lograr sin algo parecido al principio de *degeneración* de Edelman (Edelman y Gally, 2001). En esencia, la degeneración se refiere al hecho de que en el cerebro, como en otros sistemas complejos, múltiples inputs pueden conducir al mismo output.[10] Ningún organismo puede sobrevivir sin ella. La degeneración, o algo semejante, está en el origen de la constancia perceptual y motora.

La corteza cerebral se halla permanentemente en un estado de cambio interno, si bien este cambio tiende

10. A la inversa, en la discriminación sensorial y en las acciones discriminadoras, un input, dependiendo de ciertos rasgos del mismo (por ejemplo, el contexto), puede dar lugar a diferentes outputs.

al equilibrio en algún momento del futuro. Los miles de millones de neuronas concomitantemente activas en la corteza vigilante, cuya actividad eléctrica se caracteriza por ritmos «desincronizados»,[11] bombardearían centros sensoriales y motores con un flujo de impulsos tan diverso que los conducirían fácilmente al caos. En otras palabras, si no hay degeneración, si no hay capacidad para generalizar a través de inputs y outputs, las percepciones o acciones estables no son posibles.

En el estado de *atención*, función cognitiva selectiva por definición, la selección es evidente en los dos componentes del ciclo PA, la percepción y la acción. Cabría considerar legítimamente que la atención es la madre de todas las funciones cognitivas. Selecciona ciertas percepciones, memorias, causas y acciones a expensas de todas los demás, que resultan suprimidas e inhibidas (Fuster, 2003). Pero, también aquí, esto pasa con o sin conciencia, bien que la conciencia es un *fenómeno* constante en las selecciones más exigentes. Se produce debido a la dinámica interna de la corteza, sin necesidad de un ejecutivo central. La corteza prefrontal está al servicio de la atención, por supuesto, pero simplemente como mediadora de percepciones o acciones selectivas. Cualquier control ejercido por esta corteza sobre la atención –y sobre otras regiones corticales– deriva exclusivamente de su implicación dinámica en el ciclo PA (capítulo 4).

En el cerebro humano, la selección –en especial la atención selectiva– se adentra en el futuro. La corteza cerebral selecciona cógnitos perceptuales y ejecutivos para la acción prospectiva con objetivo, mientras otros cógni-

11. La «desincronización» es una característica del electroencefalograma cortical (EEG) en el estado de vigilia. Probablemente refleja la activación reentrante de múltiples cógnitos, cada uno con su propia gama de frecuencias o «huellas digitales espectrales» (Siegel *et al.*, 2012).

tos menos pertinentes resultan inhibidos. En este caso, la evolución ha dotado al cerebro humano del aparato cortical primordial para efectuar esta selección prospectiva, en toda la acepción de la palabra «primordial»: la corteza prefrontal. Es con la corteza prefrontal con lo que el cerebro humano adquiere su libertad para establecer fines y objetivos.

En ciencia, teleología es una palabra fea. Es también una incongruencia lógica, pues da a entender la inversión temporal de causalidad, precisamente la peor anomalía posible en el discurso científico. No obstante, es de lo más atractivo atribuir a la corteza prefrontal una función teleológica. Al parecer, en esta corteza pasan cosas *debido a* un suceso futuro, tanto si éste es el desarrollo de una acción futura, un objetivo, una recompensa o la respuesta a una petición de alguien. ¿Es un suceso futuro la causa de la acción presente? Por lo visto, aquí las leyes de la causalidad física van hacia atrás y al revés.

De todos modos, es sólo algo aparente. Con la llegada de la corteza prefrontal, los fines y los objetivos han entrado en la agenda del cerebro. Si observamos más de cerca, la paradoja teleológica se disuelve ante nuestros ojos, pues la causa de la acción futura está firmemente situada en el pasado. En el cerebro, este pasado consiste en memoria evolutiva e individual en forma de impulsos establecidos y cógnitos imaginados del futuro; es la «memoria del futuro» (capítulo 5). Una palabra mejor para esta clase de teleología es *teleonomía* (Monod, 1971), que, en esencia, es una dimensión crítica de la libertad; quizá, realmente, su dimensión más decisiva. Se ha identificado la teleonomía con la vida, toda vez que su conservación futura es el primer objetivo de la vida propiamente dicha.

El *Homo sapiens* surgió de la «noche del tiempo evolutivo», resultado final de innumerables interacciones de innumerables organismos con su entorno. En el punto clave de estas interacciones hubo un largo y silencioso ciclo de influencias mutuas entre los genes y la «demanda ambiental». Mediante un proceso que no entendemos, y seguramente no entenderemos nunca, el cerebro del *Homo sapiens* («hombre que sabe») adquirió los medios para prever y pronosticar las «demandas» del *Umwelt* (el mundo circundante) y cambiarlas para adaptarse mejor al mismo durante su vida y la de sus descendientes. Aumentó la complejidad y dimensión del ciclo PA. Puede que haya rudimentos de ello en otros primates, pero apenas rudimentos (sección siguiente). Con el cerebro humano, el período temporal del ciclo se incrementó en varios órdenes de magnitud. También aumentó la complejidad del agente, ahora el propio cerebro, y la complejidad de la información ambiental que era capaz de manejar y predecir. La corteza prefrontal se desarrolló como el pronosticador neural supremo en lo más alto del ciclo.

El lenguaje es una inmensa amplificación de la comunicación animal. También surgió de la expansión de la corteza prefrontal con sus propiedades organizadoras temporales. El lenguaje llegó a ser un medio de lo más adecuado para cerrar el ciclo PA entre el cerebro y el entorno al servicio del yo y de los demás. Con el lenguaje, el cerebro humano llegó a ser capaz de formular probabilidades de causalidad futura, influir favorablemente en estas probabilidades con la lógica (en griego, *logos*, palabra) por el bien del yo y los otros, y registrar cambios, tanto pasados como proyectados al futuro. El lenguaje añade otra dimensión decisiva a la libertad (capítulo 6).

El psicólogo Gibson (1977) acuñó un término interesante, *potencialidad de acción* [*affordance*], que encaja a la perfección en el ciclo PA, sobre todo en su perspectiva futura. La potencialidad aquí es una cualidad del objeto o del entorno que permite a un sujeto realizar con él una acción. Así pues, las potencialidades, en este sentido, son posibilidades de acción ofrecidas por el mundo al individuo. Creo que el término y su definición son aquí útiles, pero la definición debería ampliarse, pues el ser humano es capaz de *crear* potencialidades y proyectarlas en el entorno. De este modo, pueden surgir potencialidades nuevas de la percepción del entorno en vista de la experiencia anterior –es decir, de cógnitos establecidos–. Así pues, los nuevos cógnitos inventados, proyectados en ese entorno, pueden incorporarse al ciclo PA y guiar la acción hacia la manipulación adaptativa de sus objetos. Por tanto, las potencialidades constituyen otro medio en virtud del cual la corteza prefrontal puede imaginar («memorizar») acciones futuras. La potencialidad es asimismo otra dimensión de la libertad. El ser humano es único en el sentido de que puede crear libremente sus propias potencialidades. Como veremos en el correspondiente capítulo (6), el lenguaje es un creador y un vehículo de potencialidades extraordinariamente fecundo. La corteza prefrontal, el producto más avanzado de la evolución en el cerebro humano, es el facilitador supremo tanto del lenguaje como de las potencialidades en general.

Las dos caras temporales de la libertad

Igual que el dios romano Jano tenía dos caras, una mirando hacia delante y la otra hacia atrás, la libertad tiene dos perspectivas temporales, una mirando al pasado y la otra al futuro. La analogía ha sido aplicada acertadamente a la experiencia consciente del tiempo, lo que se ha llamado «viaje mental en el tiempo», entre el pasado y el futuro. Ahora bien, aplicarlo a la libertad requiere alguna explicación.

No somos libres para cambiar el pasado, desde luego, pues el pasado está «terminado». Sin embargo, la analogía de Jano es válida con respecto a la libertad por el simple hecho de que, aunque no somos libres para cambiar ese pasado, sí lo somos para *escoger* partes del mismo que nos permitan tomar decisiones fundadas de cara al futuro. Además, una acción escogida no sólo se basa en experiencias anteriores, sino que también engendra experiencias nuevas para fundamentar decisiones futuras, con lo que se completa el ciclo PA.

No obstante, la mayoría de las experiencias previas que cimentan la libertad para tomar decisiones no son exclusivamente nuestras, sino que pertenecen al conjunto de la especie humana; están constituidas por los sistemas motor y sensorial. Esta experiencia «común» está incorporada al genoma y encuentra su expresión en la anatomía física de estos sistemas. Por esta razón, a la estructura de estos sistemas la denomino «memoria filética»: se trata de memoria genética en forma de estructuras y mecanismos nerviosos que son esenciales para la adaptación ecológica. La memoria filética incluye los receptores periféricos de sensaciones primarias y los generadores de movimientos elementales para la nutrición y la defensa.[12]

Por tanto, debería estar claro que el término *memoria filética* es algo más que una figura retórica por el hecho de que el recuerdo que transporta en su misma estructura es la experiencia colectiva de la especie en su relación con el entorno físico. Podemos denominarla legítima-

12. Denominar «memoria estructural» a estos sistemas sensorial y motor tiene sentido sólo en términos evolutivos y ontogenéticos. Sin duda es memoria fundamentalmente genética en el sentido de que la estructura de estos sistemas está codificada en nuestros genes. No obstante, antes incluso de nacer, está sujeta a influencias ambientales sobre el fenotipo de estos dos sistemas.

mente «memoria» porque consta de información «almacenada» que, tras unos períodos neonatales críticos de «repetición»,[13] es recuperada y utilizada en todos los actos de percepción o acción manifiesta. Las cortezas motora y sensorial primarias forman parte de esta memoria y cuentan con la indispensable interfaz entre la memoria evolutiva y la individual.[14] Mediante el funcionamiento de la memoria filética en estas cortezas se forma la memoria individual, perceptual y ejecutiva, que se deposita en las redes cognitivas (cógnitos) de la corteza de asociación. La libertad se basa en la selectividad potencial de estas cortezas asociativas individuales y está lógicamente limitada por impedimentos sensoriales y motores que afectan a su base filética.

En cualquier caso, es la corteza en su conjunto la que toma las decisiones que son la esencia de la libertad individual, no una entidad extracortical o extracorpórea susceptible de ser identificada como un *yo* que escoge, delibera y dispone. El *yo* es sino la corteza que selecciona inputs, unos del pasado y otros del presente, a fin de

13. Durante ciertos períodos críticos poco después del nacimiento, los órganos sensoriales y motores han de ser utilizados para llegar a ser plenamente funcionales en lo sucesivo. Los animales a los que, durante estos períodos, se priva de estimulación visual o auditiva acaban con lesiones permanentes, visuales o auditivas, debido a un desarrollo cortical defectuoso (Hensch, 2004).

14. Las cortezas motora y sensorial primarias, aun siendo los niveles inferiores y más básicos de la memoria cortical filética, no son las fases inferiores de los sensores y efectores evolutivos heredados del sistema nervioso central. Para encontrarlos, posiblemente hemos de descender a la médula espinal y a los núcleos del sistema nervioso autonómico que hay en el tronco del encéfalo. Pues es en estas estructuras donde residen los centros de la actividad refleja que regulan los mecanismos más primitivos, innatos, defensivos y nutritivos con los que adaptamos el organismo a los medios interno y externo.

seleccionar outputs de acción adaptativa.[15] Así pues, la selección individual ya no es la selección natural que estuvo al servicio de la población en el tiempo evolutivo; no obstante, las opciones cognitivas del individuo dependen decisivamente de esta historia filética.

Las redes cognitivas selectivas de la corteza cerebral se hallan continuamente bajo la influencia de otro depósito de memoria filética situado en niveles profundos del interior del cerebro: el sistema límbico o emocional. El sistema límbico consta de una serie de masas y núcleos neurales interconectados de origen filogenético ancestral que intervienen críticamente en la puesta en práctica de impulsos instintivos y respuestas emocionales del organismo al entorno, interno y externo. Los componentes más destacados son el hipotálamo, la amígdala y el hipocampo. Los dos primeros están implicados en todas las conductas instintivas (relativas a la alimentación, el sexo, la huida, la defensa y la agresividad), así como en la adquisición, el mantenimiento y la recuperación de memoria emocional –es decir, recuerdos de preferencias, amor y odio, recompensa y castigo, placer y dolor (Denton *et al.*, 1996; Hess, 1954; Pessoa y Adolphs, 2010)–. El hipotálamo y la amígdala también están conectados directa o indirectamente con el sistema nervioso autonómico y los sistemas hormonales, que desempeñan importantes funciones en el control visceral y la emoción (Buijs y Van Eden, 2000).

El hipocampo es una estructura ancestral de transición situada entre el cerebro límbico y la neocorteza. Desde el punto de vista anatómico, es una porción de corteza anti-

15. Cada opción cortical es el resultado de un proceso masivo de cálculo de inputs de muchas fuentes en las cortezas de asociación, y en última instancia en la corteza prefrontal. Una cuestión importante aquí es que la corteza prefrontal posibilita la acción y media en la misma dentro del ciclo PA, aunque no es el único generador de esta acción.

gua, plegada sobre sí misma y metida en la parte central de cada hemisferio cerebral. En los mamíferos inferiores, lleva a cabo funciones vitales relacionadas con el olfato, el tacto y la navegación espacial.[16] En los primates, sobre todo los seres humanos, el hipocampo tiene un papel crucial en la adquisición, la consolidación y la recuperación de memorias de cualquier modalidad (Squire, 1992).

Contiguos al cerebro límbico están los ganglios basales (Ariëns Kappers *et al.*, 1960), un conglomerado de estructuras neurales, también de desarrollo ontogenético y filogenético temprano, que interviene decisivamente en la motilidad voluntaria, refleja y automática. Diversos bucles conectivos que enlazan la corteza motora, el cerebelo, el tálamo y los ganglios basales median en la oportuna ejecución de secuencias motoras voluntarias, así como automáticas y muy repetidas (Alexander *et al.*, 1992; Kreitzer y Malenka, 2008).

Para concluir, estas partes internas del cerebro, junto con las cortezas motora y sensorial primarias, constituyen, en su totalidad, la capa cerebral superior de la memoria filética. Esta memoria estructural, incluyendo las predisposiciones a la acción de los ganglios basales, es el aparato neural primordial para la adaptación al entorno. El entorno incluye el medio interno, que en la evolución fue seleccionado para satisfacer las más inmediatas exigencias de supervivencia y procreación de la especie.

16. Siempre ha sido una especie de misterio por qué el hipocampo de los roedores es tan crucial para estas tres funciones, mientras que el hipocampo humano está implicado en las mismas sólo de forma marginal. La explicación, a mi juicio, es que el hipocampo del roedor (la corteza más avanzada que tiene el animal) está encargado de las tres funciones en la medida en que son esenciales para su supervivencia, mientras que en el ser humano estas funciones se han desplazado a cortezas superiores en busca de una flexibilidad y un rango de adaptación mayores a un entorno más complejo.

La libertad se apoyará en este caudal de experiencia evolutiva aunque también se verá limitada por el mismo, pues ningún organismo, seres humanos incluidos, puede sobrepasar los límites impuestos por las capacidades sensoriales y motoras que hereda. En otras palabras, esa herencia –tras períodos posnatales críticos– limita nuestras sensaciones ante la luz, el sonido, al tacto, el olfato y el gusto a ciertos rangos de frecuencia, intensidad o composición química. Limita asimismo los rangos del ángulo, la dirección y el comportamiento de cada miembro y articulación. De este modo, teniendo en cuenta la dotación genética de nuestros sistemas motores, existen límites físicos para las acciones que podemos ejecutar con dichos sistemas. Esto sigue siendo verdad incluso después del pleno desarrollo y la educación física.

La libertad no sólo se basa en esa memoria estructural primordial de sistemas sensoriales y motores, sistemas de control visceral y sistemas emocionales, sino que también surge de ella. Las circunstancias más inmediatas que permiten su aparición son la varianza y la plasticidad de estos sistemas y, de forma más decisiva, las redes cognitivas de la corteza de asociación. En el ser humano individual, estos sistemas y redes proporcionarán los inputs esenciales al ciclo PA, lo cual nos traslada de una opción a la siguiente, de una decisión a la siguiente, y de un objetivo al siguiente. El conjunto de estos inputs constituye la experiencia, filética y personal, en la que la libertad se fundamenta. Es la parte más importante del aspecto retrospectivo de la libertad.

¿Hasta qué punto son libres nuestras opciones de memoria retrospectiva? Son, como no puede ser de otro modo, sólo *relativamente libres* porque no están exentas de restricciones físicas y psicológicas. Con independencia de estas restricciones, nuestra libertad depende de la disponibilidad de alternativas –seamos o no conscientes de ellas– y está directamente relacionada con la misma. Experimentamos la libertad aunque no seamos conscientes del grado en que estas alternativas rigen nuestras acciones, y en parte debido a ello. Esto no es un cheque en blanco al determinismo. Más bien al contrario: tras desconectar de la conciencia la opción cortical, la libertad reivindica su independencia. El determinismo resulta atenuado en la variabilidad y la aleatoriedad de un sistema adaptativo complejo como la corteza cerebral humana.[17] Pero aquí hemos de matizar el concepto de «opción cortical».

Opción da a entender *alternativa.* Pero las alternativas de información que llegan a la corteza para informar literalmente a la acción lo hacen con distintos grados de intensidad (fuerza sináptica), en función de una gran variedad de circunstancias o estados internos o externos. Unos inputs alternativos estarán en conflicto entre sí; otros se potenciarán mutuamente. Los inputs que se impondrán en la decisión de actuar serán el resultado probabilístico de la competencia o la suma de «pesos» sinápticos, lo que empujará la corteza hacia una acción u otra. Aquí hay que entender la probabilidad en un sentido bayesiano, aplicable de este modo al estado de la evidencia o el conocimiento contenido en cualquier conjunto dado de inputs.[18] En última instancia, el peso

17. El concepto de sistema adaptativo *abierto* fue propuesto por Von Bertalanffy (1950), padre de la «teoría del sistema general» (GST, por sus siglas en inglés), para explicar la dinámica de organismos –biológicos y sociológicos– que tienden al equilibrio o a un estado estable pese a diversas perturbaciones. Lo hacen mediante el uso de feedback autocorrector, entre otros mecanismos. Sin lugar a dudas, este concepto cibernético es aplicable a toda autorregulación en el sistema nervioso, y desde luego al ciclo PA.

18. A diferencia de la probabilidad «frecuencial», la probabilidad bayesiana es la lógica basada en declaraciones inciertas sobre una hipótesis y susceptible de cambiar mediante la adquisición de más datos (Jaynes *et al.*, 2003).

de cada input en una decisión se «determinará» con arreglo a una estimación de probabilidad basada en conocimientos anteriores y relacionada con el peso sináptico de ese input.[19]

Como hemos visto, las alternativas de input llegarán a la corteza prefrontal desde muchas fuentes, unas corticales y otras subcorticales. Las fuentes alternativas de input se multiplicarán si las acciones informadas por esos inputs son complejas y se hallan en un nivel alto de la jerarquía del ciclo PA. En cambio, los inputs de origen subcortical, en los cimientos de la memoria filética, serán simples y sencillos, como las ganas de comer, de luchar o de aparearse. Se plantarán en la corteza por caminos de fibras encauzados a través de la corteza prefrontal orbital, que recoge información sobre recompensas con «valencia» biológica. Salvo en el caso de los sociópatas, estos impulsos rara vez llegarán a la corteza sin la compañía de redes corticales que representan principios sociales, éticos y estéticos. De ahí las formalidades en la mesa, el cortejo o la competición deportiva.

Estos impulsos naturales aparecerán en la corteza acompañados también de inputs de las redes cognitivas que almacenan nuestra memoria episódica y semántica. Éstos también estarán sujetos a «pujas competitivas» internas en los niveles superiores del ciclo PA. Veamos, por ejemplo, los numerosos inputs que, además del hambre, influyen en nuestras opciones de restaurante y menú: experiencia personal, consejos de amigos, precio, medios de transporte, posibilidad de estacionarse, preferencia por comida exótica, etcétera. Todo pesará en la elección.

19. La expresión «peso sináptico» pretende abarcar no sólo la fuerza de transacciones electroquímicas presentes o potenciales en las membranas de las células nerviosas, sino también el número de conexiones axonales y otras fibras de input que llegan a dichas membranas.

Resumiendo, en el lado retrospectivo de la libertad están los inputs que van a la corteza prefrontal orbital desde el medio interno y sus fuentes límbicas. De manera concomitante, los inputs de la corteza en general convergen en la convexidad lateral cortical del lóbulo frontal, donde transmiten información de las redes cognitivas del conocimiento, la memoria personal y los valores sociales. La corteza prefrontal reconciliará y priorizará estos inputs antes de cada decisión. Completando el ciclo PA, la corteza prefrontal también reconciliará y priorizará las consecuencias de cada acción para acciones futuras. La reconciliación y la priorización se llevarán a cabo en la corteza y por parte de la corteza misma. Estas operaciones tendrán lugar en un entorno multivariado y probabilístico de pesos muy variables y distintos. Es la configuración interna relativa de unos pesos respecto a otros lo que dará lugar a una alternativa de acción u otra. Por tanto, hay que buscar el origen de la decisión en todos sus antecedentes y en los pesos sinápticos relativos de cada uno de sus respectivos cimientos neurales.

La evolución conduce al hombre y a la mujer a su futuro

Inseparable del aspecto retrospectivo de la libertad es su aspecto prospectivo, que analizaremos más a fondo en el capítulo 5. Son dos caras de la misma moneda, a saber, de la dinámica del ciclo PA, que por definición tiene un pasado y un futuro alternándose entre sí. Ambos están firmemente instalados en la memoria filética, desde la que fluye la selectividad de la cognición individual humana. Podría decirse que la acción precede a la percepción, tanto en la filogenia como en la ontogenia. Igual que la evolución selecciona a partir de «acciones» de varianza genética que son adaptativas para la evolución, el bebé humano entra en el mundo palpándolo para seleccionar ciertos estímulos «adaptativos». Es con la háptica –tacto activo– con lo que el recién nacido encuentra el pecho de la madre. Los lloros, otra acción filética, rápidamente se sumarán a la háptica en el ciclo PA de la nutrición del niño.[20]

Con la evolución de la corteza cerebral en general, y la corteza prefrontal en particular, el ciclo PA del ser humano comienza en fases tempranas de la vida para funcionar a niveles superiores de complejidad por el bien del individuo y, a la larga, también de la sociedad. La libertad surgirá de la expansión tanto del caudal de alternativas de información disponibles para la corteza como de las alternativas de acción a las que esa información puede conducir.

Entre las alternativas de acción, ninguna es tan pertinente a la libertad como las que evolucionan en los ámbitos de la cognición más característicos del ser humano: la planificación y el lenguaje. Aquí debemos abordar una cuestión que suele suscitar controversias incesantes. En el reino animal, ¿hay presentes precursores de la planificación y el lenguaje antes de la aparición del hombre? La especie más inmediata –y menos polémica– para investigar al respecto es la formada por los grandes simios.

Una manera de evaluar la capacidad para planificar conductas es examinando la capacidad para usar herramientas, pues el uso de herramientas supone siempre una cierta secuencia de acciones personales que es razonada, con objetivo y no innata. Hacia la época de la Primera Guerra Mundial, Köhler (1925), renombrado psicólogo de la Gestalt, estudió meticulosamente durante varios

20. Más adelante, los «balbuceos» y los rudimentos del lenguaje se incorporarán al ciclo PA entre el niño y el entorno presidido por la madre (capítulo 6).

años el potencial razonador de los chimpancés en una colonia de dichos animales que mantenía en una de las islas Canarias. Uno de sus sujetos más listos, *Sultán*, aprendió a amontonar cajas en las que podía ponerse de pie y usar un palo para alcanzar plátanos situados a cierta altura. De ello concluyó Köhler que el animal era capaz de razonar hasta cierto punto y utilizar objetos intermedios para lograr objetivos alejados en el espacio.

Se ha debatido ampliamente si *Sultán* planeaba las acciones o utilizaba las herramientas en el sentido estricto de la expresión. En cualquier caso, es indiscutible que el animal era capaz de cierto grado de prospectiva y de razonamiento intencional. También es indiscutible que aprendió a usar «herramientas» para conseguir su propósito o tuvo la intuición de usarlas. Los primates inferiores son capaces de hacer ambas cosas, aunque en menor medida. Además, en estudios posteriores se ha observado que los grandes simios son capaces de hacer un «viaje en el tiempo» cognitivo y de prever, pues pueden visualizar acciones secuenciales para alcanzar objetivos que están *lejos en el espacio y en el tiempo* (Osvath y Osvath, 2008). El razonamiento de que todas estas operaciones son fruto del aprendizaje asociativo es ocioso, pues no hay previsión ni uso de herramientas de ninguna clase sin cierto grado de experiencia asociativa anterior. De hecho, no existe la libertad para actuar razonablemente en un sentido u otro sin conocimiento empírico previo del contexto y las consecuencias.

Así pues, en los primates más tempranos apreciamos una planificación y una previsión rudimentarias. No obstante, como los seres humanos superamos estas capacidades en varios órdenes de magnitud, se ha afirmado erróneamente que dichas capacidades son patrimonio exclusivo de nuestra especie. Se han presentado argumentos y contraargumentos similares acerca del lenguaje, bien que normalmente con más vehemencia en ambos bandos. La cuestión más obvia a este respecto es si las vocalizaciones de los animales no humanos reúnen los requisitos necesarios para ser consideradas precursores evolutivos del lenguaje. La respuesta es sí, en la medida en que estas vocalizaciones consisten en un medio de comunicación entre congéneres, como el lenguaje. Otra cuestión, que viene más al caso, es si los animales poseen cierta forma primitiva de lenguaje. Aquí la respuesta es categóricamente no, pues los animales, aun siendo capaces de comunicarse mediante símbolos, no pueden comunicarse mediante el razonamiento lógico, que es un atributo esencial del lenguaje.

Con el lenguaje y la enorme expansión de la corteza cerebral que lo acompaña, llega la única herramienta que, más que ninguna otra, permite a los seres humanos crear su futuro: el habla. Se trata del supremo Hacedor de potencialidades, *à la* Gibson (1977). No es una casualidad de la naturaleza que esta «herramienta primordial» (Greenfield, 1991) se desarrolle conjuntamente con una región de la corteza frontal muy implicada en la fabricación y la utilización de herramientas.[21] Tampoco es una coincidencia que la totalidad de la corteza frontal, donde se ubica esa área, esté al servicio no sólo del habla sino también, y de modo más general, de lo que Lashley (1951) denomina la «sintaxis de la acción». Mediante el habla, de hecho, la evolución consigue favorecer una «finalidad» no escrita en la evolución de las especies: la libertad para garantizar su supervivencia. Pues es la palabra escrita lo que permite a la especie humana codificar la libertad de su progenie.

21. El área en cuestión comprende el área de Broca y una gran parte de la corteza premotora, adyacentes una respecto a la otra en el lóbulo frontal del hemisferio cerebral izquierdo o dominante.

Conclusiones

Nuestra libertad y capacidad para determinar el futuro son los vástagos fundamentales de la extraordinaria evolución del cerebro humano. Tanto la libertad como la creatividad tienen su raíz evolutiva más reciente en la corteza prefrontal, el último ámbito del manto cerebral en alcanzar la madurez estructural, tanto en la evolución como en el desarrollo individual.

Para ambas prerrogativas humanas, la libertad y el futuro, es crucial la profusa conectividad que se desarrolla entre las poblaciones celulares prefrontales, así como entre ellas y las de otras regiones corticales. Debido a la intrínseca plasticidad sináptica de dicha conectividad, se formarán redes cognitivas (cógnitos) gracias a la experiencia vital en la corteza asociativa, las cuales codificarán la memoria del individuo e influirán en sus decisiones para alcanzar sus objetivos (capítulo 3).

La libertad prospera con la capacidad de la corteza para escoger entre las redes de memoria y las redes de acción en la búsqueda de fines seleccionados. En todos los casos, la búsqueda de un objetivo tiene lugar en la dinámica de un ciclo PA que cruza la corteza posterior, la corteza prefrontal y el entorno, y regresa a la corteza siguiendo un recorrido circular hasta que se alcanza el objetivo.

Paralelamente a este ciclo cognitivo y en interacción con el mismo, un ciclo más viejo y profundo procesa emociones e impulsos instintivos a través del sistema límbico. La corteza prefrontal orbital es una parte integral de ese ciclo, que aporta influencias emocionales e instintivas a la corteza en general. Como las reacciones ante estas influencias están biológicamente arraigadas y tienen mucho peso en nuestras decisiones, el sistema límbico constituye la raíz evolutiva más primigenia de la libertad en el cerebro humano.

En términos generales, la libertad tiene dos componentes principales con perspectiva temporal opuesta; el primero es la capacidad para escoger experiencias del pasado, y el segundo es la capacidad para escoger el futuro con base en el pasado elegido. Los dos se alternan en la corteza prefrontal, que integra el pasado y el futuro en lo más alto del ciclo PA (capítulo 4). El más esencialmente humano es el segundo, la capacidad de la corteza prefrontal para predecir acontecimientos, amén de seleccionar, decidir, planear, preparar y organizar acciones con objetivo en el futuro inmediato o lejano (capítulo 5). Entre estas acciones se cuenta el lenguaje hablado y el escrito, patrimonio verdaderamente único de nuestra especie al servicio de nuestras libertades y nuestra capacidad creativa (capítulo 6).

3

Anatomía de la cognición

> Caminante, no hay camino,
> se hace camino al andar.
>
> ANTONIO MACHADO

> Se forman nuevos procesos celulares que son capaces de mejorar la idoneidad y la extensión de los contactos, e incluso de formar relaciones totalmente nuevas entre neuronas originariamente independientes.
>
> SANTIAGO RAMÓN Y CAJAL

LA NEUROCIENCIA COGNITIVA es la neurociencia de lo que sabemos, lo cual abarca todos los recuerdos y lo que hemos aprendido desde que llegamos al mundo. Se ocupa de los mecanismos mediante los cuales el cerebro adquiere, almacena y recupera conocimiento. También se encarga de los procesos cerebrales que impulsan funciones cognitivas; es decir, funciones en virtud de las cuales usamos conocimiento en nuestras interacciones cotidianas con los demás y con el mundo que nos rodea: la atención, la percepción, la memoria, el lenguaje y la inteligencia. Lo más importante es que la neurociencia cognitiva aborda los mecanismos con los cuales nuestros sentimientos y emociones influyen en todas y cada una de dichas funciones.

Como nuestra libertad depende de qué sabemos y de cómo lo utilizamos, cualquier tratamiento neurobiológico de la libertad y la creatividad ha de analizar la reserva cerebral de conocimiento y la capacidad del cerebro para manejar ese conocimiento y sus funciones en nuestras decisiones. De hecho, la libertad tiene que ver con elegir, no sólo con la capacidad para elegir un objetivo y las acciones para alcanzarlo, sino también, y de forma crítica, con la capacidad para elegir la información –de nuestra memoria y de nuestros sentidos– que determinará dichas acciones. En el debate cerebro/libertad, esa opción de información en el núcleo del ciclo PA generalmente se pierde. Aquí no podemos eludirla porque, hablando metafóricamente, la visión ciega conduce a la acción ciega, y ambas restringen nuestra libertad de elección. Apostamos al caballo elegido y aportamos a la mente lo que sabemos sobre el caballo y el *jockey*, sus posibilidades de ganar o perder, las marcas de los contrincantes, nuestro propio récord en las apuestas, el estado del hipódromo, etcétera. Las explicaciones de estas opciones de información pertinente no son necesariamente conscientes, pues acaso se oculten tras la intuición o el «instinto visceral».

Este capítulo se ocupa de la sede anatómica de la información en la que se toman las decisiones, lo que constituye, en un sentido muy real, la anatomía de la libertad. Podemos comenzar el análisis con dos suposiciones que bordean el tópico y de las que hay pruebas empíricas abrumadoras. En primer lugar, en la medida en que está constantemente abierto a información nueva, la capacidad del almacén cognitivo del cerebro es enorme, prácticamente infinita, inmensamente mayor que la de cualquier sistema informático o biológico conocido, incluido el genoma.[1] En segundo lugar, el contenido de este almacén cognitivo cambia continuamente, día y noche, a lo largo de toda la vida. Cambia incluso mientras dormimos, pues también entonces la fuerza de los contactos neuronales, que en conjunto constituyen el depósito de recuerdos y conocimientos, se modifica debido a consolidación o pérdida.

A este almacén cerebral, con todos sus contenidos y funciones, podemos denominarlo con toda legitimidad *la mente*. En un momento dado, sin embargo, la mayor parte de esta «mente conocedora» es inconsciente; esto es, somos subjetivamente inconscientes de su conocimiento y de lo que está haciendo con él. La conciencia es un estado o cualidad de la mente funcional que sólo está presente –aunque desde el punto de vista operativo no es algo esencial– en circunstancias de actividad mental relativamente intensa. «Actividad mental intensa» significa nivel de actividad elevado en la corteza cerebral, sea en alerta vigilante o en atención selectiva: ambas van acompañadas, por necesidad, de conocimiento consciente aun cuando el agente no es la conciencia *per se*. Es la corteza.

En efecto, nuestro almacén mental de conocimiento es básicamente la corteza cerebral. Esto no significa

1. La inmensa capacidad del almacén cognitivo del cerebro humano es fruto directo de dos hechos afines. Uno es que el código genético es un código relacional: los elementos de memoria y conocimiento se definen en esencia mediante relaciones –entre propiedades físicas, entre *qualia* sensoriales, entre sucesos, entre símbolos, etcétera–. El otro hecho es que estas relaciones constan de asociaciones entre células nerviosas. En la corteza humana, incluso un número limitado de neuronas –entre 10 mil y 20 mil millones– se pueden asociar de maneras infinitamente distintas. Así pues, la infinita capacidad de la cognición cortical deriva del infinito potencial combinatorio de las células corticales. Este potencial se basa en la rica dotación evolutiva de conectividad con la que la corteza humana llega al mundo y que la experiencia vital agrandará en varios órdenes de magnitud.

que no haya conocimiento en otras partes del cerebro. En realidad, hay mucho. Por ejemplo, cierto «conocimiento motor», es decir, lo que conocemos como memoria procedimental, hábito o aprendizaje motor, se almacena en estructuras subcorticales como los ganglios basales.[2] Aprendimos a montar en bicicleta con el pleno uso de la corteza. Sin embargo, una vez aprendida la habilidad, la corteza ya no hace falta. Sólo en circunstancias excepcionales la corteza recupera el conocimiento almacenado para modificarlo de alguna manera (por ejemplo, una curva muy cerrada de la carretera, o una llanta ponchada).

Guiados por los hallazgos de neurólogos y psicólogos que estudiaron los efectos de lesiones de la corteza cerebral en seres humanos y animales, muchos científicos de los siglos XIX y XX hicieron suya la suposición general de que el conocimiento y la memoria están localizados en un mapa cortical de módulos especializados, una especie de colcha cognitiva o mosaico de conocimiento. Cada «módulo» estaría dedicado a una u otra categoría de conocimiento o memoria. Dado que ciertos movimientos o sensaciones elementales podrían estar ubicados en módulos discretos de las cortezas motora o sensorial primarias, se pensó que el contenido cognitivo, aunque más complejo, podría asimismo estar asignado a módulos comparables de la corteza de asociación. De hecho, ciertas observaciones en seres humanos y animales sugerían la existencia de módulos corticales

2. Todas las habilidades motoras se adquieren al principio mediante el uso de la corteza, sobre todo las cortezas motora y premotora del lóbulo frontal. Una vez aprendida una destreza, ya no necesita mucho de la corteza, pues ésta relega tanto el almacenamiento como la ejecución de la destreza a los ganglios basales. Esto libera a la corteza para aprendizaje nuevo. Diversos estudios de neuroimágenes ilustran bien el progreso de la organización de regiones corticales y subcorticales en el proceso de adquisición de una habilidad motora (Grafton *et al.*, 1994; Ungerleider et *al.*, 2002).

para la percepción visual, el lenguaje, la memoria espacial, la percepción auditiva, la memoria de trabajo, etcétera.[3] Este enfoque, no obstante, se encuentra con varios problemas teóricos y prácticos, algunos de los cuales son insuperables y ponen seriamente en entredicho la credibilidad de mapas cognitivos de toda clase. Como era de esperar, últimamente este tipo de cuasi-frenologías han caído en decadencia. De todos modos, no es que los módulos no entren en la cognición en algún momento. Por el contrario, resultan fundamentales en las fases corticales inferiores de la cognición –a saber, en las cortezas motora y sensorial primarias–. Sin embargo, en fases superiores, como ocurre en la corteza de asociación, los módulos «se disuelven» en redes en virtud de la naturaleza básicamente asociativa de la información cognitiva en dicha corteza.[4]

Aunque durante mucho tiempo se consideró que las ideas de la cognición localizada eran indefendibles, tardó aún mucho en cuajar la visión alternativa más verosí-

3. Hay principalmente dos razones para la asignación falsa de diferentes funciones cognitivas a áreas discretas de la corteza –reminiscencias de la frenología del siglo XIX–. Una razón es la variabilidad de la fuerza de asociación entre los ensamblajes celulares que constituyen un cógnito o red cognitiva (sección siguiente). La mayoría de las metodologías pasan por alto la presencia de asociaciones relativamente débiles pero funcionalmente activas que forman una penumbra en torno al núcleo de una red cognitiva. Esta penumbra es probablemente la base fisiológica para los fenómenos de recuerdo conocidos como *priming* [imprimación] o «tener algo en la punta de la lengua». La otra razón es que estas redes se superponen mucho, con lo que comparten nódulos de asociaciones más o menos sólidas.

4. En 1894, Cajal fue con seguridad el primero en postular públicamente el carácter sináptico de la memoria asociativa en la corteza cerebral, así como el carácter reticular –tipo red– de la memoria (Cajal, 1894, 1923). Como ejemplo de la formación de redes de memoria, aludía al establecimiento –mediante el uso sináptico– de destrezas y hábitos motores; en otras palabras, memoria ejecutiva.

mil, el modelo de redes cognitivas. Al principio empezó a abrirse camino empíricamente casi por defecto, pues Karl Lashley (1950), psicólogo de Harvard, no conseguía encontrar en animales ningún déficit discreto de memoria derivado de ninguna lesión cortical discreta. De algún modo, pensaba él, la memoria y el conocimiento tenían que estar «repartidos». Otros psicólogos (Hayek, 1952; Hebb, 1949) conjeturaron que las percepciones y los recuerdos se componen de redes corticales muy repartidas. Pronto se sumaron a ellos ingenieros informáticos y expertos en inteligencia artificial, algunos de los cuales postularon supuestos modelos conexionistas de cognición que, basados en ideas de red, acomodaban bastante bien la cognición en el lenguaje (Fodor y Pylyshyn, 1988; Marcus, 1998; McClelland y Rumelhart, 1986; Myers, 1967).

En todo caso, la fisiología de las redes cognitivas no se ha confirmado hasta las dos o tres últimas décadas. Su principal respaldo procede de los campos de la electrofisiología conductual y las neuroimágenes funcionales (para una revisión de investigaciones pertinentes, véase Fuster, 2009). Según los modelos de red actualmente más convincentes, el conocimiento y la memoria están contenidos en un inmenso conjunto de redes –parcialmente coincidentes, interactivas y muy repartidas– de neuronas interconectadas de la corteza cerebral.[5] Las redes se for-

5. Salta a la vista el hecho de que la arquitectura funcional interna de la corteza cerebral consta básicamente de una inmensa red de neuronas interconectadas. Es palpable en un examen superficial de la estructura microscópica de la corteza. Este hecho ha dado lugar a innumerables modelos de cognición basados en redes que funcionan en serie o en paralelo. Sin embargo, ninguno de estos modelos contiene los rasgos fundamentales del modelo que yo empleo en este capítulo: su estructura relacional –asociativa– y las características interactivas, jerárquicas, de solapamiento y de nódulos compartidos de sus redes (Fuster y Bressler, 2012).

man gracias a la experiencia vital y constituyen el sustrato de todas las funciones cognitivas: la atención, la percepción, la memoria, el lenguaje y la inteligencia se valen de las mismas redes. En la próxima sección se describen los elementos esenciales de estas redes, que yo llamo «cógnitos». La descripción es un poco larga porque el tema es clave en mi razonamiento sobre la libertad y la creatividad. Los cógnitos, pasados, presentes y futuros, son el material en base al cual la corteza cerebral toma sus decisiones, y nosotros las nuestras.

El cógnito

El *cógnito* (término que introduje yo hace diez años [Fuster, 2003]) es un elemento de conocimiento en forma de red de neuronas repartida por la corteza cerebral. Esta red representa uno de los innumerables hechos o experiencias del individuo. Pueden variar mucho en cuanto al contenido, desde un recuerdo de infancia temprana hasta un recuerdo reciente: desde nuestra primera clase de esquí hasta la clase de ayer, desde la tabla de multiplicar hasta la relación entre masa y energía, desde la botánica hasta la fiesta en el jardín del año pasado, desde el precio de la casa hasta el del billete de autobús, etcétera; la lista es infinita. Unos recuerdos están enlazados con otros, «tomados de las manos» a través de conexiones endebles o fuertes en la sustancia gris cortical. Los hay que están dentro de otros, a modo de matrioskas. Unos son «neutros» desde el punto de vista emocional; otros incluyen connotaciones emocionales. Todos transportan literalmente nuestro yo existencial en el momento de su experiencia o adquisición, o incluso en un futuro imaginado.

Cada cógnito –a saber, cada recuerdo o elemento de conocimiento (el conocimiento es también memoria, fundamentalmente *memoria semántica*)– se define *estructuralmente* mediante una red de ensamblajes de neuronas corticales que se ha formado en la experiencia vital mediante la coactivación –esto es, la activación simultánea– de redes más pequeñas o ensamblajes neuronales que representan los rasgos constituyentes de este recuerdo o elemento de conocimiento. En el origen de la formación de los cógnitos hay dos principios biofísicos básicos ilustrados en la figura 3.1. Fueron propuestos en el plano teórico hace tiempo por el psicólogo canadiense Donald Hebb (1949) y verificados después en animales invertebrados y en la corteza de los mamíferos. Ambos principios dicen, en esencia, que las células que están en contacto entre sí y se activan conjuntamente fortalecerán sus contactos (sinapsis), de manera que más adelante transmitirán impulsos de una a otra con más facilidad que antes.

En la formación de memoria asociativa, lo más importante es el principio que Hebb llamó «asociación sensorio-sensorial» y yo denomino «convergencia sincrónica» (Fuster, 1995). El principio dice que, cuando dos inputs convergen al mismo tiempo en la membrana de una célula de output, provocan cambios en esa membrana a fin de reducir el umbral –es decir, facilitar sinapsis o contactos celulares– para la futura transmisión de cualquier input a través de la célula de output.[6] Éste es el fundamento

6. El principio de convergencia sincrónica es prácticamente idéntico al de la «asociación sensorio-sensorial» de Hebb (1949, p. 70). Aquí se extiende más allá de los sistemas sensoriales para incluir inputs convergentes derivados de otras fuentes aparte de las sensoriales, como otros cógnitos preexistentes. Obsérvese que un input o estímulo sensorial, para estar asociado con otro, no necesita definirse estricta y constantemente en los mismos términos físicos o con el mismo contenido mental. Inputs o estímulos similares harán lo mismo, más o menos bien. Aquí, en el nivel neurobiológico, encontramos la explicación de la máxima del filósofo James Mill (1829) de que la semejanza es un caso especial de suceso

del carácter asociativo de todo recuerdo y conocimiento. Como ya dije, los dos principios hebbianos se unifican en el dicho proverbial: «Las células que se activan juntas se cablean juntas».

A medida que los cógnitos se autoorganizan en el cerebro con la experiencia vital y que proliferan sus vías asociativas, crecen en la corteza de asociación, donde forman recuerdos y elementos de conocimiento más complejos, con lo que se vuelven cada vez más generales y más abstractos. En esa corteza, la convergencia ya no tiene lugar sólo entre inputs sensoriales, sino también entre cógnitos preexistentes suscitados por estímulos sensoriales o derivados de otras fuentes –por ejemplo, emocionales o viscerales–. De este modo, una vez fabricados, los cógnitos encuentran su nicho en una jerarquía cortical que va desde el recuerdo sensorial concreto en la corteza de asociación inferior –en la base– hasta el elemento abstracto de conocimiento en grandes extensiones de la corteza de asociación superior, donde convergen inputs procedentes de muchas fuentes.[7]

En consecuencia, el cógnito «manzana», por ejemplo, consta de una red que, mediante experiencias anteriores, relaciona la representación neuronal de ciertas cualidades sensoriales o semánticas, como el color rojo (o verde o amarillo), la forma esférica, un sabor dado (gusto y olor) y una palabra o un símbolo. A su vez, estas cualidades están representadas por cógnitos más pequeños –es decir, redes

---

simultáneo, y por tanto un caso especial de lo que él denominaba «orden sincrónico».

7. Ahí radica la correlación aparentemente paradójica entre abstracción y complejidad. Como los cógnitos se componen de muchas ejemplificaciones de experiencias singulares, un cógnito abstracto que caracterice los elementos comunes de estas experiencias mantendrá en su seno algunos o la mayoría de ellos. Estos cógnitos más pequeños, singulares, añadirán al menos complejidad latente o subyacente al cógnito abstracto, jerárquicamente superior.

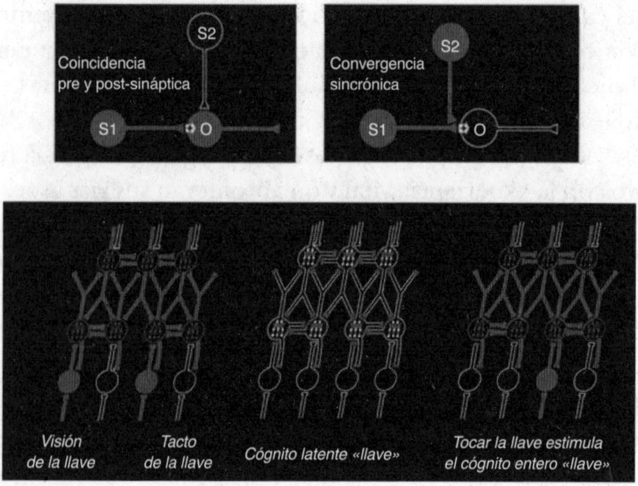

FIGURA 3.1. *Arriba*: Dos principios básicos de la formación de recuerdos en redes cognitivas (cógnitos). Según el primer principio (*izquierda*), cuando dos células de una cadena (S1 y O) se activan juntas repetidamente, la membrana sináptica de la célula de output (O) se modulará para transmitir impulsos con mayor facilidad (+) de una célula a la otra. Según el segundo principio (convergencia sincrónica, *derecha*), cuando los impulsos de input de dos células (S1 y S2) llegan al mismo tiempo a la célula O, la membrana de ésta se modulará para transmitir con más facilidad (+) inputs procedentes de S1 o S2. *Abajo*: Formación y evocación de un cógnito que se extiende desde la corteza sensorial hasta la de asociación. El dibujo simplifica las principales modalidades de conectividad cortico-cortical (de proalimentación, de retroalimentación, de convergencia, de divergencia y lateral). *En la izquierda*, experimento conjuntamente la visión y el tacto de la llave de mi casa. *En el centro*, el cógnito «llave» consta de una red de ensamblajes celulares conectados mediante sinapsis facilitadas. *En la derecha*, el tacto de la llave en mi bolsillo evoca el cógnito entero, incluida la imagen visual de la llave.

más pequeñas, dentro o cerca de áreas corticales de asociación sensorial. Así pues, los cógnitos de conocimiento, como «manzana», están interconectados también por la experiencia con cógnitos parcialmente coincidentes de recuerdos personales, como una visita al huerto de manzanos del tío Vincent. Dado que los dos tipos de redes –conocimiento y memoria– están absolutamente entremezclados en la experiencia y en la corteza, es absurdo intentar separarlos, sea en la mente o en el cerebro. Tanto en el conocimiento como en la memoria, unos cógnitos están alojados en otros de mayor tamaño. Por ejemplo, el cógnito «manzana» está incluido en el cógnito categórico «fruta», y la visita al tío Vincent se encuadra en las amplias categorías de viajes personales, vacaciones, encuentros familiares o eventos estacionales. Lo mismo ocurre con sus respectivas redes de la corteza. Además, hay redes de conocimiento alojadas en redes de memoria, y viceversa.[8]

De estas consideraciones se deduce que el tamaño y la complejidad de los cógnitos varían muchísimo. Algunos, como ocurre en un recuerdo autobiográfico, unen elementos muy diversos que se extienden por varias áreas corticales contiguas y no contiguas. Otros contienen información específica, sensorial o motora, y están circunscritos a áreas corticales pequeñas. Puede que el contenido de estas redes de menor tamaño sea simple y concreto, como la esfera del reloj, pero está incrustado en redes más grandes que detallan un conjunto de sucesos de nuestra vida, con sus asociaciones cognitivas y emocionales.

De esta situación bosquejada en líneas generales, entresacamos varias deducciones o conclusiones. Una es la abso-

8. Por estas razones, la estructura neural de la memoria es básicamente idéntica a la del conocimiento. La única cualidad que distingue la memoria del conocimiento, tanto en el cerebro como en la mente, es la presencia o ausencia de asociaciones con el yo, el mapa personal y el calendario.

luta complejidad de la estructura cognitiva de la corteza cerebral. Otra, consecuencia de la primera, es la dificultad de localizar recuerdos o conocimientos en su seno, pues los cógnitos y sus redes están muy repartidos, se solapan mucho y están minuciosamente entrelazados, de modo que comparten nódulos reticulares de asociación entre sí. Pero otra conclusión es la inmensa variedad de inputs potenciales que van a nuestros cógnitos y, por tanto, a la libertad de la corteza para escoger entre ellos. Éste es un buen momento para recordar que la libertad estriba no sólo en la capacidad para seleccionar acciones, sino también en la capacidad para seleccionar la información que guiará estas acciones. La elección está al servicio de la libertad en ambos lados del ciclo PA, la percepción y la acción.

En todo lo anterior, el lector sin duda habrá advertido una ambigüedad aparente. ¿Los cógnitos están representados *en* redes o *por* redes? A mi modo de ver, ambas cosas; o bien, para ser más exactos, los cógnitos *son* redes. Aquí el subjetivismo del conocimiento consciente es más un estorbo que una ayuda para nuestra comprensión. Parte del problema reside en la palabra «representar» con todos sus derivados, que es muy engañosa en el contexto de las redes neurales, pues supone constructos mentales subjetivos sin sustrato neural tangible. Además, aparte del hecho de que las redes –es decir, los cógnitos– están cambiando sin cesar, y por tanto no *re-presentan* nada exactamente igual a como era antes (un problema para jueces y jurados), junto con sus contenidos son casi todo el tiempo inconscientes por completo.

El concepto de redes cognitivas complejas, entrelazadas y ampliamente repartidas acaso induzca a pensar que no existe ninguna topografía del conocimiento cortical. No es verdad. Sabemos que ciertas lesiones de animales y seres humanos dañan unos aspectos del conocimiento o la memoria *más que* otros. En la próxima sección, partiendo de estos datos y de datos funcionales, intentaré esbozar una arquitectura cortical general para diferentes clases de cógnitos.

En resumen, un cógnito es una red cortical formada por el fortalecimiento de los contactos (sinapsis) entre neuronas y ensamblajes neuronales ampliamente diseminados por la corteza cerebral. Los ensamblajes neuronales que pertenezcan a una red dada dependerán de la naturaleza de los estímulos que hayan coactivado de manera simultánea, o casi simultánea, los ensamblajes corticales que constituyen la red. Además, una cuestión importante es que estos estímulos activarán de manera concomitante –por asociación– los cógnitos preexistentes (sensoriales, motores, o ambos) –formados en el pasado por los mismos estímulos u otros como ellos–. De este modo, los estímulos nuevos ampliarán o, si no, modificarán la experiencia vieja. En otras palabras, los cógnitos nuevos ampliarán o modificarán los viejos. De esta manera, el conocimiento nuevo complementará, completará o sustituirá el conocimiento viejo, todo ello como fruto de la dinámica reticular de las nuevas experiencias.

Un hecho fundamental de la neurobiología, ya mencionado en el capítulo anterior, es que, para la consolidación de recuerdos (cógnitos) en la neocorteza, el hipocampo, que es una parte de la corteza antigua –límbica–, amén de otras partes del lóbulo temporal medial, en particular la amígdala, desempeña un papel crucial. Sin estas estructuras, es imposible que se consoliden recuerdos nuevos;[9]

9. El papel del hipocampo y las estructuras circundantes en la adquisición de recuerdos se descubrió en H.M., paciente epiléptico en el que, para el tratamiento satisfactorio de su enfermedad, hubo que extirpar quirúrgicamente las porciones internas de sus lóbulos temporales, incluyendo el hipocampo de ambos lados. Tras la operación, H.M. empezó a sufrir amnesia anterógrada: era incapaz de adquirir ningún recuerdo nuevo, de sucesos, fechas, identidades, ca-

asimismo, hasta cierto punto es difícil recuperar recuerdos viejos. Sin la amígdala en concreto, los recuerdos y los conocimientos carecen del poder recuperador y consolidativo del afecto y la emoción.[10]

De la arquitectura interactiva de las redes corticales deducimos que una neurona o un grupo de neuronas pueden formar parte de muchos cógnitos o redes –es decir, de muchos recuerdos o elementos de conocimiento–. La fuerza de una red cognitiva, y por tanto su cógnito, está determinada por diversas variables, principalmente la fuerza sináptica, que comprende tanto la solidez como el número de sinapsis en los enlaces conectivos de la red. Estos enlaces contienen ensamblajes neuronales o *netlets* [redes de transmisión], redes más pequeñas que, en su

---

ras, etcétera (Scoville y Milner, 1957). En cambio, la evocación de recuerdos de hechos acaecidos antes de la operación estaba relativamente intacta. La interpretación comúnmente aceptada, reforzada ahora con otros casos, es que el hipocampo y sus alrededores son esenciales para la consolidación de memoria nueva, es de suponer que en la neocorteza (Squire, 1987, 1992). Una conclusión más general es que la recuperación de recuerdos también resulta, hasta cierto punto, alterada por la lesión hipocampal. Esta deducción es lógica toda vez que la adquisición siempre conlleva un cierto grado de recuperación. El recuerdo nuevo suscita invariablemente recuerdo viejo, que ampliará y modificará.

10. La amígdala, como el hipocampo, es un derivado evolutivo de la corteza antigua (capítulo 2). Consiste en un conglomerado aproximadamente esférico de núcleos nerviosos situados justo delante del hipocampo y adyacentes al mismo. En casi todos los mamíferos en los que se ha investigado, se ha observado que la amígdala está incrustada en circuitos cerebrales implicados en la emoción y la evaluación de señales sensoriales (LeDoux, 1992; Phelps, 2004). Entre estos circuitos se incluyen la corteza prefrontal orbital y el hipotálamo. Parece apropiado señalar que, en un sentido figurado, estos circuitos incorporan color emocional a nuestras percepciones y acciones, por lo que añaden entusiasmo o disuasión a nuestras decisiones sobre unas u otras.

estructura anatómica, codifican subcomponentes de la red mayor. Además, cada enlace puede ser un componente nodal de muchos cógnitos. Tomemos, por ejemplo, un nódulo conectivo codificador del color rojo: puede formar parte de los cógnitos que codifican el fuego, la manzana, la rosa, la sangre, el amanecer, la tinta o la deuda. Todavía no es posible establecer si, en el contexto de cualquier elemento de conocimiento, el rojo está codificado por un nódulo o, lo que es más probable, por varios.[11] En cualquier caso, la disposición total de redes interconectadas con nódulos comunes recuerda los modelos conexionistas y sus aplicaciones al lenguaje, donde los símbolos o palabras actúan como nódulos (Fodor y Pylyshyn, 1988; Myers, 1967).

Un concepto importante a destacar aquí es que el almacenado código cognitivo de conocimiento, así como de memoria, es un código anatómico, definido conforme a relaciones en el espacio cerebral, no un código temporal.[12] Este código anatómico está «escrito» en la corteza

11. El grado de poder definitorio de un rasgo en un cógnito dado depende de su «centralidad» funcional en la red; en otras palabras, depende de la importancia del rasgo para definir el cógnito. Es una expresión de la fuerza sináptica con que el rasgo está instalado en el cógnito. Así pues, por ejemplo, la rojez capta más la esencia del cógnito «sangre» –y está más relacionada con el mismo– que la de «deuda»; la relación de rojez con el segundo o con el déficit financiero es mucho más simbólica y tangencial a la definición del cógnito. Según sea el contexto, desde luego, el color rojo está más o menos asociado también a cógnitos ejecutivos: por ejemplo, parar la hemorragia, apagar el fuego o equilibrar el déficit.

12. En rigor, las palabras «información» y «código» se refieren a datos definidos con precisión y a su análisis, sean los datos matemáticos, simbólicos, o de las dos clases. Ambas palabras son casi inseparables de la teoría de la información y la comunicación, tal como fue expuesta por Shannon a mediados del siglo XX (Shannon y Weaver, 1949). Fuera de este contexto, y de sus connotaciones legales o éticas,

mediante fuerzas sinápticas entre neuronas afines. Por lo tanto, es un código relacional. El código se vuelve funcional, fisiológico, y se despliega en el tiempo cuando se usa en una función cognitiva como la memoria de trabajo,[13] la percepción, el lenguaje o la adquisición de más conocimiento. Así pues, básicamente retenemos conocimiento recuperable en la medida en que nuestros cógnitos «pegan» neuronas con la suficiente fuerza sináptica.

La fuerza sináptica de un cógnito depende de la solidez con que se formó –es decir, la fuerza sináptica de su red–. Esto depende a su vez de la fuerza sináptica –«grabadora»– de la experiencia que lo formó, incluyendo la prominencia de los estímulos y/o las acciones que suscitaron la experiencia, sus repeticiones y su impacto emocional. Recordamos mejor las experiencias sensoriales vívidas de los sucesos emocionales. A veces una sola experiencia, si tiene la suficiente fuerza emocional, deja un recuerdo preciso, imborrable del episodio («memoria de destello») y del contexto en que supimos de ello. Casi todo el mundo recuerda qué estaba haciendo al enterarse del asesinato del presidente Kennedy, por ejemplo.[14]

---

la palabra «código» se utiliza en otros muchos contextos (neurobiología, informática, genética, criptografía, etcétera). Aquí, las dos palabras, «información» y «código», se aplican a información cognitiva, mental, tal como se contiene en los cógnitos y se utiliza en las transacciones neurales.

13. Como, por ejemplo, en Fuster y Bressler (2012).

14. Un apunte personal: me enteré del suceso en mi apartamento de Múnich, donde me hallaba como investigador visitante en el Instituto Max Planck. No hace mucho, estaba yo contando a un grupo de estudiantes de Irvine, Universidad de California, mi experiencia, que había consistido en oír el acontecimiento en el noticiario vespertino de una radio blanca y redondeada, colocada en el alféizar de mi dormitorio. Transmití la viveza con la que recordaba todos los detalles: la voz y las palabras del locutor alemán, el estante de mármol que había bajo la radio, la nieve que caía en la oscuridad junto a la

Cada neurona de la corteza está conectada hasta cierto punto, directa o indirectamente, con todas las demás. Por tanto, hemos de considerar que el conjunto de la corteza es una red global permanentemente susceptible de segregación y ampliación por parte del medio interno o del externo. Esta red global contiene, o puede contener, todos los cógnitos concebibles definidos por un patrón de conectividad en su seno. De este modo, cada cógnito es, en cierta medida, potencialmente conectable con los demás. Además, la fuerza sináptica dentro de un cógnito dista de ser uniforme, lo mismo que pasa con la magnitud de sus cambios en el tiempo. Las partes de la red más fácilmente recuperables son las más firmemente establecidas en términos de fuerza sináptica; las de instauración más débil son las más fáciles de olvidar.

Los cógnitos tienen sus ámbitos corticales preferidos en nódulos de gran concentración de las asociaciones que los definen –y a su alrededor–. En la siguiente sección, analizo la ubicación general de las principales categorías de cógnitos según el «origen» –percepción o acción– y el nivel jerárquico. En la teoría y en la práctica, sin embargo, es difícil demarcar con precisión los límites físicos de cualquier cógnito dado. Una explicación es que estos límites son difusos. Las conexiones más definitorias de un cógnito son fuertes, pues se inician con estímulos e inputs fuertes –y posiblemente también con color emocional–. Su periferia, no obstante, consta de una penumbra de asociaciones que enlazan el cógnito con contenidos más lejanos en términos de fuerza sináptica amén de alcance cortical. De todos modos, estas conexiones periféricas

---

farola, incluso los tubos calientes del radiador junto a mis piernas. Tras el seminario, una alumna probablemente incrédula corrió a mirar en internet. Y regresó para decirme, con aspecto concesivo, que «esa noche en Múnich hacía mucho frío».

acaso ayuden a la recuperación de recuerdos cuando, por la razón que sea, fallan las conexiones centrales.[15]

El tiempo y el desuso debilitan los lazos sinápticos de cógnitos establecidos, aunque no de manera uniforme; unos lazos son más elásticos que otros, en función de factores como la significación personal o la carga emocional, aunque también quizá de otros de carácter imponderable. Veamos la experiencia habitual, a menudo dolorosa, de haber olvidado el nombre de una persona que hemos vuelto a ver al cabo de los años. Inexplicablemente, en este nombre «nos bloqueamos». En vez de facilitar la tarea de sacarlo del inconsciente, nuestros esfuerzos conscientes y ansiosos parecen hundirlo más. Obsérvese, no obstante, que, en un momento tranquilo, el nombre acaso surja de forma espontánea. Obsérvese también algo más interesante: que tal vez seamos capaces de extraer el nombre del inconsciente evocando otros aspectos, por alejados que estén, del cógnito de esa persona, como el contexto del día que nos conocimos, o desplazando la mente por las letras del alfabeto en busca de la primera del nombre, o revisando mentalmente una lista de conocidos. Lo que estamos haciendo a todas luces, a menudo con éxito, es intentar «pescar» con enlaces asociativos periféricos el nombre de esa persona en la penumbra conectiva. Dado que el enlace más directo, y es de suponer que más fuerte, ha fallado debido a una mala conexión, probamos con otros de fuerza sináptica más débil. Se tra-

15. En estas conexiones débiles o virtuales reside la capacidad de rehabilitación de un cógnito dañado. Ciertas conexiones endebles o simplemente virtuales pueden fortalecerse, o incluso ser creadas de nuevo, en este depósito de plasticidad que es la penumbra sináptica de un cógnito. De hecho, la rehabilitación cognitiva se basa en buena parte en el fortalecimiento de asociaciones débiles y la creación de otras nuevas en esa penumbra que podemos considerar un gran componente de la «reserva cognitiva» del individuo.

ta de rutas alternativas al inconsciente. Sin embargo, el inconsciente no es un lugar de la corteza ni de ningún otro sitio del cerebro. El inconsciente es el estado inactivo, débilmente activo o inhibido de las redes corticales.

Las enfermedades cerebrales y el envejecimiento debilitan las sinapsis dentro de los cógnitos y entre los mismos, pero tampoco aquí de manera uniforme. En estas circunstancias, «úsalo o piérdelo» llega a ser más imperativo que en una situación normal. Aunque no contamos con pruebas concluyentes al respecto, el sentido común establece que ejercer cualquier función cognitiva que active nuestros cógnitos los volverá más elásticos y accesibles; de ahí la idea tradicional favorable a los ejercicios mentales, la resolución de rompecabezas o el aprendizaje de nuevas lenguas. También se ha observado que el ejercicio físico es útil para aumentar la cognición (revisión de Ratey y Loehr, 2011), quizá porque intensifica la circulación sanguínea en el cerebro, entre otras cosas.

¿Una geografía cortical de la memoria?

El precepto «un lugar para cada cosa y cada cosa en su lugar» es aplicable sólo ligeramente a la cognición cortical. Como he señalado, los cógnitos tienen fronteras difusas. Así, hemos de lidiar con propiedades interactivas y parcialmente coincidentes, lo cual complica muchísimo el cuadro de su localización en el cerebro. No obstante, existe un cierto orden topográfico, un cierto patrón impreciso y definido a grandes rasgos que nos permite identificar, bien que sólo de forma aproximada, los dominios corticales de diferentes redes cognitivas en la corteza humana. Al menos podemos identificar las áreas corticales en las que estas redes presentan la mayor concentración. Esta topografía está determinada por dos factores que orientarán nuestro análisis subsiguiente: el origen de cualquier cógnito dado y la generalidad o el nivel de abstracción de la información que contiene.

En esta discusión, vuelve a ser imperativo no distinguir entre la neurobiología del conocimiento y la de la memoria. La única diferencia entre las dos es que la memoria tiene más conexiones que el conocimiento con la experiencia personal y con sucesos marcados por tiempo y lugar personales. No obstante, incluso el más autobiográfico de los recuerdos está profundamente infundido de conocimiento semántico (nombres, ciudad, título, parentesco, enfermedad física, grupo social, estación, etcétera). El recuerdo de mi última visita a Monticello está entrelazado con mi conocimiento semántico de Jefferson y la Declaración de Independencia y, naturalmente, con el concepto de libertad personal.[16] Este entrelazamiento de memoria subjetiva y conocimiento común pone de relieve las densas conexiones entre los cógnitos del conocimiento y la memoria. También señala el carácter heterárquico de muchos recuerdos, que contienen material de distintos niveles jerárquicos.

En cualquier caso, en la corteza existen dos categorías generales de cógnitos definidos con arreglo a su origen y composición: dos categorías de la memoria en el sentido más amplio de la palabra *memoria* (figura 3.2). La primera categoría se compone de cógnitos *perceptuales*, repartidos sobre todo por la parte posterior de la corteza (parietal, temporal y occipital, PTO, para abreviar). Abarca todos los cógnitos adquiridos mediante los sentidos. Esto incluye todas las experiencias sensoriales y todo lo aprendido a través de ellas, los estudios y las experiencias sociales –en suma, todos los recuerdos y los conocimien-

16. Sin ignorar mis sentimientos emocionales hacia la libertad o hacia la persona que me acompañó en esa visita.

tos adquiridos con algunos de los cinco sentidos. En el nivel inferior, o más básico, se hallan los analizadores de rasgos de las cortezas sensoriales, que yo denomino «memoria sensorial filética».

La segunda categoría de memoria consta de los cógnitos *ejecutivos*: en otras palabras, el conocimiento y el recuerdo de acciones, de hacer cosas, adquiridos por el organismo gracias a su experiencia de actuación sobre el entorno y otros seres humanos.[17] Los cógnitos ejecutivos están distribuidos sobre todo por las partes anteriores, frontales, de la corteza. En el nivel inferior, más básico, de esta corteza –ejecutiva– reside la corteza motora primaria, encargada de coordinar los movimientos más simples. Estos movimientos primitivos son innatos y constituyen un producto de la evolución. Por eso considero que la corteza motora es «memoria motora filética».

Hemos de reconocer que es un tanto insólito llamar «memoria» a porciones físicas de la corteza, pero a mi juicio es sumamente razonable y contribuye a nuestra argumentación al mantener la continuidad entre memoria evolutiva y memoria personal. En consecuencia, estas dos formas de memoria están situadas en el mismo continuo estructural –y funcional–. Como he dicho en el capítulo anterior, el agregado estructural de corteza sensorial y motora es una forma de memoria adquirida por nuestros antepasados evolutivos para adaptarse al entorno: una memoria muy adaptativa que va ligada al genoma humano. Tras el nacimiento y ciertos períodos de «repetición» (críticos),

17. Los portadores más elementales de información ejecutiva a la corteza frontal constan de sensaciones propioceptivas: es decir, inputs sensoriales procedentes de articulaciones y músculos, y «copias eferentes» de movimiento (Gallistei, 1980). Los inputs corticales provienen de cógnitos ejecutivos superiores que representan categorías de acción superiores. Todos contribuyen a la formación de planes de acción en la corteza frontal.

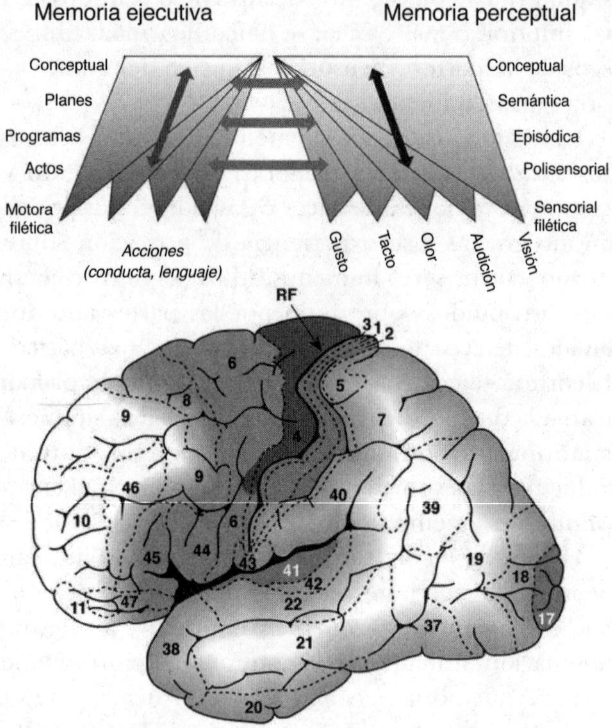

FIGURA 3.2. Organización de cógnitos corticales en la superficie lateral del hemisferio izquierdo (áreas numeradas según el mapa citoarquitectónico de Brodmann). La figura *inferior* da a entender la organización jerárquica de los cógnitos perceptuales, desde las áreas sensoriales primarias y las áreas motoras a las cortezas de asociación posterior (PTO) y frontal (blanco), respectivamente. La figura superior, con el mismo código de sombreado, esquematiza más la organización de las áreas, la conectividad y las categorías de cógnitos. Abreviatura: *RF*, cisura rolándica.

las cortezas sensorial y motora que constituyen la memoria filética están listas para ser «recordadas» (reactivadas) con la totalidad de los movimientos y sensaciones elementales del cuerpo.[18] En resumen, estas estructuras corticales sensoriales y motoras son parte de la «memoria de nuestra especie», la cual contiene toda la capacidad adaptativa sensorio-motora con la que el neonato viene al mundo. Es en lo alto de esta memoria genética ancestral donde se formarán todos los cógnitos perceptuales y ejecutivos del individuo.[19]

Más allá de las cortezas primarias, el resto de la neocorteza, donde se formará la memoria individual, es la corteza de asociación, durante muchos años denominada proféticamente así sin pruebas. Alberga los cógnitos de memoria personal, que se componen de asociaciones de la vida cotidiana. Al llegar al cerebro de forma simultánea, los estímulos portadores de elementos de conocimiento –perceptual o ejecutivo– y recuerdos nuevos se relacionan de inmediato entre sí. Al mismo tiempo, se juntan con cógnitos ya creados. Se ven atraídos, por así decirlo, hacia esos cógnitos viejos debido a asociaciones de semejanza u otros rasgos comunes.

Por tanto, el conocimiento nuevo entra en la corteza de asociación y encuentra su sitio ahí, donde por afinidad se unirá a redes viejas. Este nuevo conocimiento se consolidará bajo el control del hipocampo, pero el conjunto del proceso de adquisición de conocimiento y memoria será en buena medida autónomo, y tendrá lugar por asociación autoorganizadora. Se abrirán nuevas vías con el

18. Si un neonato no está expuesto a estimulación sensorial de una determinada modalidad durante un período crítico de días o semanas, resultará definitivamente incapaz de procesar como es debido información de esa modalidad (Funnell y Wilding, 2011; Gallagher, 2005).

19. No obstante, el proceso de maduración del sustrato memorístico consta no sólo de un incremento gradual de estructura elemental, sino también de la poda de dicha estructura (Low y Cheng, 2006). Las neuronas, las sinapsis y los axones no utilizados se eliminan de una exuberancia temprana. Este desgaste deriva de la selección de los elementos que el organismo en crecimiento utiliza a costa de los que no utiliza.

uso, un poco como ocurre alegóricamente en la estrofa de Machado y teóricamente en la cita de Cajal, ambas al principio del capítulo.

De todos modos, esa grabación de conocimiento nuevo en redes viejas no se produce en el cerebro siguiendo caminos arbitrarios. Tampoco es el sitio fundamental de establecimiento de cada nueva llegada arbitraria. Las llegadas nuevas siguen tractos de fibras que cruzan las redes de la corteza, pasando de un área a otra, de las áreas sensoriales y motoras a las redes superiores, más profusamente interconectadas, de la corteza de asociación. Curiosamente, estos tractos siguen el orden en que se desarrollan las diversas áreas, tanto en la evolución como en el cerebro individual (capítulo 2). Mediante fibras convergentes y divergentes, las vías de la memoria conducen a sucesivas áreas de asociación en la corteza superior: al principio una serie de fibras para cada modalidad, y luego a áreas que relacionan estímulos de distintas modalidades. Las vías sensorio-perceptuales del gusto y el olfato terminan en áreas neocorticales próximas a la corteza primaria para estas dos modalidades, en la base del lóbulo frontal, y próximas al cerebro límbico, encima de la confluencia de los lóbulos temporal y frontal. No obstante, las vías para las otras tres modalidades –la visión, la audición y el tacto– atraviesan amplias áreas asociativas de la corteza lateral que recogen inputs de todas las modalidades amén de inputs emocionales. Las vías ejecutivo-motoras fluyen en ambos sentidos: (a) de arriba abajo –es decir, desde áreas de asociación prefrontales elevadas a la corteza motora–, y (b) a la inversa, en forma de contra-flujo de conexiones de abajo arriba, desde la corteza motora a la corteza prefrontal.[20]

20. Mientras el procesamiento general del movimiento desciende desde la corteza prefrontal a la corteza motora para la ejecución

En su progresión hacia áreas asociativas superiores, las áreas sensoriales y motoras visitan áreas que contienen cógnitos de información cada vez más abstracta y compleja. Por tanto, la nueva información entrante (estímulos sensoriales y feedback procedente de la acción motora) «se agarrará» a redes existentes en los niveles correspondientes de complejidad y abstracción. En cada uno de estos niveles, la información nueva complementará o modificará cógnitos preexistentes. Como consecuencia de estos procesos, los niveles corticales de complejidad y/o abstracción cognitiva crecientes se estratificarán y organizarán jerárquicamente por encima de cortezas motoras y sensoriales primarias. Estos procesos tienen lugar casi continuamente, no sólo cuando experimentamos los episodios de la vida cotidiana sino también cuando adquirimos las destrezas que decidimos dominar.

La figura 3.2 representa esquemáticamente buena parte de lo anterior e ilustra la organización general de cógnitos de memoria perceptual y ejecutiva en la corteza cerebral humana. Como las dos jerarquías se desarrollan hacia arriba, la figura (diagrama superior) indica la progresiva superposición de información procedente de distintas modalidades de sensación o de movimiento. El ascenso jerárquico de la formación y el depósito de recuerdos en áreas asociativas superiores y más amplias conduce a cógnitos gradualmente más abstractos: desde los que representan sensaciones y movimientos concretos hasta los que representan recuerdos perceptuales, reglas y planes de acción más amplios. Así pues, en la corteza posterior hay una paulatina transición de memoria perceptual a

---

de la acción, las conexiones de contra-flujo de abajo hacia arriba son esenciales por dos razones: (a) para adquirir memoria ejecutiva en la corteza asociativa elevada (prefrontal) en forma de cógnitos ejecutivos, y (b) para controlar la acción ejecutiva en todos los pasos mientras avanza hacia su objetivo (Gallistei, 1980).

memoria unimodal o polimodal, a memoria episódica, a memoria semántica, a conceptos perceptuales y a conocimiento en la corteza de asociación superior. A la inversa, en la corteza frontal, existe una transición gradual desde la representación de actos motores en la corteza motora hasta la representación de actos definidos por el objetivo y la trayectoria en la corteza premotora; y además –en la corteza prefrontal– hasta programas y planes de acción así como cógnitos ejecutivos conceptuales –amplios conceptos de acción con objetivos–.

Las flechas verticales bidireccionales de la figura 3.2 simbolizan los gradientes generales de formación de memoria perceptual y ejecutiva, procesamiento y organización en la corteza. Las flechas simbolizan también las vías de fibras que están al servicio de estas tres funciones. Unas van de abajo hacia arriba y otras de arriba hacia abajo. Mientras van formándose en la vida cotidiana, los cógnitos ocupan su sitio en la jerarquía por orden de complejidad y abstracción del contenido. Sin embargo, muchos establecen conexiones en diversos niveles, pues representan material de distintos grados de complejidad. Por esto muchos cógnitos son *heterárquicos* desde el punto de vista estructural y funcional. Ésta también es la razón de que, por ejemplo, sea tan difícil desenredar la memoria episódica de la memoria semántica.

Las flechas horizontales simbolizan la conectividad (fascículo longitudinal superior) entre las dos jerarquías y las direcciones de procesamiento de información en la adquisición y utilización conductual de los cógnitos. Toda la conectividad simbolizada en la figura tiene una importancia funcional crítica, pues constituye la infraestructura del ciclo PA, que es vital para el ejercicio de la libertad humana. Estoy seguro de que el lector ha notado mi persistente uso del paralelismo organizativo entre percepción y acción en todos los niveles neurobiológicos de la corteza.

Uno de los motivos principales es simple: quiero dejar claro que en el cerebro no hay libertad de acción sin libertad de información; no hay memoria ejecutiva, pasada, presente o futura, sin memoria perceptual, pasada, presente o futura.

Libertad de información en la corteza cerebral

Quizás haya dado más detalles de la cuenta al describir la distribución de la memoria y el conocimiento en la corteza cerebral. Al hacer esto, mi razonamiento ha sido que, en el cerebro, como en el mundo real, las opciones inteligentes de acción van precedidas de opciones inteligentes de información. De modo parecido, en una democracia, se supone que las decisiones se toman libremente en el «mercado de las ideas», como decían John Stuart Mill y Oliver Wendell.[21] Sugiero que en nuestra corteza cerebral hay un «mercado» libre de cógnitos, de cuyos participantes he intentado dar una idea general en este capítulo.

La corteza cerebral es un inmenso depósito de información sobre nosotros mismos y el mundo que nos rodea. La riqueza del contenido cognitivo de la corteza no reside en la presencia de innumerables estructuras o ubicaciones minúsculas –neuronas, moléculas o ensamblajes celulares– para almacenar innumerables elementos de información, como pasa en una computadora. En realidad, esta riqueza deriva casi exclusivamente del hecho de que, como he dicho, el código cognitivo es un código relacional, lo mismo que el cortical. Por tanto, la riqueza radica en las conexiones y en el potencial conectivo. Aquí, una analogía clara con el lenguaje

21. John Stuart Mill, en su libro *Sobre la libertad* (1859), fue seguramente el primero en utilizar la expresión.

ejemplificará lo que significa un código relacional. Utilizo el lenguaje como podría utilizar la música o cualquier otra forma de expresión secuencial.

El alfabeto tiene un número limitado de caracteres. Si combinamos –esto es, relacionamos– estos símbolos básicos entre sí, añadiendo pausas, espacios y puntuación, podemos construir una infinita variedad de expresiones lingüísticas en múltiples idiomas. Estará claro para todos que la reducción del lenguaje a estos elementos sería una manera desatinada de analizarlo. Sin embargo –curiosamente–, este reduccionismo es el método de algunos para abordar los problemas de la neurociencia cognitiva. En el caso de la neurociencia del lenguaje, el enfoque adecuado es, desde luego, la búsqueda de los correlatos neurales de las *gestalts* [forma, figura, estructura], es decir, los cógnitos lingüísticos formados por estas combinaciones de símbolos; es el análisis de estos correlatos mediante métodos funcionales, eléctricos y de neuroimágenes; es el análisis de los trastornos que ciertas lesiones cerebrales producen en la comprensión y la expresión del lenguaje (afasia, agrafia, agnosia, etcétera), como hizo magistralmente Geschwind en sus trabajos sobre lo que con acierto llamaba «síndromes de desconexión» (Geschwind, 1965a, 1965b). En resumen, es el estudio de la fisiología y la patología del código relacional del lenguaje. El capítulo 6 se ocupa más concretamente del papel del lenguaje en la libertad.

Sin la necesidad de especificar cómo se representan en el cerebro los fonemas o los morfemas, lo cual aún no puede hacerse con los métodos actuales, es perfectamente lógico pensar que aquéllos constituyen pequeños cógnitos o redes de dimensiones indeterminadas. Es igualmente lógico pensar que se organizan (es decir, se autoorganizan) entre sí en cógnitos mayores que definen palabras, los cuales a su vez se convierten en cógnitos más grandes que definen frases. Lo que quiero dejar claro aquí es que, en la corteza, el poder relacional contribuye a una enorme economía de codificación dentro del espacio cortical. Por comparación, la capacidad de codificación de una computadora es diminuta. No es lo mismo en el caso de internet, que se acerca al poder codificador del cerebro gracias a que su código relacional está tremendamente repartido (más adelante).

Para comprender cómo se toman las decisiones de información y acción en este inmenso archivo relacional que es la corteza humana, hemos de realizar dos cambios difíciles aunque indispensables en nuestro pensamiento. El primero es transferir el papel del «elector libre» desde el ego o el *yo* a la corteza cerebral. El segundo consiste en despojar al ego o al *yo* de la autoconciencia de sus decisiones; en otras palabras, hacer que la conciencia sea, en buena medida, «opcional». Hacen falta los dos cambios para entender la epistemología de la libertad en el cerebro. Esto no significa que el libre albedrío y la conciencia deban ser despojados absolutamente de papel alguno en la acción deliberada. No significa tampoco que, al tomar decisiones, la corteza funcione «con el piloto automático». Sí significa, en todo caso, que la corteza tiene la capacidad para tomar decisiones razonables e inteligentes partiendo de incalculables elementos de información en su seno. También significa que un gran número de estas decisiones, por determinantes que sean, son inconscientes, al menos en parte. Esto, a su vez, significa que no somos conscientemente conscientes de las razones de gran parte de nuestra conducta. Esto no equivale a decir que nuestra conducta esté predeterminada y carezca de libertad. Tan sólo amplía la flexibilidad de nuestras opciones para incluir un enorme cúmulo de conocimientos ocultos bajo la forma de recursos psicológicos sutiles como el *priming* [imprimación], la «intuición» o el *insigh* [visión interna, percepción].[22] En contraste con la teoría psicoanalítica, aquí el inconsciente elimina restricciones a la libertad en vez de añadir más.

En la vida cotidiana, todo acto de percepción es una decisión, involuntaria, pero decisión al fin y al cabo. Es una opción entre cada percepción como categoría de conocimiento y las otras, entre un cógnito y otros que no son idénticos pero están relacionados con él mediante la semejanza, la discordancia o la asociación. Percibir es, en consecuencia, una evaluación continua de suposiciones sobre el mundo y los objetos que alberga, un constante emparejamiento inconsciente de cada objeto con nuestro cógnito, o hipótesis, del mismo (Harris, 1970; Hayek, 1952). «Elegimos» (percibimos) un objeto si satisface nuestras expectativas. Y luego otro, y otro, y así todo el día. Esto ocurre así con los innumerables objetos que nos rodean. Sólo cuando una «opción» inconsciente no satisface las expectativas, cuando la suposición se revela «falsa», llegamos a ser conscientemente conscientes de la misma. Por ejemplo, entro en mi estudio, mi habitual espacio de trabajo, y experimento la súbita sensación de que ha cambiado algo desde ayer sin que al principio sea yo consciente de qué es. Lo descubro tras un examen minucioso: durante la noche, alguien ha consultado mi atlas y lo ha dejado en el estante equivocado. ¡Pensemos en la cantidad de suposiciones (percepciones) que he evaluado inconscientemente al entrar en el despacho antes de experimentar, yo, mi corteza, que en la habitación había algo anómalo!

A estas alturas, el lector tendrá ya claro que mi idea de la neurociencia de la percepción difiere bastante de

22. Como hacen algunos inversores y empresarios inconscientemente en sus predicciones, por erróneas que éstas puedan resultar. Aquí es casi obligatorio mencionar a John Maynard Keynes, defensor de la intuición como importante factor económico (Davis, 1994; Nasar, 2011).

las ideas inspiradas por la filosofía empirista de la mente. No obstante, esta filosofía subyace prácticamente a todos los tratamientos modernos de la percepción en el cerebro. Animado por el hallazgo de mapas de rasgos sensoriales en la corteza sensorial, en especial para la visión, el neurofisiólogo se atreve a extender a la corteza asociativa los mismos principios cartográficos obtenidos en fases tempranas de procesamiento cortical, sólo que ahora para configuraciones más complejas de la visión, el tacto, la audición o la disposición espacial. En la actualidad, el neurofisiólogo busca mapas corticales más complejos para dar cabida a rasgos físicos más complejos integrados en niveles superiores de una jerarquía de sensaciones, una jerarquía siempre definida por los parámetros físicos de los estímulos. Hasta ahora, la búsqueda de la percepción subiendo la escalera sensorial ha sido más bien infructuosa. El problema de esta metodología tiene dos aspectos: teórico y experimental.

En teoría, la dificultad de la visión empírica de la percepción reside sobre todo en el simple hecho de que una percepción lleva consigo historia –además de sensaciones–, y, sin tener esto en cuenta, no es comprensible su psicología ni su fisiología. Una legión de psicofísicos y filósofos llevan años haciendo hincapié en el asunto sin penetrar realmente en la ciencia cerebral. No sólo recordamos lo que percibimos, sino que también percibimos lo que recordamos.[23] Percibir es clasificar los objetos del mundo en categorías definidas mediante relaciones internas previamente establecidas por la experiencia en el sistema nervioso; en otras palabras, clasificar en cógnitos. Los cógnitos tienen historia por definición. En su origen está la historia de la especie o la memoria filética de las

23. Entre los defensores más elocuentes de este punto de vista están Helmholtz (1925), Boring (1933) y Hayek (1952).

cortezas sensoriales, que «interpreta» los aspectos físicos de un cógnito perceptual. *Toda* «interpretación» perceptual de un objeto se basa exclusivamente en la historia –experiencia– de ese objeto en nuestra vida individual. De este modo, consciente o inconscientemente, somos libres de escoger y seleccionar en el inmenso archivo del conocimiento y la memoria, que está distribuido e interconectado en la corteza cerebral prácticamente como lo está el conocimiento colectivo en el ciberespacio.

Desde el punto de vista experimental, para el fisiólogo el problema del enfoque empírico de la percepción está en el hecho de que, más allá de la corteza sensorial primaria, las reacciones de las neuronas ante los estímulos complejos generalmente llegan a ser vagas, débiles, y a estar sujetas a influencias «de arriba abajo», entre ellas la atención. La especificidad sensorial de cualquier campo cortical asociativo se vuelve esquiva. Muchos de estos campos responden más o menos bien a muchos estímulos de una o varias modalidades.[24] Estos hallazgos no concuerdan con ningún mapa neural de la percepción basado sólo en rasgos físicos de estimulación sensorial. Sin embargo, sí concuerdan con una serie ampliamente repartida de cógnitos interactivos y parcialmente coincidentes con las imprecisas limitaciones definidas en secciones previas. En cualquier caso, la demostración de una reactividad más o menos específica ante un estímulo complejo determinado en cualquier lugar de la corteza deja siempre la persistente sospecha de que el problema de Bacon de la inducción no ha sido superado en esta situación, que todavía no hemos encontrado un «cisne negro». En otras palabras, no hemos encontrado –y, por tanto, no he-

24. He considerado crucial esta premisa para mi razonamiento sobre la distribución y la interactividad de los cógnitos (Fuster, 2009).

mos evaluado– el estímulo más efectivo para la parte de la corteza que estamos investigando.[25]

En nuestra interacción fluida con el entorno, las opciones no se limitan a la percepción, sino que de forma natural se extienden también a la acción. Participamos en un flujo regular de acciones y reacciones en el ciclo PA, ajustándonos y reajustándonos continuamente a nuestro entorno y a sus cambios, muchos de los cuales son producidos por nosotros mismos. Cuando digo «nosotros mismos» me refiero a nuestro cerebro, y cuando digo «entorno» me refiero no sólo al entorno externo, sino también al interno o «medio» del cuerpo, donde incluimos la «circunstancia» *à la* Ortega (la historia y la cultura). La mayoría de las interacciones con estos entornos son automáticas y totalmente inconscientes, e involucran sobre todo partes subcorticales del cerebro; por tanto, la corteza se queda sin cargas y libre para hacer otras cosas, como pensar o imaginar.

A medida que la conducta, el razonamiento o el lenguaje se vuelven complejos, y a medida que del entorno surgen cada vez más elementos imprevisibles o regulables, cada vez más porción de la corteza entra en el ciclo PA y, con ello, también un estado de conciencia más acentuada. No obstante, obsérvese que la mayoría de las interacciones, que ahora implican a buena parte de la corteza, todavía permanecen inconscientes. Aumentan las decisiones inconscientes; y con ellas, también la libertad. Pues la libertad no necesita opciones conscientes. Tampoco necesitan ser conscientes las razones para la elección. Como he dicho antes, el conocimiento inconsciente en forma de intuición de hecho añade libertad a nuestras decisiones. A medida que la conducta, el razonamiento o el lenguaje se vuelven complejos y deliberados, mucha

25. Popper (1980) trata de manera excelente el problema de la inducción en la ciencia.

libertad (y también algunas de sus restricciones) deriva de una masiva, inconsciente e incesante búsqueda de información en el seno de la corteza. En las horas de vigilia, tanto la percepción como la acción están continuamente informadas por esa constante búsqueda –«al estilo Google»– de la corteza dentro de sí misma.

Esto nos lleva a las computadoras, que también tienen memoria y cuyo cometido consiste en manipular esa memoria. De hecho, aunque seamos mucho más listos que ellas, lo hacen mucho más rápido que nosotros.

De cerebros y computadoras

¿Existe alguna metáfora informática de la memoria humana? En principio, la analogía basada en el acceso y la configuración de la memoria parece de lo más pobre. Pues la memoria humana, a diferencia de la computadora, es relacional y es abordable por contenido. En cambio, la analogía con internet y un buscador como Google es muy adecuada. Veamos por qué.

En las secciones anteriores he descrito, en términos sencillos y no computacionales, una bien fundada concepción de la fabricación y la organización de la estructura del conocimiento y la memoria en la corteza cerebral. Mi finalidad principal ha sido mostrar al lector la naturaleza reticular de esta estructura, su papel como almacén de información adquirida por la experiencia, y su potencial para lograr que esta información esté a disposición de las funciones cognitivas. El objetivo más importante de este capítulo ha sido poner de relieve el sustrato neural de una facultad mental que suele pasarse por alto en el debate sobre la libertad: la capacidad para escoger, para seleccionar, la información consciente e inconsciente que impregna nuestras acciones libres.

Antes de concluir este capítulo, me gustaría abordar brevemente las metáforas informáticas más o menos obvias de la cognición cortical. La memoria informática se estudia mediante un código binario que señala su ubicación exacta en el disco duro. Incluso la RAM (*random-access memory*, memoria de acceso aleatorio) –una forma de «memoria de trabajo» digital– se aborda así y se coloca en una unidad de almacenamiento temporal del disco. En la corteza, sin embargo, la información se *aborda mediante el contenido*, por asociación. Una de las propiedades esenciales de un cógnito es que puede ser recuperado por un estímulo sensorial u otra forma de input, por asociación. Así pues, la activación de uno de los componentes asociados del cógnito da lugar a la recuperación de los otros, como pasaría con las enredadas cerezas al sacarlas del cesto. Además, generalmente la computadora procesa la información en serie, mientras que la corteza puede hacerlo en paralelo en una escala masiva.[26]

Además, he dicho como de pasada que la corteza cerebral tiene mucha más capacidad de almacenamiento de información que cualquier computadora normal. Habría podido añadir que el cerebro tiene más capacidad almacenadora que cualquier sistema de computadoras interconectadas; pero no habría sido cierto, pues tenemos internet, que también opera con un código relacional. De hecho, debido a ello, la analogía entre cognición cortical e información en internet es ciertamente persuasiva. Centrémonos brevemente en las semejanzas entre las dos teniendo presente su posible importancia para la libertad de elección.

En realidad, tanto internet («ciber-corteza») como la corteza cerebral utilizan un código relacional que trascien-

26. No obstante, algunas computadoras modernas pueden procesar información en paralelo, como la corteza.

de e invalida sus códigos binarios básicos de bits o impulsos celulares. Tanto en internet como en la corteza, el código pertinente es uno consistente en relaciones entre unidades de información o conocimiento.[27] El lenguaje aporta muchas unidades de información tanto al cerebro como a internet, si bien en el caso del cerebro las unidades (cógnitos o módulos) pueden ser más elementales –por ejemplo, sensaciones simples– que los símbolos o las palabras. Como pasa en la corteza, la capacidad de internet para codificar mediante relaciones es prácticamente infinita. Aquí, esta capacidad deriva del poder combinatorio de millones de computadoras y de la información que albergan. También como en la corteza, las unidades de información, o los nódulos reticulares, pueden formar parte de muchas redes informativas (webs), algunas cruzándose con otras o alojadas en otras.

Pensemos en las decisiones que tomamos al navegar por internet, aunque sea sólo por puro ocio. Se trata de decisiones realmente libres *de la corteza*, que, unida a internet por una serie extra de conexiones, amplía su existente base de datos con cógnitos adicionales o modificados los que ya estaban en su posesión. Las personas que se maravillan del poder de internet no se dan cuenta de que internet hace lo que la corteza lleva haciendo desde siempre con todas las percepciones, todos los recuerdos y todos los cálculos mentales.

En términos funcionales, sin embargo, entre la corteza e internet existe una diferencia fundamental. Es verdad que tanto en internet como en la corteza la información es abordable mediante el contenido, no mediante una dirección local asignada. No obstante, en la corteza la información es autoabordada, por asociación, mientras que en

27. Salvo el correo electrónico, por supuesto, que a través de internet envía información a direcciones concretas.

internet es abordada por cerebros humanos que manipulan buscadores de millones de computadoras personales.

Cuando hablo del autoabordaje asociativo de la información en la corteza humana, ¿qué quiero decir? Pues quiero decir simplemente que, para cualquier función cognitiva humana, como la atención, la percepción, el lenguaje o la ejecución inteligente, la corteza puede abordar por sí sola los cógnitos necesarios para esta función en un momento dado. En ese momento, un input sensorial puede transportar información externa nueva, pero, para ser útil, esta información debe ser interpretada por los cógnitos que activa en el cerebro e incorporada a los mismos. Tomemos el repentino olor a humo en casa: activará enseguida, por asociación, los cógnitos pertinentes a la acción defensiva apropiada. El humo no sólo se notará sino que también se percibirá –es decir, el cerebro lo situará en el contexto de la experiencia pasada–, por lo que entrará en el ciclo PA. Esto hará que busquemos el origen del humo, y que luego descubramos el posible fuego, y que a continuación encontremos el extintor y el número de los bomberos, etcétera. Cada acción de la serie será guiada por un cógnito perceptual autoabordado por la corteza en el seno de su inmensa disposición de redes cognitivas.

He elegido un sencillo ejemplo de conducta del que cabría imaginar su automatización por ciertas máquinas para ilustrar cómo, incluso en conductas de esta clase, la corteza aborda el contenido de la memoria sobre todo por cuenta propia, mientras que los sistema automatizados lo hacen mediante señales externas –en sensores–. Además, al margen de la fuente de las señales, la flexibilidad para la selección de inputs y outputs –en cuanto a número, parámetros de la señal, umbrales y volumen informativo– es infinitamente mayor en la corteza que en la servomaquinaria, mientras que las limitaciones de ésta son inmensamente superiores. La máquina –aunque fabricada por el hombre al fin y al cabo– puede ser más rápida y más exacta que el cerebro a la hora de hacer aquello para lo que esté diseñada, pero sus opciones siempre serán más limitadas que las de la corteza de su inventor o su operador. Ni siquiera los búfers o los RAM de memoria de la computadora se acercan a la variedad de contenidos imaginables en la memoria de trabajo cortical.

En cualquier caso, mientras la computadora personal no puede equipararse al cerebro humano en cuanto a capacidad de almacenamiento, internet, al enlazar muchas computadoras personales, sí puede. De hecho, internet funciona como una enorme corteza cerebral que complementa la nuestra y añade dimensiones descomunales a su capacidad para seleccionar información que guíe nuestras acciones. No obstante, también es cierto que internet puede afectar nuestra libertad al inyectar las emociones de otros en nuestras decisiones. En este sentido, internet viene muy bien a los demagogos que quieren influir en estas decisiones, que, en consecuencia, acaban llenas de prejuicios y no son del todo libres.

Conclusiones

En términos neurobiológicos, nuestra libertad consiste en la capacidad de nuestra corteza cerebral para seleccionar entre alternativas de acciones con objetivos y la información que las guía. El agente elector es la corteza, no un agente inmaterial que la controle. La agencia libre consciente es un fenómeno de la actividad de alto nivel de la corteza en el cálculo de las opciones, las decisiones, la planificación o la creación. Todos estos procesos se basan en información preexistente en la propia corteza o en otras partes del cerebro, incluyendo el sustrato de impulsos biológicos.

La información cognitiva se adquiere y almacena en una web de redes repartidas, entrelazadas y solapadas, denominadas «cógnitos», que son unidades de conocimiento y memoria abordables por el contenido, a diferencia de la memoria de una computadora. Se forman gracias a experiencias vitales en la corteza de asociación sobre cimientos de memoria filética («la memoria de la especie») –es decir, la estructura de las cortezas motora y sensorial primarias–. Mediante mecanismos de modulación sináptica, en particular la convergencia sincrónica, las experiencias vitales generan esos cógnitos o redes, los cuales constituyen patrones estructurales de asociación entre neuronas que representan los aspectos más elementales de la percepción y la acción.

Los cógnitos se superponen y se cruzan mucho: comparten nódulos de asociaciones densas constituidas por ensamblajes celulares que representan rasgos comunes de cógnitos diferentes. Los cógnitos perceptuales están organizados jerárquicamente en la corteza posterior, y los cógnitos ejecutivos en la corteza frontal. Las dos jerarquías están entrelazadas en todos los niveles mediante conexiones recíprocas de fibras, que forman parte de los cimientos estructurales del ciclo PA, imprescindible para el ejercicio de la libertad, y tema del capítulo siguiente.

4

El ciclo percepción/acción

> La constancia del medio interno es la condición de la vida libre e independiente.
>
> CLAUDE BERNARD

> Los cerebros difieren de las computadoras en varios aspectos clave. Funcionan en ciclos, no en cadenas lineales de causalidad, enviando y recibiendo señales de un lado a otro.
>
> DENNIS BRAY

NUESTRA CAPACIDAD PARA ESCOGER entre alternativas se basa en la interacción dinámica del cerebro con el mundo exterior e interior. Nuestras opciones, tanto si están guiadas por la preferencia (libertad *para*) como si lo están por la aversión (liberarse *de*), se hallan metidas de lleno en el compromiso funcional continuo del sistema nervioso con los entornos interno y externo. La raíz biológica más profunda de la libertad es la *homeostasis,* es decir, el conjunto de mecanismos fisiológicos mediante los cuales el organismo se adapta al entorno y conserva su estabilidad interna.[1] Algunos de estos mecanismos crean estabilidad, mientras que otros la protegen. Cabría decir que la homeostasis es la memoria filética de la adaptación fisiológica. Y también podríamos decir que la libertad es la elevación de los principios adaptativos de la homeostasis para atender a la estabilidad cognitivo-emocional del individuo en la sociedad y en el mundo en general.

Así pues, la libertad, como la homeostasis, supone un continuo «diálogo» del organismo con «el otro», animado o inanimado. Para ser más exactos, supone innumerables interacciones simultáneas del yo con el entorno, en el que también se incluye el medio interno del cuerpo. Sin estas interacciones, la libertad no tiene sentido ni agenda –esto es, no tiene literalmente opción–, pues depende estrechamente de los efectos ambientales en el yo y en el impacto presente o *previsto* del yo en el entorno. A medida que la relación yo/entorno se desarrolla con la evolución para incluir las decisiones humanas, sucede algo de lo más notable: la relación se extiende muchísimo en su escala temporal, sobre todo en la perspectiva futura, al igual que la esfera ambiental que abarca. Todo esto es consecuencia directa del extraordinario desarrollo de la corteza prefrontal humana y del ciclo percepción/acción (PA) a cuyo servicio está.

Aquí hemos de subrayar que, en el ser humano, la escala temporal de la interacción adaptativa yo/entorno se extiende enormemente hacia el futuro de la vida del individuo. Con ello, las opciones y decisiones se multiplican para desplegarse hacia delante en el tiempo, para surtir efecto o producir sus efectos en un futuro que se prolonga hasta días, semanas, meses, años o décadas. De

1. El concepto de homeostasis fue introducido en Francia por Claude Bernard en 1865 (Bernard, 1927) y, en América, por Walter Cannon (1932), ambos fisiólogos renombrados.

este modo, lo que empezó con las reacciones inmediatas de la anémona de mar ante pequeñas perturbaciones del entorno marino ha crecido muchísimo hasta convertirse en la planificación a largo plazo del *Homo sapiens* con un ciclo PA enormemente ampliado. Este ciclo funciona en un entorno infinitamente más complejo. La libertad ha evolucionado para sustentarlo, protegerlo y darle un futuro; en otras palabras, para volverlo *preadaptativo.*

Biología del ciclo

En niveles profundos del cerebro de los mamíferos, entre los dos hemisferios cerebrales –es decir, en el diencéfalo, o «cerebro entre»–, hay una estructura denominada «hipotálamo» –porque se encuentra debajo del tálamo, la principal estación repetidora de vías sensoriales en su camino a la corteza. El hipotálamo alberga un conjunto de núcleos[2] muy apretados encargados de regular una gran variedad de funciones fisiológicas básicas, como la temperatura, el ritmo cardíaco, la respuesta al estrés y ciertas actividades endocrinas que van desde el metabolismo corporal al crecimiento, la ovulación, la lactancia, el azúcar en la sangre, etcétera. Parte de la regulación hipotalámica visceral se realiza mediante el denominado sistema nervioso autonómico; y parte, mediante la secreción de sustancias que actúan directa o indirectamente en un montón de glándulas endocrinas (por ejemplo, la hipófisis, la tiroides, las gónadas o las

2. Estos núcleos son agregados de células nerviosas que tienen efectos directos en las válvulas de salida del sistema nervioso autonómico y en las glándulas hormonales. Todas sus funciones son en términos generales adaptativas en el sentido de que garantizan la adaptación del organismo a su medio interno y externo. Tienen una importancia crucial en la expresión de las emociones.

suprarrenales). Sin excepción, cada una de las funciones reguladoras del hipotálamo, que por buenas razones podemos denominar el *órgano de la homeostasis*, hace uso de sustancias químicas o feedback neural para corregir y estabilizar el medio interno. Por tanto, los mecanismos homeostáticos son servomecanismos que funcionan con feedback regulador.

Además de su papel en la regulación de la homeostasis del medio interno, el hipotálamo desempeña un papel crucial en la satisfacción de impulsos básicos –a saber, la alimentación, el sexo, la huida o la agresividad–. Sólo podemos maravillarnos del número y la complejidad de las funciones reguladoras e instintivas organizadas por una estructura tan pequeña como el hipotálamo. Es de gran importancia el hecho de que las cuatro funciones instintivas mencionadas tengan un «propósito» que se extiende más allá del organismo, hasta el entorno externo, es de suponer que atendiendo no sólo al individuo sino también a la defensa y la propagación de la especie. El fisiólogo suizo W. H. Hess, que estudió el hipotálamo con gran detalle, tuvo la perspicacia de llamar «teleocinéticos» a los movimientos instintivos suscitados desde varios puntos hipotalámicos (Hess, 1943). El prefijo *teleo-* es tan adecuado para denotar movimiento en o hacia el entorno exterior como para denotar acción en o hacia el futuro.

Si he mencionado aquí diversas funciones hipotalámicas, aunque sea en líneas generales, es para hacer hincapié en la presencia, ya en una estructura cerebral inferior, de los rasgos básicos de la interacción adaptativa del cerebro con el entorno. El hipotálamo es un sistema «abierto» (Von Bertalanffy, 1950), que tiende al equilibrio sin llegar nunca a alcanzarlo del todo. Sin embargo, tiene ya también las características esenciales de un sistema adaptativo complejo, incluido el control con feedback, que es un aspecto fundamental de la cibernética de cualquier sistema regulador. Este sistema primitivo, sin embargo, no tiene libertad, pues opera de manera refleja, con opciones limitadas y dentro de los estrechos márgenes de las funciones que controla. Incluso las funciones instintivas, bien que «teleocinéticas», van directas a su objetivo, resueltamente, como flechas a su diana.

Hace casi un siglo, el prestigioso biólogo Jakob von Uexküll (1926) reveló, en los animales inferiores, los orígenes de lo que, en el nivel de la corteza, yo denomino el ciclo PA: un flujo de señales ambientales reunidas por los sistemas sensoriales determina las acciones del organismo en el entorno; estas acciones producen cambios ambientales, los cuales a su vez generan nuevo input sensorial, que inspira acciones nuevas, y así sucesivamente. Este flujo circular de información funciona en las interacciones de todos los organismos animales con su entorno.

Trabajando en biología comparada con una gran variedad de especies, Von Uexküll observó también la aparición crítica, en las especies superiores, de feedback interno desde estructuras cerebrales que organizan movimiento a estructuras que organizan sensaciones. Este feedback interno, señalaba el biólogo, contrarresta la dirección del feedback sensorio-motor externo del ciclo universal que opera en todas las especies, que por lo general sale del entorno, cruza el cerebro y vuelve al entorno. El lenguaje de Von Uexküll tiene cierta pátina arcaica del naturalismo del siglo XIX, pero sus observaciones son excepcionalmente lúcidas y, como veremos, decisivas para la anatomía de la libertad. En resumen, Von Uexküll puso de manifiesto que en los organismos superiores, incluidos los seres humanos, el sistema motor envía señales de control a los sistemas sensoriales. Ahora sabemos algo que no se sabía entonces: que en todos los niveles de las estructuras jerárquicas para la percepción y la acción, existen vías nerviosas que van desde estructuras motoras a estructuras sensoriales, es decir, siguiendo una dirección opuesta a la del ciclo principal. ¿Qué hacen estas vías que van desde centros motores a centros sensoriales, aparentemente «en dirección contraria»?

Esta pregunta intrigó a los investigadores durante varias décadas, hasta que la neurociencia encontró la respuesta en la corteza prefrontal. Esta corteza se sitúa en el nivel ejecutivo más alto del ciclo PA, que es la extensión hasta la corteza cerebral del ciclo formulado por Von Uexküll. De hecho, la corteza prefrontal es el origen de vías que llevan lo que Hans-Lukas Teuber denominaba «descarga corolaria», compuesta de impulsos nerviosos *que preparan* las estructuras sensoriales del cerebro para las consecuencias previstas de las acciones motoras prospectivas (Teuber, 1972). Así pues, la descarga corolaria prepara al individuo para la acción previendo sus efectos en el entorno. Es una función con una perspectiva futura, preadaptadora. Otra función, también con base en la corteza prefrontal y una perspectiva futura, consiste en la corrección adelantada de percepciones erróneas mediante un mejor ajuste de estructuras sensoriales para inputs previstos (Wolpert, 1997). Y aún otra es el «control cognitivo» de la atención perceptual, con sede en la corteza prefrontal, que controla la actividad en áreas corticales posteriores (Miller y Cohen, 2001). Por último, están las vías recurrentes que, desde las estructuras corticales motoras a las sensoriales, mantienen la memoria de trabajo para la acción motora prevista.[3]

3. Las funciones y vías recurrentes y de reentrada aludidas en este párrafo han sido confirmadas anatómicamente, tanto en los seres humanos como en los primates no humanos (revisado en Fuster, 2008).

De forma un tanto paradójica, todas estas modalidades recurrentes de conexión «hacia atrás» desde las estructuras motoras a las sensoriales en el ciclo PA atienden a las funciones –orientadas al futuro– de la atención, la corrección de errores, la preparación anticipatoria y la memoria de trabajo. Esta última, más que una forma, es un estado de la memoria a corto plazo que, por definición, tiene una perspectiva futura, pues prepara el organismo para la acción que ha de ejecutar en el futuro próximo. De este modo, todas las clases de feedback sensorio-motor interno inciden en la dimensión venidera de nuestra libertad, pues prevén y nos preparan para las consecuencias de cada decisión que tomamos. Cuando la decisión es importante, literalmente decisiva en un sentido u otro, el feedback interno de control atraviesa la corteza cerebral.

La corteza cerebral en el ciclo

La dimensión futura de nuestro albedrío, de nuestra libertad para escoger, planear, decidir o crear se basa directamente en la corteza prefrontal y las cortezas aliadas. La libertad es imposible sin una firme ancla en la cognición para influir en las decisiones, los planes, las opciones y las creaciones. Este caudal indispensable de cognición –o sea, de conocimiento– se compone de nuestra historia personal y nuestra interpretación de la realidad actual a la luz de esta historia, todo ello en una compleja disposición de redes corticales. Percibimos el mundo a través de este cúmulo de conocimiento preexistente, a través de esta multitud de cógnitos perceptuales y cognitivos que lo representan. A medida que nos desplazamos libremente por este mundo –es decir, nuestra corteza–, «consultamos» de manera automática, inconsciente, este caudal de conocimientos a fin de construir acciones y reacciones satisfactorias.[4] Bernstein (1967) situó un componente llamado el «comparador» en el centro de su modelo de «ciclo acción-percepción». A mi juicio, este «comparador» es la corteza, sobre todo la corteza prefrontal.

Incrustados asimismo en nuestro relato están los sentimientos, los valores y las emociones. Como veremos más adelante, entran también en el ciclo PA. Sus influencias neurales en el ciclo se originan en el sistema límbico o «cerebro emocional», con el hipotálamo en la base; incluida en este sistema está la parte inferior de la corteza prefrontal, el puerto cortical de entrada de estas influencias, justo encima de la órbita, razón por la cual recibe el nombre de «corteza prefrontal orbital». Los impulsos límbicos fluyen desde este sistema hasta la neocorteza y se unen a cógnitos, a los que transmiten los atributos emocionales que suscitan. «Colorearán» los cógnitos recién formados con asociaciones emocionales, las cuales serán revividas con la reactivación de cualquier cógnito en función de la fuerza de dichas asociaciones con él. Son estas asociaciones las que hacen que los recuerdos sean agradables o desagradables y, en efecto, «memorables».

Mientras evolucionamos como especie y como individuos, el ciclo PA alcanza su pleno desarrollo y adquiere su flexibilidad máxima para alojar la libertad humana –esto es, la libertad de elección–. Recordemos que las diversas regiones corticales están amontonadas en un orden conectivo y del desarrollo para albergar dos jerarquías de cógnitos o redes cognitivas: una en la corteza posterior

4. A este conglomerado de historia personal, Ortega y Gasset lo llamaba la «circunstancia» del individuo, su mundo interiorizado, una especie de entorno interno que envolvería todas las experiencias personales y los sistemas de valores (capítulo 1). Así pues, el ciclo PA recorrería no sólo el entorno externo sino también el interno, el que define realmente la personalidad: «Yo soy yo y mi circunstancia» (Ortega y Gasset, 1961).

sobre todo para cógnitos perceptuales –adquiridos mediante los sentidos–, y otra en la corteza frontal principalmente para cógnitos ejecutivos –adquiridos gracias a la acción.

En ambas jerarquías, perceptual y ejecutiva, los estadios o niveles de cognición están separados sólo de forma aproximada, pues en ellos se hallan situados verticalmente a horcajadas muchos cógnitos heterárquicos –compuestos de redes que enlazan neuronas de niveles distintos–.[5] Además, las dos jerarquías, perceptual y ejecutiva, están profusa y recíprocamente interconectadas. Y ello sobre todo por dos razones, una estructural y otra dinámica: (a) para cablear cógnitos perceptual-ejecutivos, y (b) para atender al ciclo PA en funcionamiento. En la figura 4.1 se aprecia el esquema global de las fases corticales del ciclo PA con sus interconexiones. Obsérvese que todos los niveles jerárquicos de la corteza –como en la médula espinal y el tronco del encéfalo, en la base sensorio-motora del ciclo– hay conexiones recíprocas laterales entre niveles ejecutivos y perceptuales correspondientes.[6]

5. Los cógnitos heterárquicos son omnipresentes en toda la corteza, lo que refleja la realidad psicológica de que el grueso del conocimiento y de la memoria es heterárquico. Esto significa que, en el tejido cognitivo de la corteza, cógnitos de diferentes niveles jerárquicos se entremezclan para formar grandes elementos de conocimiento y memoria. Así pues, elementos de conocimiento común en diversos niveles de abstracción están asociativamente conectados con recuerdos personales. Naturalmente, la fuerza de las conexiones interrelacionadas puede variar mucho y cambiar a lo largo del tiempo. Es por eso por lo que la intensidad de los conocimientos o recuerdos componentes, así como la facilidad para evocarlos, a veces puede variar muchísimo. Las conexiones débiles son las primeras en fallar en el envejecimiento normal y en especial en la demencia.

6. Toda la conectividad simbolizada por flechas en la figura 4.1 ha sido confirmada en el primate no humano mediante métodos histológicos (revisión en Fuster, 2008); en el ser humano, está siendo co-

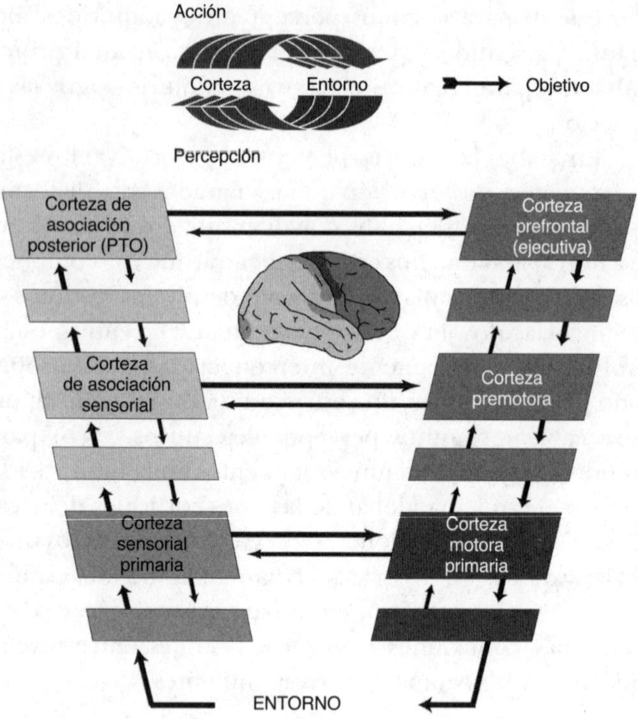

FIGURA 4.1. Flujo dinámico de activación a través de las fases jerárquicas corticales del ciclo PA en la búsqueda de un objetivo. Los rectángulos sin rotular representan áreas o subáreas intermedias de áreas adyacentes, rotuladas. Las flechas grandes –en el sentido de las agujas del reloj– indican el flujo principal del ciclo. Las flechas pequeñas –en sentido contrario a las agujas del reloj– indican flujo de feedback.

---

rroborada mediante tecnología de imágenes con tensor de difusión (Le Bihan *et al.*, 2001). La conectividad recíproca, en cualquier nivel, puede estar al servicio de cualquier función que requiera reentrada, como la memoria de trabajo, el feedback de control, la «descarga corolaria» y el autocontrol.

Antes de plantearnos la principal conectividad del ciclo en términos dinámicos, debemos abordar dos consideraciones generales de su organización. Una es la estructura jerárquica, que corresponde a la organización jerárquica de los cógnitos que participan en la misma (capítulo 3). Aquí es esencial tener en cuenta que las redes perceptuales se incorporan a las redes ejecutivas en todos los niveles. En los niveles elevados, el ciclo media en las transacciones de alto nivel entre cógnitos conceptuales de memoria o conocimiento perceptual y ejecutivo. A la inversa, en los niveles bajos el ciclo media en las transacciones de nivel inferior entre cógnitos más concretos, que están alojados dentro de los mayores.

La otra consideración, relacionada, es que múltiples ciclos PA pueden estar activos de manera simultánea en diferentes niveles jerárquicos, de modo que los inferiores atienden a los superiores: hay muchos ciclos trabajando en paralelo, aunque cada uno lo haga por separado, en serie, para alcanzar su objetivo particular. Cada ciclo tiene una base memorística o perceptual, cada uno con su sector del entorno, cada uno con su objetivo, que puede residir en la memoria a largo plazo o en la memoria a corto plazo.

Los ciclos con un objetivo menor o secundario están al servicio de otros objetivos fundamentales. Por ejemplo, nuestras rutinas matutinas diarias antes de ir a trabajar constan de una serie de actos sucesivos (ducharnos, vestirnos, desayunar, conducir, aparcar, etcétera), cada uno de los cuales tiene su ciclo, su entorno, sus medios y su finalidad. Todos asisten a un ciclo más importante cuyo objetivo es que nos presentemos en el trabajo puntualmente tras efectuar la higiene personal apropiada y ponernos el atuendo oportuno. Este ciclo más grande de preparación para ir a trabajar, amén de los subsiguientes ciclos de ejecución de las obligaciones de nuestro empleo, son a su vez ciclos subsidiarios de varios ciclos mayores que incluyen mantener a la familia, ganarnos el derecho a las vacaciones o luchar por los objetivos de la carrera o la profesión, todos operando en paralelo en distintos marcos temporales y con feedback para prever y corregir conductas futuras. Obsérvese que cada ciclo supone un cierto grado de libertad y de elección en el lado cerebral, tanto en el sector perceptual como en el ejecutivo.

Obsérvese también que muchos de estos ciclos PA constan de hábitos que son desencadenados o analizados minuciosamente por estímulos ambientales diferenciados (por ejemplo, el despertador, las señales de tráfico) o impulsos internos más o menos apremiantes (por ejemplo, el apetito). Estos hábitos no captan necesariamente lo bastante de la corteza para ser conscientes, lo cual libera a ésta para una actividad más intensa al servicio de ciclos mayores y sus objetivos con atención, deliberación y razonamiento lógico. En cualquier caso, en momentos que por la razón que sea son críticos (por ejemplo, una decisión pendiente o la necesidad de formular un plan), un ciclo PA supone cógnitos grandes de corteza perceptual y ejecutiva en la búsqueda de su objetivo.

Antes de analizar más el ciclo PA, hemos de hacernos una pregunta urgente: dado que en los circuitos corticales hay tantos ciclos PA potenciales, prácticamente un número infinito, ¿existe una situación en la que se hallen todos en reposo, en que no estén actualmente en uso conduciendo el lenguaje, el razonamiento o la conducta hacia su objetivo? La respuesta es que *probablemente no*. Incluso mientras dormimos, la corteza está activa, bien que en niveles mínimos. Aunque los sensores externos y los efectores motores están desconectados, se ha comprobado que la consolidación de la memoria prosigue también entonces,[7] y que en el sueño asimismo tienen lugar ciertos indicios de razonamiento y creación (capítulo 5).

En el estado de reposo, cuando un individuo es capaz de asociar ociosa y libremente sus pensamientos, sabemos desde hace tiempo que la corteza exhibe un cierto nivel de actividad metabólica y eléctrica elevada. Esta activación básica en reposo inactivo es máxima en la corteza prefrontal, razón por la cual David Ingvar, el descubridor del fenómeno, la denominó «hiperfrontalidad». Ingvar suponía –y deducía, de informes subjetivos– que, en ese estado, los individuos imaginaban acciones de varios tipos, previendo de manera consciente «conducta simulada» (Ingvar, 1979). Así pues, en reposo, la corteza frontal, la región «eferente» de la corteza, parece ser un «agente excéntrico» silencioso que hace subliminalmente muchas cosas pero abiertamente ninguna.

Las neuroimágenes funcionales modernas revelan que el área prefrontal activada en reposo no es sino una parte de una red grande que se extiende hacia las cortezas parietal y medial (Fox y Raichle, 2007). Esta supuesta «red por defecto», en reposo, estaría en una preactividad espontánea, como esperando inputs para procesarlos. Es como si, en situación de vigilancia atenta, esta extensa área cortical, que abarca cógnitos ejecutivos y perceptuales, se encontrase en un estado permanente de activación «imprimada», lista para poner en marcha un ciclo PA u otro. Es de suponer que estos cógnitos están abiertos a muchos inputs y dan salida a muchos outputs, preparados para manejar un flujo de procesamiento circular entre el organismo y su entorno. En resumen, la corteza de la

7. Un estudio bien controlado (Born *et al.*, 2006) pone de manifiesto que el aprendizaje de ciertas tareas cognitivas se consolida durante el sueño, en especial en el sueño de ondas lentas (SWS, por sus siglas en inglés), con ondas electroencefalográficas en el rango comprendido entre 0.5 y 2 ciclos por segundo.

vigilia es un sistema totalmente abierto, preparado para recibir y dar información en un permanente estado de preadaptación.

Ahora que nos hemos metido de lleno en toda la corteza del ciclo PA, en la interfaz del organismo y su entorno, puede ser instructivo reflexionar sobre los escritos de ciertos filósofos y científicos cognitivos, para quienes la cognición es, en su conjunto, precisamente la relación dinámica entre ambos encarnada en el ciclo PA. De hecho, el ciclo PA parece constituir la esencia de lo que algunos han denominado «cognición encarnada». Por lo visto, no podemos interpretar de otro modo la postura filosófica de Noë (2004), según el cual la percepción consiste en sensaciones activas, en la exploración y «palpación» del mundo contra un fondo de conocimientos previos. El ciclo PA no es otra cosa que la «mente ampliada» postulada por Clark (2008), mente ampliada que incorpora al ciclo el razonamiento lógico. Con una visión más jerárquica, claramente en sintonía con los principios de este libro, Barsalou (1999) imagina la percepción como la categorización de ejemplificaciones sensoriales, y coloca, en lo alto de la jerarquía perceptual, las categorías abstractas de los sistemas simbólicos perceptuales, lo mismo que hago yo en los niveles superiores de la corteza de asociación. En suma, las formulaciones teóricas de Barsalou, Noë y Clark encuentran un digno acomodo en la neurobiología del ciclo PA tal como se ha expuesto en este capítulo.

Dinámica del ciclo: introducir emoción

¿Cuáles son los inputs, los estímulos, que en el estado de vigilancia más o menos relajada llegan a la corteza para poner en marcha un ciclo PA y mantenerlo activo? Su número es potencialmente infinito. Unos proceden del entorno interno, del mismo cuerpo o cerebro; otros del externo, a través de los sentidos. En distintas adiciones e intensidades, convergen en el aparato cognitivo de la corteza cerebral desde multitud de potenciales orígenes. La libertad y la elección comienzan justo ahí, pues la corteza ejerce opciones sobre este flujo constante de información que le llega en las horas de vigilia.

Las decisiones y las evaluaciones de la corteza se producen sin cesar aun no habiendo necesidad alguna de decidir nada. Muchas de las decisiones tienen lugar subliminalmente –o sea, de manera inconsciente– en niveles bajos de actividad cortical. Esto es digno de ser subrayado claramente, pues por lo general se supone que el libre albedrío conlleva conciencia, cuando quizá no sea así. Además, suele suponerse que una elección inconsciente no es una elección ni nada, sino un hecho biológicamente predeterminado sin opciones. Estas dos suposiciones pasan por alto el hecho de que el organismo toma decisiones basadas en datos probabilísticos, frente a la ambigüedad, la complejidad y la incertidumbre. También pasan por alto la capacidad de intuición, es decir, el uso inconsciente de la inteligencia para evaluar la urgencia, la pertinencia, la prioridad y el riesgo. Muchas de nuestras decisiones son de carácter visceral, se fundamentan en una base de datos más amplia y a veces más fiable que la que tenemos en el conocimiento consciente. No por eso son nuestras decisiones menos libres o más deterministas. En el cerebro se producen decisiones todo el rato, tanto si lo hacemos de manera consciente como si no. Ser conscientes de ellas no las vuelve más libres. De hecho, el conocimiento consciente de una serie de opciones puede restringir la libertad al limitar la disponibilidad de las demás.

La elección de información para tomar la decisión de actuar o no, o de actuar de un modo u otro, es una condición *sine qua non* de la libertad de acción, y de hecho es parte de la misma. Así pues, en el intento de comprender la neurobiología de la libertad nuestra primera tarea es la de identificar esa información en función de las categorías de inputs con acceso al ciclo PA cortical.

En primer lugar, están los inputs del entorno externo que llegan a la corteza en forma de estímulos procedentes de los diversos órganos sensoriales –para la visión, la audición, etcétera–. Esta información sensorial no sólo se nota sino que se percibe al instante –de manera consciente o no–. De hecho, sin percepción, para nuestro organismo libre resulta inútil; es decir, sin su interpretación inmediata teniendo en cuenta la experiencia anterior, no sirve de nada.[8] Cada estímulo sensorial posible o concebible tiene una «historia» en virtud de su relación o semejanza con otros estímulos que hemos experimentado en el pasado. Para nosotros, no hay absolutamente nada «nuevo bajo el sol». Esto significa que todos los estímulos externos percibidos activan, mediante asociación inmediata, un conjunto de cógnitos perceptuales. Estos cógnitos llegarán a estar disponibles para que el resto de la corteza los seleccione y, si garantizan acción de alguna clase, entrarán en el ciclo PA.

Además, la corteza dispone de información procedente del medio interno. Esta información es básicamente de dos tipos: (a) sobre el valor o importancia motivacional, biológica o ética, de los estímulos externos, y (b)

8. Aquí es donde falla estrepitosamente la explicación empirista de la percepción. Las sensaciones por sí solas carecen literalmente de sentido para el organismo. Todas las percepciones, sin excepción, requieren una interpretación inmediata, automática, «de arriba abajo», de las sensaciones. La mayoría de las veces, esta interpretación es un «dato» inmediato basado en experiencias anteriores y totalmente inconsciente. Esta inmediatez de la percepción es fundamental para la fisiología cortical, al menos para la economía del procesamiento en serie, que es necesario para ocuparse de cualquier cosa.

sobre la urgencia o necesidad de satisfacer un impulso biológico o de obtener una recompensa o un refuerzo secundario de la conducta, como el dinero.[9] La información interna de esta clase puede, por sí misma, poner en marcha el ciclo PA y mantenerlo –junto con sus ciclos subsidiarios– continuamente en este estado hasta la satisfacción de una necesidad primaria innata. Desde luego, los motivos internos actúan más como fuentes de «tendencia» que como opciones a elegir. No obstante, esta «tendencia» acaso tenga realmente un poder preponderante, o «de veto», y se transforme a sí misma en la única opción a escoger, y por tanto para desencadenar o bloquear un ciclo PA. En cualquier caso, un impulso interno procedente del mundo de las emociones o un imperativo moral quizá no reúnan los requisitos como opción *per se* aunque desde luego sí como elemento de información de importancia decisiva. Aquí la cuestión clave es que una opción de información puede influir en una acción (o no acción) o condicionarla, y la libertad reside tanto en esa opción como en la opción de la acción consiguiente.

La tercera fuente de inputs para la corteza electora consta de las conclusiones resultantes del pensamiento deliberado. Estos inputs se originan en la propia corteza. El pensamiento deliberado (pensamiento sistema 2) (Kahneman, 2011) es el proceso de razonamiento, generado en y por la corteza, cuyo objetivo es resolver un problema o, de un modo más general, alcanzar la «verdad», el «bien» o lo «mejor». Esto incluye, naturalmente, el análisis de riesgos y beneficios de un procedimiento prospec-

9. En la literatura psicológica, se considera que el dinero es un refuerzo secundario o «condicionado» de la conducta en la medida en que es decisivo para obtener refuerzos primarios, como alimento o alojamiento. Para muchas personas, no obstante, el dinero es prácticamente el único motivo impulsor, aun después de estar satisfechas todas las necesidades básicas.

tivo (Kahneman y Tversky, 1979). El proceso de razonamiento constituye un ciclo PA interno por sí mismo, que acaso esté al servicio de otros ciclos de orden superior. Aquí es importante reconocer que, debido a la estrecha relación entre pensamiento y lenguaje, este proceso de deliberación interna involucrará no sólo al razonamiento sino también al lenguaje y la semántica, y en consecuencia, casi con toda seguridad, a la corteza prefrontal del hemisferio izquierdo.[10]

Hay otras dos razones, relacionadas con el lenguaje, por las que la corteza prefrontal es crítica en el pensamiento deliberado sobre acciones prospectivas: una es el carácter pronosticador de este proceso y otra la naturaleza probabilística de su resultado. Hace falta la corteza prefrontal, con sus cógnitos ejecutivos –pasados y futuros– para realizar evaluaciones probabilísticas de información en curso, así como del futuro resultado de su uso. Hace falta la corteza prefrontal, sobre todo, para integrar información en el eje del tiempo, tanto en el proceso de planificación como en la propia acción (Fuster, 2001).

De todos modos, los conceptos de razonamiento y pensamiento deliberado indican dos facultades mentales que son importantes pero no esenciales en mi presente argumentación: la conciencia y la lógica racional. Es verdad que, muy probablemente, la deliberación interna se lleva a cabo con plena conciencia de casi todas las premisas y conclusiones del pensamiento racional. Sin embargo, es la corteza la que realiza la deliberación consigo misma. No lo hace nuestra conciencia *per se*, ni tampoco nuestro estado de conocimiento consciente, que es

10. Las neuroimágenes funcionales ponen de manifiesto que la corteza prefrontal, en especial la izquierda, resulta muy activada por la recuperación de información semántica (Tulving *et al.*, 1994), esencial para el razonamiento y el lenguaje, y por el razonamiento propiamente dicho (Kroger *et al.*, 2002).

no obstante un subproducto obligatorio de esta deliberación en virtud de la actividad cortical que requiere.

El otro componente de la deliberación que no es esencial para mi razonamiento es la lógica racional. Es verdad que la racionalidad es indispensable para la evaluación objetiva de acciones prospectivas y sus consecuencias. Pero también es verdad que el fruto de nuestra deliberación, lo que se da a la corteza como opción (u opciones), no es sólo el resultado de la lógica totalmente racional y objetiva. Muy probablemente, en cierto modo está sesgado por influencias derivadas del afecto, la emoción y la ética de las cuales no somos conscientes. De todos modos, ni estas influencias ni la ausencia de conciencia plena hacen que la elección de información por parte de la corteza carezca de libertad –es decir, esté exenta de alternativas–, pese a que esta misma elección quizá no esté libre de creencias o prejuicios.

En resumen, antes y durante el ciclo PA hay un continuo bombardeo de información que llega a la corteza desde orígenes internos y externos para ser elegida y evaluada. Parte de la misma es consciente, y parte inconsciente. En todo caso, con respecto a la fuerza sináptica una parte de la información es débil y la otra es fuerte.[11] En un mo-

11. La fuerza de la información está determinada por la fuerza de las conexiones que la definen. En otras palabras, la fuerza de un elemento de información, que desde cualquier fuente interna o externa es accesible para la corteza electora y decisoria, se basa en la fuerza sináptica de la(s) vía(s) en las que esta información se almacena en la corteza y a través de las cuales la corteza tiene acceso a la misma. Esta fuerza puede variar en el tiempo y depende de muchos factores, entre los cuales se cuentan los siguientes: (a) la intensidad y prominencia de la estimulación sensorial, (b) la importancia biológica de esta estimulación, (c) la fuerza del impulso asociado a esta información, (d) la solidez sináptica del cógnito o red cognitiva que representa la información, y (e) la urgencia de la reacción que la información puede requerir del organismo.

mento dado, sólo una porción de la misma atrae y mantiene nuestra atención completa. De cualquier modo, toda la información disponible para el lado perceptual del ciclo PA en un determinado momento estará sujeta a cómputo cortical para sopesar alternativas; es decir, para sopesar fuerzas sinápticas así como para informar al sector de la acción de la corteza –a saber, la corteza prefrontal y las cortezas frontales inferiores–. Este cómputo en el complejo sistema cognitivo de la corteza es no sólo multivariado sino también probabilístico.

Por cómputo «multivariado» entiendo el cómputo de información procedente de muchas fuentes de fuerza variable. Con «probabilístico» aludo a que el cómputo neural de variables múltiples se basa en evaluaciones internas de probabilidades, lo mismo que la información transmitida al sector de la acción. Es útil considerar que, en su conjunto, se trata de un proceso de concurrencia y competencia, en el que, en un vector de outputs de probabilidad, unas variables pesan más que otras.[12] Unas variables son sinérgicas, mientras otras son incompatibles. Algunos elementos de información acaso sean tan fuertes que inclinen la balanza claramente a su favor, al estilo de «todo

12. La pura complejidad del cómputo, y su carácter esencialmente multivariado, vuelven el modelado computacional del proceso prohibitivamente difícil. Hay demasiadas variables imponderables que vuelven el análisis en el cerebro real igualmente difícil. Mi tratamiento del tema con respecto a la libertad quizá sea productivo sólo en la búsqueda de principios neurales, no necesariamente algoritmos cuantitativos; en cualquier caso, los segundos sólo pueden ser no lineales –y sujetos a futuros imponderables–. Al margen de lo que sean estos principios y algoritmos aplicables, han de ajustarse a la lógica bayesiana. Ésta es la rama de la lógica que se aplica a la toma de decisiones y a la deducción de probabilidades de resultados futuros (Jaynes *et al.*, 2003). Utiliza el conocimiento de sucesos anteriores para predecir sucesos futuros; en este sentido, cae dentro del ámbito fisiológico «facilitador» de la corteza prefrontal.

para el ganador», con poder de veto sobre las alternativas. Naturalmente, impactarán con probabilidad proporcional en la elección de acción, que puede ser, por ejemplo, una llamada al número de emergencias, un viaje repentino tras una pérdida familiar o un mensaje de felicitación.

Con independencia de qué ciclo PA esté activo en un momento dado, la corteza tratará el feedback externo derivado de los efectos de la acción en el entorno de la misma manera que tratará los otros inputs. Así pues, este feedback se utilizará para controlar e inspirar nuevas acciones. Los pasos que se den, las medidas correctoras, los cambios e incluso los reveses pueden resultar de feedback interno y externo en el lado perceptual del ciclo. Esto mantendrá la acción en curso hasta que alcance su objetivo.

La libertad tiene un corazón que late al ritmo de los deseos, los miedos, las necesidades biológicas, la familia, los seres queridos, las creencias, la comunidad o la nación. Este corazón es el mundo interno de las emociones. Su base neural está en las partes inferior y media del cerebro. Como pasa con el sustrato de la cognición, el sustrato de las emociones está ampliamente distribuido, sobre todo en regiones subcorticales. Tiene dos componentes principales: la detección y sensación de la emoción, y la emoción propiamente dicha, que, como indica la etimología de la palabra, contiene un elemento «motor». El componente de detección y sensación reside en el cerebro límbico, la corteza prefrontal orbital y los receptores de las terminaciones nerviosas del sistema nervioso autonómico, diseminadas por todas las vísceras y sus conductos. El sustrato cerebral «e-mocional» [en inglés *motional*, viene de *motion*, movimiento] radica en las mismas estructuras, sobre todo en su output o lado de «movimiento» –o sea, su lado de output–, que modula la expresión emocional, el flujo sanguíneo a la piel y otros órganos, amén de los impulsos de origen instintivo (filético): relativos al sexo, la alimentación y la agresividad.

Igual que hay un ciclo PA para la cognición ante todo en la corteza, hay un «ciclo de sensaciones-emociones» ante todo en las estructuras límbicas. Curiosamente, de modo similar a como hemos debatido la causalidad en el ciclo PA, algunos psicólogos del siglo XIX, en particular William James, abordaron la causalidad en el ciclo emocional. Su debate incluía, por ejemplo, la discusión sobre si lloramos porque estamos tristes o estamos tristes porque lloramos. William James (1890) conjeturó que era lo segundo: sugería que todos los sentimientos emocionales se generan debido a la activación de efectores autonómicos y viscerales como reacción ante experiencias emocionales.[13] En tiempos más recientes, Damasio (1996) ha propuesto una hipótesis afín: que los sensores neurales («marcadores somáticos») para las respuestas emocionales residen en ubicaciones límbicas y orbitofrontales del cerebro. A partir de su activación, surgirían sentimientos emocionales así como importantes influencias neurales relacionadas con la toma de decisiones.

A mi juicio, el razonamiento sobre la causalidad emocional es tan discutible como el relativo a la causalidad cognitiva. Ni en el ciclo PA cognitivo ni en el ciclo PA emocional hay un verdadero origen constante: sentir o actuar puede comenzar en un lado u otro del ciclo. Sin embargo, el ciclo emocional es más rápido porque en sus niveles inferiores controla la homeostasis, el estado de cuasi-equilibrio fisiológico del medio interno, donde la acción-reacción y el feedback son inmediatos. Aquí el control corre, en buena medida, a cargo del hipotálamo.

13. El psicólogo danés Carl Lange hizo lo mismo (1887) de manera simultánea e independiente. Por eso, la teoría ha recibido el nombre de «teoría de la emoción James-Lange».

No obstante, en niveles superiores de control emocional los dos ciclos se cruzan. Donde con más claridad se produce la interacción es en la corteza prefrontal, entre sus porciones orbital y lateral. A través de la corteza orbital, los outputs emocionales acceden al ciclo PA en el nivel de la corteza lateral, que modulan; y viceversa, los outputs cognitivos modulan el ciclo emocional. En otras palabras, la emoción está en ambos bucles. La acción recíproca entre unos y otros se traduciría realmente en influencias neurales mutuas en la raíz de la interacción de la emoción y la razón en el ciclo PA. La figura 4.2 representa inputs y outputs corticales y subcorticales del ciclo PA, algunos de los cuales conectan el ciclo cognitivo con el emocional. Esta conectividad tiene profundas repercusiones en la conducta social.

¿Existe algún instinto para la libertad? Es difícil defender esto en el sentido estricto de la palabra «instinto», que da a entender un impulso innato, transmitido genéticamente, del organismo. Es más fácil abogar por un impulso –muy arraigado– hacia la independencia. Tanto la independencia de la acción libre como la independencia de la evitación del daño o la opresión favorecen un entorno o territorio estable y previsible. Donde mejor prospera la libertad es en este entorno. En consecuencia, conviene reflexionar sobre las repercusiones neurales de la estrecha relación entre libertad y territorio.

Los seres humanos, como los animales de muchas otras especies, son sumamente territoriales (Ardrey, 1966; Lorenz, 1963). Los seres humanos también escogen, delimitan y defienden su territorio, a menudo con tenacidad. Algunos convierten la adquisición de territorio vital en el mayor empeño de su vida. Como es lógico, la casa es el territorio vital elemental. Sin embargo, incluso los sin techo son territoriales, pues compiten por espacio público. La protección del territorio propio puede desembocar en toda clase de conflictos, desde disputas vecinales hasta litigios por la titularidad pública de la tierra. Los países entran en guerra para defender sus fronteras o para expandir su territorio. A lo largo de la historia, se han utilizado masas de agua o montañas altas como defensas naturales. Cuando éstas no han bastado, se han construido murallas y castillos.

La libertad y el territorio van de la mano. Defendemos ambos con entusiasmo, a veces con pasión. La explicación de por qué están tan estrechamente relacionados y los protegemos con tanto fervor empieza a verse al considerarlos en términos antropológicos, en el nivel tanto individual como social. Se torna evidente al contemplarlos bajo la luz de nuestro modelo neural de cognición.

De hecho, un territorio vital estable es una condición previa de la máxima libertad de la corteza para seleccionar información y proceder en consecuencia. Utilizo el término «territorio vital» en el sentido existencial más amplio, para incluir la casa, el lugar de trabajo, el mercado y a los otros seres humanos con los que convivimos, trabajamos y tenemos relaciones comerciales: entiendo que son parte integral de nuestro entorno vital. No es exagerado considerar que nuestro cuerpo forma parte de este entorno para la libertad y la propia expresión;[14] de hecho, es la parte de este entorno que protegemos por encima de todo. La libertad se desarrolla cuando la corteza se ocupa de un mundo que es totalmente familiar, previsible y fiable. La «familiaridad», palabra que utilizo para denotar tanto intimidad como conocimiento seguro, es necesaria para que la corteza use más libremente

14. Los miembros de casi todos los cuartetos de cuerda tocan sentados. En una ocasión, Arnold Steinhardt, primer violín del Guarneri Quartet, me explicó que lo hacían sobre todo por deferencia hacia el violoncelista. Pero luego, con la mano en el corazón, me confió que prefería tocar de pie, como cuando era solista, pues el movimiento corporal adicional le daba más libertad de expresión emocional.

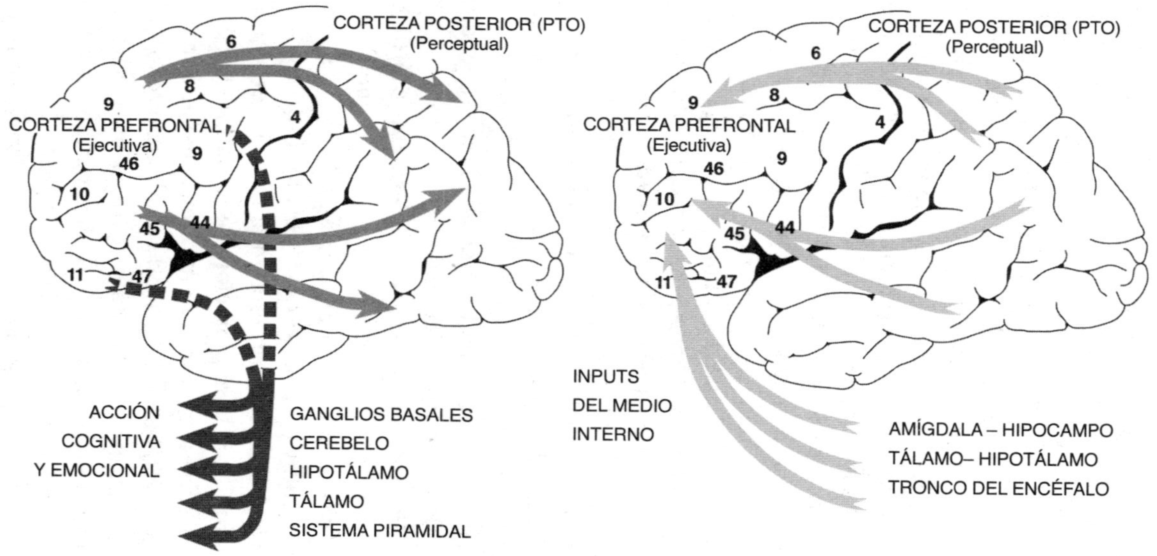

FIGURA 4.2. Inputs y outputs de la corteza prefrontal en lo alto del ciclo PA.

su caudal de conocimientos. Cuando el entorno se vuelve extraño, imprevisible o poco fiable, nuestra libertad se ve amenazada porque los cógnitos preestablecidos no consiguen ajustarse a ese entorno. La incertidumbre sobre el espacio «existencial» llega a ser una limitación de la libertad mientras persista. Sólo con el tiempo, y mediante repetidas pruebas, podrán la nueva casa, el nuevo jefe o el nuevo bróker ser admitidos en nuestro territorio vital. Si aumenta la confianza, crece la libertad a medida que ese territorio se vuelve estable y previsible.

Nuestra corteza debe ser libre no sólo para trasladarse a un territorio familiar, sino también para protegerlo de los intrusos. El «imperativo territorial» incluye la defensa de nuestro territorio vital. Esto también protege nuestra libertad, al igual que el intruso, sea animado o inanimado, también restringe nuestra libertad para actuar en un entorno familiar, sin trabas. De ahí que, si hace falta, el ciclo PA, normalmente en sintonía con ese entorno, deba prepararse para defenderlo de los intrusos. Esto requiere movilizar recursos cognitivos para expulsar al intruso o para adaptarse a él, nuevamente mediante repetidas pruebas y a la vez continuo feedback.

Nada de esto contradice el hecho incontrovertible de que la libertad también puede prosperar mediante expansión del territorio conocido, sobre todo si la expansión se produce hacia lo desconocido. En efecto, la expansión de este territorio está en la base del descubrimiento científico y la exploración de la naturaleza. Sin embargo, obsérvese que ambos suponen la expansión del conocimiento establecido haciendo precisamente lo que hace la percepción todo el tiempo de forma inconsciente: demostrar y refutar suposiciones –es decir, cógnitos viejos y nuevos–. Además, a menos que el progreso y la exploración requieran un cambio radical de paradigma, avanzan a lo largo de parámetros establecidos. En cualquier caso, nadie puede cuestionar la territorialidad física o intelectual del científico o del explorador. Delimita y defiende su territorio con la misma pasión con que todos delimitamos y defendemos la casa, la familia y las posesiones. Sostengo que, en todos los casos, al reivindicar el territorio estamos reivindicando la libertad propia y la de los seres queridos. En esencia, lo hacemos –dentro del ciclo PA– protegiendo y/o ampliando nuestros recursos cognitivos, el inmenso universo de redes corticales cognitivas que hemos acumulado a lo largo de la vida. Lo hacemos, como razono en el capítulo siguiente, proporcionando conocimiento a la vez que libertad con una perspectiva futura.

Es posible seguir la conexión de la libertad y la territorialidad a través de la historia humana. Esta conexión impregna la historia de los países y es uno de los fundamentos del patriotismo. Estadistas de toda clase han explotado el anhelo humano de libertad para racionalizar la defensa o expansión territorial. Por desgracia, a veces la libertad de un pueblo conlleva el cautiverio de otro. Casi inevitablemente, la expansión del territorio vital de un país (*Lebensraum*) ha desembocado en la invasión de otros. En algunos casos, el territorio de un país entero (por ejemplo, Polonia en la Segunda Guerra Mundial) se ha desplazado o reducido geográficamente debido a las ambiciones territoriales de imperios totalitarios vecinos. Justificándose en algún tipo de filosofía populista, ciertos tiranos demagogos han conducido a sus países a enormes farsas territoriales y tragedias humanas, a menudo con la pretensión de proteger el territorio y la libertad. No es difícil imaginar la «corteza colectiva» de un pueblo manipulada por la demagogia, que es el lenguaje de la emoción, hacia un ciclo PA gigante que favorece su libertad a costa de la opresión o la esclavización de otro pueblo.

En cualquier caso, es innegable que, para proteger la libertad del individuo, hace falta proteger el territorio y la libertad social. En realidad, la democracia se fundamenta en un ciclo PA que, para garantizar la libertad de todos, engloba a la gente, los legisladores y las urnas.

Libertad en el ciclo

Todos experimentamos situaciones en las que tenemos pocas opciones o ninguna. De hecho, en estas situaciones acaso nos veamos obligados a decidirnos por la única opción, lo que puede ser una cuestión de vida o muerte. Pero, si exceptuamos el peligro inminente o la servidumbre total, en las sociedades civilizadas solemos disfrutar de libertad para elegir entre alternativas. La libertad tiene límites, por supuesto, y uno de los principales es la necesidad de tomar decisiones responsables. Sea como fuere, nuestra libertad, por relativa que sea, es muy real. La pregunta es: ¿quién es el yo libre? En este asunto, he defendido la idea de que el yo libre es la corteza cerebral. Ahora bien, tras nuestro análisis del ciclo PA, hemos de pulir esta definición.

Ortega y Gasset (1961) afirma que estamos intrincadamente ligados al mundo en el que vivimos. En su libro *Meditaciones del Quijote*, señala que somos hijos de nuestra época y nuestra cultura («Yo soy yo y mi circunstancia»); que nuestras decisiones están, en gran medida, determinadas por lo que nos rodea o, para ser más exactos, por la comunión íntima con nuestro mundo y el mundo de los demás.[15] El determinismo de la mente y sus innumerables expresiones se disuelve en las incertidumbres, la variabilidad y la reciprocidad continua del ciclo PA en el núcleo de esta comunión.

15. Marías, 1970. En el mismo libro, como si imaginara el papel de la corteza prefrontal en esta relación, en 1914 Ortega señaló que «el futuro que nos espera no es cualquier futuro, sino *nuestro* futuro» (la cursiva es mía).

Aquí, trasladando el razonamiento de Ortega al cerebro, la corteza no puede disociarse de su medio, interno y externo. Las decisiones tomadas por la corteza están completamente incrustadas en el ciclo PA y pueden afectar a cualquiera de sus partes. Así, de manera consciente o inconsciente, escogemos nuestros principios y recuerdos orientadores, nuestro escenario de actuación y nuestros medios de expresión, los amigos y parejas, los fines y recompensas. En este escenario, no necesitamos la idea utilitarista de una «sustancia» controladora y autónoma situada en algún lugar del cerebro o fuera del mismo, un centro de libre albedrío que elabore planes y tome decisiones por nosotros. Para hacer estas cosas disponemos de una corteza cerebral con enormes recursos en su seno, casi siempre preparada y capaz de interaccionar con su entorno para obtener beneficios que el organismo comparte con dicho entorno. Aquí, en armónica comunión con la naturaleza y «el otro», lo ideal sería que no hubiera lugar para el egoísmo, la envidia o la codicia. Pero no estamos en un mundo ideal, y éstas son cuestiones morales que deberemos abordar, en el contexto del cerebro, en otro capítulo (7).

En la iniciación de la conducta hacia un objetivo, y también en el transcurso de la misma, los estímulos procedentes del entorno interno y externo se procesan –en serie o en paralelo– a través de las fases cognitivas de la corteza posterior, que contiene memoria y conocimiento perceptual en sus redes. El output de cada fase es enviado hacia arriba para su procesamiento cognitivo ininterrumpido y, en algún momento, a la jerarquía ejecutiva para que se procese la acción apropiada. Esta acción provoca en el entorno cambios que generan nuevo input sensorial, que a su vez será procesado para inspirar nuevas acciones. Y así sucesivamente hasta la consecución del fin u objetivo de la conducta. En cada fase del procesamiento

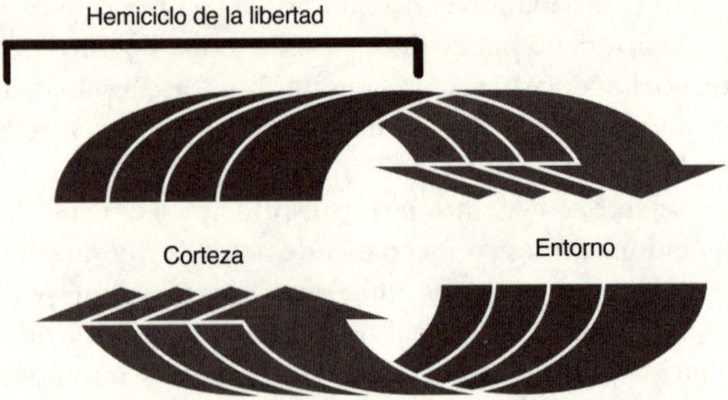

FIGURA 4.3. El hemiciclo de la libertad. Las decisiones se toman en el compartimento cortical (bajo el corchete) del ciclo PA. En la corteza perceptual, las decisiones se toman entre alternativas de información experiencial (memoria y conocimiento). En la corteza ejecutiva, las decisiones se toman entre alternativas de acción.

hay un feedback (flechas en sentido contrario de las agujas del reloj, en la figura 4.1) que atiende al control correctivo y al procesamiento futuro. ¿Dónde queda la libertad en este esquema de cosas?

Un ciclo PA puede iniciarse en cualquier sitio: en el entorno interno o externo, en la región posterior –perceptual– de la corteza, o en su región frontal –la de la acción–. La libertad, esto es, la capacidad de la corteza para optar entre alternativas, tiene su sede en ambas regiones, la posterior y la frontal, pues es en ellas donde la propia corteza toma sus decisiones perceptuales y ejecutivas al principio del ciclo y en cada uno de sus giros. Por consiguiente, está justificado denominar *hemiciclo de la libertad* al conjunto de ambas cortezas (figura 4.3).

Si la conducta es automática o ha sido muy repetida, el procesamiento puede ser desviado a niveles inferiores del sistema nervioso y no tiene por qué estorbar a la corteza superior. No obstante, si la conducta es nueva y compleja, con ambigüedades e incertidumbres, la corteza de asociación superior (PTO y corteza prefrontal) debe implicarse en el procesamiento. Esta corteza se vuelve fundamental cuando la conducta es discontinua, y se requiere memoria de trabajo para integrar la conducta a través de intervalos temporales. Ciertas conexiones recurrentes entre la corteza prefrontal y la posterior, en lo alto del ciclo, median en la resonancia de sus redes para retener la memoria de trabajo online, lista para ser utilizada (Fuster, 2008; Fuster y Bressler, 2012).

La conducta compleja, con objetivo, puede movilizar varios ciclos PA en la corteza, sea de forma simultánea o secuencial, toda vez que esa conducta acaso contenga un cierto número de objetivos intermedios. Además, algunas conductas pueden verse interrumpidas por períodos largos –de días, semanas, etcétera–. En estas circunstancias, en la búsqueda del fin supremo, los cógnitos pertinentes quizá tengan que reactivarse tras períodos más largos que los conectados habitualmente por la memoria de trabajo en la conducta normal.

Repitámoslo: si la acción puede iniciarse en cualquier punto del ciclo, no hace falta que en el cerebro haya ninguna entidad a modo de «centro de la voluntad» o «ejecutivo central». Un episodio ambiental o la activación de los sectores perceptuales o ejecutivos de la corteza por parte de cualquiera de sus inputs bastarán para desencadenar en la corteza un ciclo o una cadena de ciclos. El input crítico puede venir de dentro, en forma de cógnito perceptual o cognitivo activado, impulso biológico o emoción repentina.

El escéptico dirá que no somos realmente libres, habida cuenta de que estamos encadenados al ciclo y somos incapaces de hacer nada *motu proprio*. He ahí mi réplica: ¿quiénes somos «nosotros» sino nuestro cerebro, cubierto por un manto de conocimiento e impulsado por innumerables móviles, desde lo biológico a lo sublime? Como tal, el cerebro es libre de elegir y actuar, lógicamente dentro de las limitaciones del propio sistema nervioso y el mundo en el que vivimos. Nuestras decisiones y acciones, sean conscientes o no, están inspiradas por mucho más conocimiento del que somos conscientemente conscientes. Si no hay enfermedad o coacción, la corteza selecciona en cada momento entre innumerables opciones. Casi siempre sin ser consciente de ello, estima prioridades y probabilidades. Digo «estima», no «calcula», pues en este contexto cualquier cálculo ha de basarse en estimaciones de probabilidad.

En todo caso, no podemos separar la libertad de la sociedad formada por el cerebro y el entorno, incluyendo en el segundo el medio interno. Somos libres en tanto que el ciclo PA, que nos une al entorno, puede conducirnos, mediante elección entre alternativas, a probabilidades altas de éxito y probabilidades bajas de fracaso. En cada paso del ciclo, en un proceso continuo de elección y evaluación, «todo es para el ganador», y eso prosigue hasta haber alcanzado el objetivo, que quizá sea uno pequeño en el camino de la consecución de otro mayor.

Ahora quiero volver a recalcar un aspecto general de la neurobiología de la libertad que acaso sea el más importante de este libro. La libertad –es decir, nuestra capacidad para elegir, pensar, planear, decidir, hacer, deshacer, no hacer– se basa exclusivamente en la implicación de la corteza cerebral en el ciclo PA. Nuestro ejercicio de la libertad no deriva de la agencia de un yo consciente, por interpretado que sea, ni de ningún misterioso centro cerebral del libre albedrío. El conocimiento consciente, como el que acompaña siempre a la deliberación, al razonamiento lógico y a las decisiones difíciles, es un epifenómeno de una muy activada corteza implicada en el ciclo PA.

Considerar que la conciencia y el pensamiento deliberado son epifenómenos de la actividad cortical es difícil de aceptar para cualquiera que tome en consideración las nociones dualistas de la mente. ¡Es como poner el carro delante de los caballos! Sin embargo, es perfectamente defendible si identificamos la corteza con la mente y la colocamos en lo más alto del ciclo PA. La corteza contiene todos los datos, la sabiduría y los valores que precisa para mediar satisfactoriamente en la conducta con objetivo, el lenguaje y el razonamiento. Antes de tomar una decisión, la corteza, para crear pensamiento deliberado, sólo necesita el entorno cognitivo interno, la «circunstancia» de Ortega, actualizada por los sentidos si hace falta.

No obstante, hay diferencias críticas en la manera en que la corteza cerebral utiliza sus recursos cognitivos, incluido el pensamiento, en función de dónde y cuándo se moviliza el ciclo PA para tomar una decisión. Si el ciclo resulta movilizado por un episodio externo, sobre todo si es inesperado, la corteza suele implicarse en lo que Kahneman (2011) denomina «pensamiento sistema 1», caracterizado por la intuición, la emocionalidad y el razonamiento superficial. Como es obvio, en casos así los cógnitos dominantes con acceso al ciclo PA cortical proceden del ciclo emocional o del inconsciente. Entonces, el miedo, el prejuicio y el razonamiento precipitado toman ventaja con facilidad. En cambio, el pensamiento sistema 2 se caracteriza por la lógica deductiva e inductiva metódicas. A continuación, los cógnitos neocorticales intervienen con fuerza en el ciclo PA, y toman ventaja las funciones ejecutivas de la corteza prefrontal lateral. Esto no significa que esta corteza sea inaccesible para las tendencias intuitivas o emocionales. De hecho, estas tendencias, de forma más o menos sutil, pueden conducir a errores de juicio incluso bajo la protección del sistema 2. Sin embargo, en circunstancias favorables –esto es, en el individuo culto, sensato y diestro–, el sistema 2 prevalece, y el sistema 1 está, por lo general, bajo el control inhibitorio de la corteza prefrontal orbital.

Al concluir esta sección, me gustaría volver sobre las cuestiones principales. ¿Dónde está la libertad en el ciclo? La respuesta es *en todas partes*. Igual que los constituyentes corticales del ciclo se organizan a sí mismos en las interacciones circulares del organismo con su entorno, el ejercicio de la acción libre se organiza a sí mismo dentro de los cógnitos que constituyen los componentes corticales del ciclo. Así, la causalidad «arriba-abajo» de la acción (Juarrero, 1999; Murphy y Brown, 2007; Noë, 2004) será compleja e incluirá redes ejecutivas (cógnitos) del lóbulo frontal. De todos modos, estas redes forman parte del ciclo, debido a lo cual están bajo las influencias de otras fuentes corticales y subcorticales.

Por consiguiente, el «ejecutivo central», amén de los hipotéticos centros de la volición, el libre albedrío o el conato, desaparece en un repartido conglomerado de causas potenciales de acción que incluye el entorno y prácticamente cualquier parte del cerebro. Esto no nos vuelve menos libres, sino más, en la medida en que distribuye las causas de la acción en muchísimas fuentes, entre ellas los imponderables del entorno, las peculiaridades de nuestra historia personal o las idiosincrasias del carácter. Muchas de estas fuentes ofrecen opciones a la corteza, pero otras no.

Las recompensas de la libertad

El objetivo de cada ciclo PA es lograr una recompensa. Aquí hemos de entender la recompensa en un sentido amplio: incluye la satisfacción de una necesidad biológica, de placer, o la adquisición de algo valioso de cualquier manera mensurable. La recompensa también puede ser la consecución de un objetivo menor camino de otro más importante; es decir, un objetivo secundario a través de un pequeño ciclo en una escala temporal corta hacia un objetivo importante a través de un ciclo mayor en una escala temporal más larga. Así pues, existen objetivos dentro de objetivos, recompensas dentro de recompensas, y ciclos dentro de ciclos. En la corteza cerebral, los ciclos pueden ser procesados en serie, un ciclo cada vez, y también en paralelo, varios ciclos a la vez mediante circuitos neurales paralelos.

La libertad supone la capacidad del organismo para elegir y llevar a cabo ciclos PA a buen término. Casi todas las instituciones que confieren libertad, como la educación pública, la protección de los derechos civiles, la asistencia sanitaria o los mercados libres, tienen la intención de promover la paz, la esperanza y los ciclos personales de recompensa. La experiencia de la libertad es en sí misma gratificante, como gratificantes son las consecuencias de su ejercicio tanto en la vida privada como en la pública. La libertad permite la satisfacción de necesidades biológicas, la crianza de los hijos, los logros artísticos y científicos, el servicio público meritorio, la excelencia deportiva, la adquisición de salud, la filantropía, la práctica de una profesión liberal y muchas otras formas de actividad compensadora. La lista es prácticamente interminable, sobre todo si tenemos en cuenta la variación cultural.[16]

16. No obstante, el psicólogo Steven Reiss (2000), basándose en un estudio de más de 6,000 personas, llega a la conclusión de que todas las conductas humanas están impulsadas por 16 deseos básicos, con matices e intensidades variables entre los individuos: aceptación, curiosidad, alimento, familia, honor, idealismo, independencia, orden, actividad física, poder, amor romántico, ahorro, contacto social, estatus, tranquilidad y venganza.

¿Existe una neurociencia de la recompensa? Pues sí, aunque todavía contiene muchas incógnitas. Hace más de 50 años, el psicólogo James Olds descubrió un fenómeno curioso (Olds y Milner, 1954): cuando las ratas tenían libertad para estimular ciertas ubicaciones de su cerebro mediante electrodos implantados –cerrando manualmente un interruptor–, lo hacían durante horas sin parar, hasta acabar exhaustas o incluso muertas. Al parecer, la experiencia resultaba para los animales de lo más gratificante. De este modo, se identificó una amplia región sensible a la autoestimulación («centro del placer») en la base del cerebro, que constaba de partes del hipotálamo, del tronco del encéfalo y del sistema límbico.

Posteriormente, varios estudios neurofarmacológicos permitieron descubrir que en el centro o región del placer había gran abundancia de ciertas sustancias químicas, con origen en el tronco del encéfalo, implicadas en la modulación de la neurotransmisión, en particular la dopamina (Siegel *et al.*, 1999). Hay varias clases de receptores y transmisores dopaminérgicos. Los implicados en el placer se concentran en las células, las fibras y las conexiones repartidas por diversas partes del tronco del encéfalo superior, las formaciones límbicas y la corteza prefrontal orbital. En el mono, las neuronas de este sistema, sobre todo de la corteza orbital, se excitan notablemente cuando el animal accede a la recompensa en forma de comida. Algunas de las neuronas diferencian entre unos alimentos y otros y responden a éstos en proporción a la concentración o cantidad en que están disponibles. En general, el sistema parece dedicado a la evaluación de recompensas externas –amén de agentes aversivos–. La amígdala es una parte de este sistema. En los primates, seres humanos incluidos, ciertos núcleos de esta estructura límbica están involucrados en la evaluación emocional –apetitiva o aversiva– de estímulos sensoriales externos.[17]

Dentro de este sistema de recompensas hay un subsistema de estructuras del tronco del encéfalo ubicadas en el centro que detectan o señalan recompensas o aspectos afines y en las que abundan especialmente receptores y terminales dopaminérgicos. Estas regiones forman el *sistema mesolímbico*, que recoge influencias dopaminérgicas del tronco del encéfalo y otras partes, que proyecta hacia delante, a la corteza (Berridge, 2007; Siegel, 1999). Este sistema mesolímbico de conexiones y neuronas dopaminérgicas se canaliza hacia la corteza prefrontal, desde la cual se dispersa en extendidas regiones corticales, una profusión de señales nerviosas relacionadas con el placer, la valoración de recompensas, los alicientes, la importancia emocional de los estímulos sensoriales, el resultado de las decisiones y la evaluación de riesgos; en resumen, llegan a la corteza prefrontal orbital y medial todas las señales relacionadas de un modo u otro con la recompensa. Debido a la convergencia anatómica unificadora que ahí se produce, este subsistema de núcleo cerebral recibe oportunamente el nombre de «eje de la recompensa» (figura 4.4). El sistema en su totalidad es un componente integral del ciclo PA emocional.

La corteza prefrontal orbital ocupa claramente una posición central en el sistema de recompensas. Su aparente papel en la evaluación de recompensas está relacionado con sus funciones en el control de las emociones y los impulsos instintivos. A este fin, el control inhibitorio de la corteza orbitofrontal corresponde a ciertas estructuras límbicas, como el hipotálamo, y los ganglios basales (Ghashghaei y Barbas, 2002; Roberts *et al.*, 1992).

17. Por ejemplo, si a un mono o a un individuo humano se les enseñan imágenes de caras que muestran emociones, en la amígdala es posible identificar neuronas que responden a las caras de acuerdo con la emoción que expresan (Gothard *et al.*, 2007; Rutishauser *et al.*, 2011).

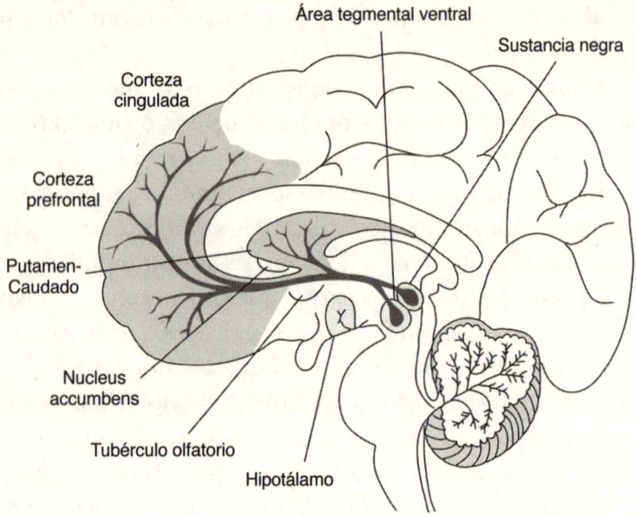

FIGURA 4.4. «Eje de la recompensa» de la dopamina en el cerebro de los primates.

El ciclo PA cortical recoge, a través de la corteza orbital, una gran cantidad de inputs emocionales y viscerales procedentes del cerebro límbico y de receptores autonómicos (los «marcadores somáticos» de Damasio, 1996). Estos inputs dirigen el ciclo hacia la búsqueda de objetivos emocionales básicos plenamente de acuerdo con la homeostasis. Aquí podemos incluir los objetivos sociales, en la medida en que protegen una forma de homeostasis o adaptación social colectiva.

En consecuencia, la patología de la corteza prefrontal orbital da lugar a conducta buscadora de placer centrada en el yo y a mala adaptación social, de tal modo que a menudo se llega al descarado desprecio de las normas sociales (capítulo 7). La conducta del paciente con patología orbitofrontal suele caracterizarse por estado de ánimo exaltado, egoísmo, impulsividad y propensión al riesgo, lo que a veces conduce al delito. Por lo general, esta conducta parece desinhibida, y con frecuencia adopta forma de hiperactividad, erotismo, hiperfagia (comer demasiado) y ausencia total de criterios éticos. En un momento u otro, éstas han sido razones para suponer que la corteza prefrontal orbital es la sede del sentido moral. No obstante, las pruebas de esta deducción no son definitivas.

Como el síndrome orbitofrontal suele ir acompañado de desinhibición, hiperactividad y trastornos de atención, se ha sospechado que ciertos niños hiperactivos con trastornos de atención sufren una maduración rezagada de la corteza prefrontal orbital (Barkley, 1997; Fuster, 2008). Esta idea se ve respaldada por la evidencia de que muchos de estos niños, cuando se hacen mayores, dejan atrás su conducta trastornada. Por lo visto, esto ocurre porque su corteza prefrontal madura despacio a lo largo de la adolescencia hasta el final de la tercera década de vida (capítulo 2).

Resumiendo, la impulsividad, la asunción de riesgos y la dificultad para aplazar las gratificaciones son rasgos que suelen ir de la mano en el síndrome orbitofrontal y son habituales en individuos con conducta psicopática y, en algunos casos, delincuente. Muchos de estos individuos son propensos a las apuestas, que son una forma de adicción a la asunción de riesgos para conseguir recompensas rápidas y fáciles. En el campo de las finanzas, otros hacen casi lo mismo, pero, ay, a menudo con el dinero de otro.

La adicción a las drogas es el ejemplo más claro de libertad ejercida sin sentido poniendo la vida en peligro. Pues la drogadicción equivale a añadir un nuevo impulso al organismo, tan irresistible como cualquier otro, pero mucho más destructivo que ninguno. A medida que en el adicto aumenta la dependencia, desaparecen los ciclos PA que guían la conducta normal. Al mismo tiempo, el ciclo de adicción a la droga se limita cada vez más a sí mismo, y la conducta de búsqueda de la droga excluye todas las demás. Esta conducta acaba asociada a estímulos sensoriales concomitantes en la creación de cógnitos nuevos, los cuales incluyen la droga. De este modo, mediante el mecanismo de recuperación asociativa, estos estímulos desencadenan por sí solos una irresistible conducta de búsqueda de la droga: un ciclo PA patológico impulsado por feedback positivo.

En la actualidad conocemos varias estructuras cerebrales cuya actividad resulta alterada por el consumo de drogas (Everitt y Robbins, 2005). Estas estructuras son prácticamente idénticas a las que producen autoestimulación; en otras palabras, forman parte del presunto «centro del placer», esto es, el «eje de la recompensa» y otras estructuras conectadas con él. Casi siempre incluyen la corteza prefrontal orbital. También casi siempre, la droga adictiva –la que sea, desde el alcohol a la cocaína– da origen a una mayor concentración de dopamina en dichas estructuras, de forma directa o a través de la sobreproducción intermedia de otros neurotransmisores que estimulan su fabricación. Además, dejar un tiempo la droga provoca un déficit dopaminérgico, lo cual a su vez da lugar a un ansia incontrolable para reabastecerse. Esto, a su vez, en presencia de desinhibición derivada de una corteza prefrontal orbital enferma, suele conducir al crimen a fin de satisfacer la urgencia. Es un ciclo PA devorador que limita muchísimo la libertad del paciente y, en cierta medida, limita también la de la sociedad que lo rodea. Es dificilísimo romper este ciclo PA vicioso sin tratamiento.

Neuroeconomía: dinero

Recompensa y castigo, valor, asunción de riesgos, satisfacción inmediata frente a satisfacción demorada: he aquí algunas de las variables críticas de la conducta que la ciencia moderna de la neuroeconomía relaciona con la función cerebral. Más que nada, esta ciencia intenta tratar estas variables de forma paramétrica, es decir, mediante medición y manipulación metódicas. Un objetivo común es calcular los cambios en función de alteraciones en estructuras neurales como la corteza prefrontal orbital. Se han diseñado algunos tests conductuales, como la Tarea de Apuestas de Iowa, para evaluar cómo un individuo sopesa el riesgo y el éxito prospectivos.[18] Los sujetos con una corteza orbital dañada o deficiente, que por regla general son desinhibidos y propensos a asumir riesgos, prefieren una recompensa rápida, con gran peligro de perder, a una recompensa demorada, mayor y más probable. Esta tendencia, que nos recuerda la preferencia por invertir en acciones y no en bonos, nos lleva a analizar una recompensa valorada universalmente: el dinero.

El dinero compra un cierto grado de libertad, y la libertad una cierta cantidad de dinero. El valor del dinero radica en su poder adquisitivo como medio de intercambio. Ahí también reside su potencial para aumentar las opciones y la seguridad. En nuestra vida activa, productiva, muchos de los ciclos PA en los que nos hallamos implicados están pensados para ganar dinero además de obtener satisfacción de la profesión o los negocios: dinero en forma de salario, compensación o recuperación de la inversión. Todos los ciclos que conducen a una recompensa monetaria esperada reciben información de las experiencias vitales, la educación y las consultas con expertos y compañeros; en otras palabras, son informados

18. Un test típico de la tarea de apuestas se lleva a cabo pidiendo al individuo que escoja cartas de cuatro barajas. Tomar una carta de dos de las barajas supone grandes ganancias potenciales, aunque también importantes pérdidas, mientras que tomar de las otras dos supone lo contrario: pocas ganancias pero también pocas pérdidas (Bechara *et al.*, 2000).

por nuestro historial cognitivo y emocional así como por las personas que han entrado en dicho historial. También son informados por variables públicas que afectan al mercado de trabajo, como la inflación, los impuestos, el valor de la moneda o el precio de las materias primas.

En la esfera pública de la civilización occidental, existen dos filosofías opuestas con respecto a la relación libertad-dinero. Una es la conocida como libertarismo, basada en la idea de que el dinero y la propiedad privada son connaturales a la libertad individual y han de ser protegidos por el bien de todos, pues se cree que el estímulo es la mejor fuente de bien común. El gobierno y los impuestos han de ser mínimos.

La otra filosofía es la del bienestar social, según la cual mientras la libertad individual quizá sea la mejor fuente de prosperidad económica, no puede ni debe ser protegida a expensas de las necesidades de la sociedad. Si ocurre eso, por lo general el interés público sufre debido a la codicia y la negligencia de unos cuantos. Los impuestos han de ser progresivos, para, al menos, ayudar a la mayoría a salir de la necesidad.

Los conflictos entre estas dos filosofías, en esencia entre las libertades económicas privada y social, son una característica común del debate público en todas las democracias, y en América desde las discusiones entre Thomas Jefferson y Alexander Hamilton.[19] En la América moderna, se ha desarrollado gradualmente un acomodo mutuo de ambas filosofías económicas. Con todo, es interesante señalar que la palabra «liberal» ha acabado teniendo un

19. El debate se extendía a los poderes relativos del gobierno federal frente al de los estados, con los federalistas de Hamilton defendiendo los derechos del primero y los antifederalistas de Jefferson apoyando los derechos de los estados (*The Annals of America*, 1886-1888 [*Encyclopaedia Britannica*, vol. III], Ed. M.J. Adler, University of Chicago Press, 1968, pp. 53-213).

significado radicalmente distinto para los partidarios de una filosofía y los de la otra.

En épocas de crisis, aumenta la intensidad del debate sobre cuestiones de dinero público frente a dinero privado. En esta área, los conflictos adquieren especial gravedad si no conllevan tanto dinero de y para la producción de bienes como dinero de y para financiar la adquisición o posesión de activos no productivos, como bienes inmuebles u oro. En este caso, los mercados se tambalean y reaccionan de manera desproporcionada, y sus ciclos PA colectivos son impulsados por feedbacks positivos derivados del miedo y la ansiedad. Más en concreto, en cualquier crisis económica la víctima más grave no es la posesión de dinero para cualquier fin, sino uno de los promotores más valiosos del progreso social –de hecho, el bien público más importante–: la confianza. Abordamos el tema más adelante, en el capítulo 7, pero debido a su importancia para el dinero, quiero hacer aquí un breve comentario.

La confianza consiste en contar con que alguien va a salvaguardar nuestros intereses. Todo comienza con la confianza del bebé en su madre, que tiene raíces indudablemente evolutivas. La confianza es el baluarte de la responsabilidad, que es el complemento inalienable de la libertad. El éxito de cualquier asociación humana en la búsqueda de una recompensa colectiva se basa mucho en la confianza mutua. Esto se cumple en todos los grupos sociales, desde la familia hasta la congregación religiosa, pasando por el equipo deportivo, la empresa comercial, la comunidad científica o los representantes electos. La confianza enlaza intereses comunes y expectativas. La confianza respalda todos los valores comunes, incluido el valor de la moneda. Sin confianza, ningún negocio carece de contratiempos y ninguna relación humana gratificante es sostenible. Lo más perjudicial para el progreso de un país es la violación de la confianza pública por parte de los políticos.

Si la confianza pública está sólidamente instaurada, las dos filosofías socioeconómicas –el capitalismo liberal y la democracia del estado del bienestar– son valiosas en la búsqueda del bien común. No obstante, las dos deben estar adecuadamente equilibradas para que prevalezcan la libertad y la justicia. Si no se alcanza este equilibrio, se produce un conflicto entre libertades privadas y públicas. El conflicto se evidencia en su grado máximo cuando existen asincronías entre ciclos PA. Las opciones y decisiones personales no se ajustan con facilidad a las vicisitudes de los ciclos económicos. Ante un futuro económico imprevisible, no se pueden tomar decisiones privadas a largo plazo, como las concernientes a la carrera, la familia, la educación, los proyectos de investigación o las iniciativas empresariales. En pocas palabras, el ciclo PA personal no siempre es capaz de adaptarse al ciclo económico o al ciclo del presupuesto gubernamental... ¡no digamos ya al ciclo de las elecciones! De todos modos, la libertad para planear el futuro propio es un sello distintivo de la evolución humana, al igual que el lenguaje. Una y otro se basan en las propiedades predictivas de la corteza prefrontal. Nos ocuparemos de eso en los dos próximos capítulos.

A continuación vamos a abordar un valor humano que tiene mucho que ver con nuestra libertad y cuya ausencia restringe mucho esta libertad: la capacidad para retrasar la gratificación. Lo contrario de esta capacidad es la devaluación de una recompensa al tener que esperarla. La magnitud de esta devaluación se denomina «descuento por demora». Así pues, el descuento por demora es la pérdida de valor o utilidad de una recompensa si ésta ha de producirse en el futuro (Ainslie, 2001). Como veremos en el capítulo 7, el excesivo descuento por demora del valor de la recompensa monetaria esperada es ruinoso para la economía tanto privada como pública, sobre todo cuando este descuento llega a formar parte de la cultura.

El animal busca presas, comida o parejas sexuales por la ruta más directa en el menor tiempo posible. Sin duda, para el zorro merodeador, la hormiga recolectora y el ave migratoria hay rodeos y retrasos en su camino, si bien éstos se deben a obstáculos físicos o fuerzas de la naturaleza. Para satisfacer un impulso básico, rara vez escogerá el animal una estrategia distinta de la que le ha resultado más conveniente. Incluso *Sultán*, el mono, tras aprender cómo alcanzar un plátano situado a cierta altura, no se desvió de su estrategia de resolución de problemas, que consistía en amontonar cajas y subirse a ellas para conseguir su propósito (Köhler, 1925).

Ante varias alternativas, los animales optarán por la más gratificante, aunque la elección puede ser difícil e imprevisible cuando los objetos a escoger tienen más de un atributo beneficioso: la cantidad y la calidad, por ejemplo. Para un mono, una gota de zumo de uva quizá sea más gratificante que dos –pero no cuatro– de zumo de manzana. La combinación más satisfactoria de atributos confiere a un objeto su utilidad o valor máximo, y con ello su máxima idoneidad.

El niño pequeño, como el animal, escogerá el objeto del máximo valor *inmediato*, con independencia de la combinación de atributos que posea dicho objeto. De hecho, existe un atributo de una recompensa que separa claramente la opción del ser humano adulto y la del animal y el niño: el momento en que se produce la recompensa. Ni al animal ni al niño les resulta fácil esperar. En cambio, el ser humano adulto está dispuesto a esperar si, de un modo u otro, la futura recompensa justifica la espera.

Por lo general, todo el mundo espera un beneficio oportuno de cualquier decisión. No obstante, cuando nos planteamos el riesgo y la incertidumbre con respecto a las potenciales ganancias y pérdidas futuras derivadas de esa decisión, la denominada opción intertemporal llega a ser especialmente crítica y a estar sujeta al descuento por demora. En el momento de la decisión, ese valor o utilidad se descuenta de la cantidad de tiempo que debe pasar antes de la esperada consecución de la recompensa.[20]

Sin embargo, en la mayoría de los casos el valor de una recompensa determinada está sujeto a múltiples y muy diversos imponderables, desde variables fisiológicas, como el nivel de glucosa en la sangre, hasta principios morales. En otras palabras, la utilidad primordial de una recompensa esperada depende de factores tan diversos y personales que se pone en entredicho cualquier formulación algorítmica. En todo caso, sean cuales sean los factores en juego en cualquier decisión sobre una recompensa futura, uno de ellos es el descuento por demora, que tiene una gran influencia en el ciclo PA conducente a dicha recompensa.

Nuestra vida es una serie de ciclos PA intercalados y organizados jerárquica y temporalmente en la búsqueda de un escalafón de objetivos: los inferiores están al servicio de los superiores, mientras todos son valorados en proporción a su nivel jerárquico en el momento de alcanzarlos. En consecuencia, el valor de cada ciclo se basa en lo bien que se adapta al superior a cuyo servicio está en la jerarquía. Como los objetivos superiores y más tardíos llevan casi todo el descuento por demora, exigen del agente más paciencia y constancia que los inferiores y más cercanos. Por lo general, es razonable suponer que la utilidad de un objetivo tiende a contrarrestar su descuento por demora. Así pues, por ejemplo, el valor de obtener una licencia profesional

20. Este descuento obedece a un modelo conductual matemático basado en el hecho demostrable de que los seres humanos descuentan el valor de una recompensa futura mediante un factor que aumenta con la cantidad de tiempo necesario para conseguirla y disminuye con el valor o utilidad de la recompensa esperada.

contrarresta el descuento por demora de todos los ciclos PA que conducen ahí. En un nivel personal, lo que justifica la espera es el valor del objetivo primordial del ciclo en su conjunto, con independencia de cuál sea.

A la inversa, la falta de motivación del agente para buscar un objetivo subordinado dado hará que su ciclo PA claudique ante un fuerte descuento por demora en perjuicio del ciclo superior a cuyo servicio está. Por ejemplo, llegar repetidamente tarde al trabajo hará peligrar, a la larga, el ciclo superior del empleo, el cual está pensado para obtener compensación económica en forma de salario al final de cada mes.

Debido a su papel en la toma de decisiones, la planificación, la priorización de objetivos ejecutivos y el control de la impulsividad, es lógico suponer que la corteza del lóbulo frontal desempeña un papel crítico en la neutralización del descuento por demora. En lo que a esto se refiere, no obstante, las pruebas todavía no son concluyentes. Dos minuciosos estudios sobre lesiones frontales no han conseguido revelar diferencias inequívocas entre pacientes e individuos normales al respecto (Fellows y Farah, 2005; Floden *et al.*, 2008). En todo caso, ambos estudios hacen hincapié en la «miopía temporal» y la impulsividad del paciente frontal.[21]

El descuento por demora es máximo en los ciclos PA dirigidos a objetivos en el futuro lejano, como ahorrar suficiente dinero para la jubilación, para cubrir el coste de posibles enfermedades o para dejar una herencia a los hijos. Sin lugar a dudas, la explicación de por qué el descuento por demora es tan elevado en estos casos es que

21. La incapacidad para demostrar diferencias de descuento por demora entre pacientes y sujetos normales quizá se debiera, en ambos estudios, a la naturaleza de la tarea de descuento por demora utilizada, que tenía un ámbito temporal limitado y se basaba en opciones temporales limitadas.

éstos están relacionados con acontecimientos poco gratos o rodeados de incertidumbre: vejez, enfermedad o muerte. En la sociedad actual, en general el ahorro ha sido víctima de la planificación a corto plazo, del descuento por demora y de la incapacidad para posponer la gratificación, por lo cual los objetivos honorables a largo plazo se han visto afectados. Estas tendencias derivan de la industria financiera y de la dependencia cada vez mayor respecto del gobierno para satisfacer nuestras necesidades futuras y sustituir las responsabilidades personales (capítulo 7). La sociedad de consumo ha experimentado un retroceso a la inmadurez económica y a decisiones a corto plazo debido al estado del bienestar con sus «ayudas sociales». Una cultura de la dependencia ha acelerado la asignación universal de subsidios antes destinados a ayudar sólo a los pobres y los discapacitados, con lo que la capacidad de los gobiernos para asumir estos costos ya no da más de sí.[22] Por consiguiente, las industrias financiera

22. El canciller alemán Otto von Bismarck (1889) y el presidente estadounidense Franklin Delano Roosevelt (década de 1930) fueron los paladines del estado del bienestar, que en ambos países, al principio, pretendía ayudar a los trabajadores discapacitados, enfermos o ancianos. Inglaterra y otros países europeos siguieron el ejemplo y adoptaron variantes del sistema. A la larga, las clases medias acabaron dependiendo de él en todas partes. En la actualidad, debido a diversas presiones políticas y demográficas, en varios países el sistema ha llegado a ser inmanejable. Con el aumento y el envejecimiento de la población no productiva, el aumento de impuestos y la devaluación de la moneda (las herramientas proverbiales de los gobiernos endeudados) ya no bastan para paliar los enormes déficits estatales. Un buen ejemplo de cómo la industria financiera, con la ayuda del gobierno, ha maltratado la capacidad para demorar las gratificaciones por parte de los emocionalmente inmaduros y socioeconómicamente débiles es la aparición de instituciones híbridas (públicas-privadas) como Freddie Mac o Fanny Mae. Estas dos instituciones, oficialmente pensadas para facilitar la propiedad de una casa –con créditos fáciles y cuotas iniciales bajas– han sido gestionadas de forma perversa por políticas erróneas

y publicitaria –junto con las promesas vanas de los políticos– han conspirado para incrementar el descuento por demora de todos y la miopía temporal.

En un sentido estricto, el descuento por demora y el pensamiento a corto plazo roban la libertad de los ciudadanos modernos para planificar su futuro. El valor tradicional del ahorro para tener seguridad es saboteado por la inflación y las tasas de interés bajas y reemplazado por discutibles seguros y seguridades oficiales. Todo ello impone un elevado tributo a las opciones del futuro: básicamente «cegando» la corteza prefrontal, impacta de forma negativa en la libertad del individuo para escoger una educación, una carrera y un futuro estable. En términos más amplios, borra la «memoria del futuro», tema del próximo capítulo, en la raíz de todas las decisiones sensatas, los planes razonables y las creaciones apreciadas.

Conclusiones

El ciclo percepción/acción (PA) es el flujo circular de información que recorre la corteza cerebral y el entorno en la conducta con objetivo, el razonamiento y el lenguaje. Es en esencia un mecanismo cibernético de autocontrol en todas las secuencias de las acciones orientadas a metas

---

que vinculan el beneficio privado y la deuda pública. La expansión de sus prácticas al conjunto de la industria financiera ha tenido el efecto de colocar toda la economía americana en una situación de riesgo y peligrosamente más allá del nivel establecido por la política monetaria gubernamental. El crédito fácil e insensato, la capitalización del valor residual de la vivienda y la falta de regulación provocaron el inevitable resultado de una burbuja inflacionista de precios de la vivienda, la disociación de los salarios y los valores líquidos, y el fracaso de los políticos de todas las tendencias al momento de ocultar su impotencia tras lamentos demagogos e insustanciales.

concretas. Este ciclo omnipresente es el acontecimiento evolutivo primordial y de máximo nivel de los mecanismos biológicos, con sede en el tronco del encéfalo, que adaptan el organismo a su entorno.

En el ser humano, el ciclo PA es no sólo adaptativo sino también preadaptativo en el sentido de que permite al individuo prepararse para sucesos futuros y forjar estos sucesos en sus entornos físico y social. La preadaptación del individuo se debe en gran medida a la corteza prefrontal, cuyas funciones ejecutivas en la cumbre del ciclo PA hacen que este ciclo sea no sólo predictivo sino también proactivo. Para lograr la preadaptación, la corteza prefrontal recibe influencias del entorno externo a través de los sentidos, de la memoria (cógnitos perceptuales y ejecutivos de la corteza) y de las estructuras emocionales del cerebro (sistema límbico).

Un componente importante de la libertad, en términos neurales, es la capacidad de la corteza cerebral para tomar decisiones sobre información perceptual o ejecutiva e introducirlas en el ciclo PA. Por esta razón, puede interpretarse legítimamente que los dos sectores corticales del ciclo PA, perceptual y ejecutivo, constituyen juntos el «hemiciclo de la libertad». El objetivo del ciclo PA es obtener una recompensa, la cual acaso sea simplemente la realización de este ciclo como paso hacia un ciclo más grande y más alto. Todos los ciclos PA y las recompensas son susceptibles de descuento por demora –es decir, la devaluación de una recompensa futura en función de la cantidad de tiempo para obtenerla–. Las recompensas en el futuro lejano, como los ahorros para la jubilación y la salud, llevan consigo los mayores descuentos, con lo cual imponen potenciales limitaciones en nuestra libertad y en el tesoro público.

5

Memoria del futuro

Sueño mi pintura y luego pinto mi sueño.

VINCENT VAN GOGH

La vida sólo se comprende mirando hacia atrás, pero se debe vivir hacia delante.

SØREN KIERKEGAARD

UNA VEZ, EL DIFUNTO DAVID INGVAR me mandó un artículo con el título de este capítulo para un número de *Human Neurobiology* que yo estaba editando; el número iba a estar dedicado a la corteza prefrontal. Las comillas apenas atenuaban el carácter chillón del oxímoron. Tardé un tiempo en aceptar el título –y el artículo (Ingvar, 1985)–. Ahora, luego de más de dos décadas, valoro la profunda sabiduría de la expresión, pues caracteriza el rasgo más esencial de las funciones de la corteza prefrontal humana: su dimensión futura. Al mismo tiempo, la expresión alude al hecho de que el producto de estas funciones se compone de memoria del pasado transformada por la imaginación y proyectada al futuro. Ingvar fue un pionero de las neuroimágenes funcionales del cerebro humano, uno de los primeros en descubrir la activación de la corteza prefrontal en la planificación mental de los movimientos y el lenguaje. De hecho, lo que él intentaba transmitir con su peculiar expresión era la evidencia de que la corteza prefrontal está activada por la representación interna de acciones prospectivas. Desde luego, como la acción aún no se ha producido, difícilmente podemos llamar «memoria» a esa representación. No obstante, la percepción de «memoria futura» salta a la vista si tenemos en cuenta que en la mente no hay acción planeada ni futura sin el recuerdo, por asociación, de acciones similares en el pasado, realizadas por nosotros o por otros. La planificación y la toma de decisiones consisten en recrear acciones viejas de una manera nueva.

De este modo, las acciones futuras no resultan de otra cosa que de la reorganización de cógnitos ejecutivos, que preexisten en la corteza prefrontal y mantienen relaciones con recuerdos perceptuales de la corteza posterior. En esencia, idear acciones futuras es idear nuevos ciclos PA con cógnitos viejos. Al hacer esto, la corteza prefrontal convierte el cerebro humano en un órgano predictivo... de sus propias acciones y de sus consecuencias. En la medida en que la capacidad para decidir, planear y crear nuevos ciclos PA está en el núcleo de la elección entre líneas de actuación alternativas, la corteza prefrontal hace que el cerebro humano sea libre para actuar. Éste es el tema del presente capítulo. En el próximo analizaremos el modo en que la libertad para decidir, planear y crear es aplicable a la organización del lenguaje, la función cognitiva más esencialmente humana de la corteza prefrontal.

Toma de decisiones

La libertad para tomar decisiones es la más preciada y trascendental de todas las libertades. Cuando decidimos hacer algo, determinamos nuestro futuro, y a veces el de otros. Como pasa con la planificación y la creatividad, de las que la toma de decisiones es parte fundamental, al decidir la realización de una acción nos proyectamos hacia el futuro. Sin embargo, tomada en su sentido literal, esta idea llena de sentido común sobre la toma de decisiones oscurece la no tan evidente verdad de que el futuro se construye a partir del pasado, y de que todas las decisiones, como todos los planes y todos los logros creativos, tienen una historia detrás. Sólo analizando los antecedentes de una decisión podemos entender la génesis de la acción ejecutiva así como el papel del cerebro en la misma.

El verbo «decidir» proviene del latín *decidere*, que significa literalmente «cortar». En este sentido, decidir es concluir, terminar –un debate, por ejemplo– e iniciar una acción, al margen de cuál sea ésta. En todos los casos, decidir es llevar a término demandas compatibles –o en competencia– del cerebro o del entorno interno o externo. Con independencia del grado de intencionalidad subyacente, cada decisión tiene una historia y nunca surge completamente «de la nada». La decisión puede deberse a un estímulo, una señal, una palabra o un episodio repentino, pero es «informada» por la experiencia, por algún tipo de memoria, aunque dicha memoria sea estrictamente biológica («filética») y adopte la forma de impulsos básicos, como los relativos al hambre, el sexo o la necesidad de sobrevivir.

Los impulsos biológicos son los inputs más imperiosos que llegan al ciclo PA; por tanto, pueden tener mucho peso en una decisión. Como vimos en el capítulo anterior, estos inputs se originan en el hipotálamo, la amígdala y otras partes del cerebro límbico. Transportan información sobre el medio interno y la importancia biológica de los estímulos externos, y entran en la corteza sobre todo a través de la región prefrontal orbital, que alberga muchos terminales y receptores dopaminérgicos relacionados con la recompensa. Así pues, por esta región llega a la corteza cerebral información que codifica las experiencias sensoriales, emocionales y viscerales asociadas a cada impulso biológico. Incluida en esta información está la valencia motivacional de episodios externos, en especial sus connotaciones de recompensa o castigo.

Un aspecto fascinante de las investigaciones actuales sobre el cerebro es el descubrimiento de que la actividad de muchas neuronas de la corteza prefrontal está sintonizada con variables relativas al valor, como la cantidad, la calidad o a la demora de una recompensa esperada. En otras palabras, a juzgar por su nivel de activación, estas células parecen «predecir» la cantidad y la probabilidad de una recompensa, como una comida sabrosa (Rolls *et al.*, 1996; Schultz, 1998; Watanabe y Sakagami, 2007). La neuroeconomía intenta medir cambios neurales relacionados con estas variables así como sus interacciones con el intervalo de tiempo que ha de transcurrir antes de que se materialice la recompensa esperada (Glimcher, 2003).

Partiendo de estas investigaciones, es razonable llegar a la conclusión de que la corteza prefrontal, sobre todo su región orbital, contiene –o es parte de– redes neurales sintonizadas con al menos tres atributos de recompensa importantes: cantidad, probabilidad y demora. Debido a su relación directa con la libertad, la capacidad para demorar una recompensa es especialmente crítica; dicho de otro modo, para posponer una gratificación. Los individuos con lesiones en esta corteza, como la mayoría de los niños –y algunos inversores–, tienen dificultades para esperar una recompensa, por pequeña que sea, pese a que la espera podría traducirse en un premio mayor. Como hemos visto en el capítulo 4, este fenómeno deriva del descuento por demora del valor o la valencia de la recompensa. En el mundo de las finanzas, el descuento por demora evidentemente separa las dos estrategias más frecuentes en las inversiones en valores: esto es, invertir a corto plazo e invertir a largo plazo.[1]

Las relaciones entre cantidad, probabilidad y demora de la recompensa tienen una enorme importancia en las decisiones financieras. Han sido claramente confirmadas experimentalmente por Rachlin *et al.* (1991), según los cuales estas relaciones son lo bastante estrechas para permitir su expresión en términos computacionales. En consecuencia, desde el punto de vista cuantitativo es posible «determinar el valor» de una variable –es decir, intercambiarla– con otra en ciertas cantidades precisas, sin alterar ninguna opción conductual. Además, la asunción de riesgos y la demora de recompensas también están relacionadas entre sí, de manera recíproca. En un extremo de esta relación, el jugador asume riesgos elevados para lograr una recompensa rápida. El crédito al consumo depende, en cierto modo, de las dificultades de la mayoría de los individuos para demorar la gratificación –incluso a costa de la seguridad económica futura–.

La demora de la gratificación está íntimamente relacionada con la capacidad para inhibir impulsos internos, al margen de cuál sea su origen biológico; en otras palabras, la capacidad para controlar la impulsividad. Esta facultad inhibitoria es otra función de la corteza prefrontal orbital, que no por casualidad, como hemos visto, es una región de capital importancia para la evaluación de

1. No obstante, hay pruebas empíricas de que un individuo puede aspirar a recompensas financieras con diferentes grados de aplazamiento, aunque entren parcialmente en conflicto entre sí (Ainslie y Monterrosso, 2004).

las recompensas. Se sabe bien que en la infancia temprana son habituales tanto la impulsividad como la incapacidad para retrasar las recompensas. Se ha argumentado de forma convincente que el trastorno de hiperactividad con déficit de atención (ADHD, por sus siglas en inglés) en niños en edad escolar es atribuible a la maduración rezagada de la corteza prefrontal orbital (Barkley, 1997; Fuster, 2008). Ciertos estimulantes, como Ritalin, pueden aliviar la afección reforzando neurotransmisores inhibitorios, controladores de los impulsos, como el GABA.[2]

Una consecuencia de los conceptos recién esbozados es que, en casos humanos de lesión orbitofrontal como los descritos por Damasio y colaboradores (1990), en general los impulsos emocionales incontrolables, la impulsividad y la asunción de riesgos empujan al paciente a una conducta sociopática. Cabría decir que la conducta al parecer «liberada» y despreocupada de estos individuos está paradójicamente sustentada por una libertad con grandes carencias. Estos individuos son prisioneros de sí mismos, como los drogadictos, que acaso compartan con los primeros la misma patología orbitofrontal. Sus decisiones distan de ser libres toda vez que existen pocas alternativas a su conducta anómala.

Fuera de las salas de neurología y los casinos de Las Vegas, sin embargo, las recompensas que influyen en las decisiones de los seres humanos son infinitamente más variadas. Algunas de estas recompensas van a todas luces más allá de la gratificación inmediata de los impulsos biológicos («bioimpulsos»), sea directamente o mediante la adquisición de dinero. De hecho, incluso la adquisición de dinero puede estar motivada por principios superiores, como la filantropía y el logro del bienestar para los

2. Ácido gamma-aminobutírico, principal y más abundante transmisor inhibitorio de la corteza.

descendientes: un punto de encuentro de la libertad para ganar dinero y una responsabilidad equivalente.

La máxima de Emerson de que «la recompensa por una cosa bien hecha es haberla hecho» es aplicable sólo a los seres humanos. No hay pruebas de que esta clase de recompensa ética guíe la conducta de ningún animal, que siquiera explique el espontáneo espíritu juguetón de algunos primates, perros, gatos y delfines, el cual no se debe a nada parecido a la obligación. Algo parecido podemos decir de la libertad para decidir, que contiene su propia recompensa. Ésta encabeza la lista de una categoría de recompensas que no son reducibles al placer biológico o a la evitación del dolor y están en buena parte restringidas a la especie humana. Esto no significa que algunas de las recompensas más nobles no tengan raíces biológicas. Como he señalado, las recompensas de ser amado y despertar confianza tienen unas raíces evolutivas profundas. El amor y la confianza inspiran decisiones como hacen otros motivos humanos. En este sentido, debido a su importancia en las emociones, el sistema límbico es el que más directamente actúa en la toma de decisiones.[3] Una estructura límbica, la amígdala, interviene con claridad en la atribución de valor a cógnitos corticales relacionados con fuentes muy arraigadas de valencia afectiva (Winston *et al.*, 2005).

Más allá de los afectos y los instintos básicos, la enorme infraestructura cortical de la cognición desempeña un papel fundamental en la toma de las decisiones más

3. Mediante un acertado uso de las neuroimágenes funcionales, McClure *et al.*, (2004) determinaron que en el cerebro existen dos sistemas de valores diferenciados: (a) uno, el límbico, asociado al sistema dopaminérgico del mesencéfalo, está activado por decisiones provocadoras de recompensa inmediata; y (b) el otro, que abarca las cortezas prefrontal y parietal, está activado por decisiones que provocan recompensa aplazada.

libres. La rica y repartida serie de cógnitos perceptuales y cognitivos que el individuo ha desarrollado en el cerebro gracias a la experiencia, la educación y el ejemplo de otros influye en cada decisión importante, sobre todo si ésta requiere un cierto grado de deliberación acerca de varias alternativas. Algunos de los cógnitos corticales de máximo nivel contienen valores y principios éticos basados en las convenciones que la humanidad ha considerado útiles, incluso indispensables, para la armonía social: la caridad, el honor o el respeto a los demás. Desde luego desempeñan un papel en la forja de decisiones, de forma consciente o inconsciente.

La toma de decisiones también está sujeta a restricciones e influencias del imperio de la ley,[4] que se aplica no sólo al derecho institucional sino también al «derecho natural», el cual engloba reglas incrustadas en la filogenia, como la compasión, la confianza o la afiliación. Resumiendo, diversos principios éticos y legales intervienen, en un grado u otro, en la toma de casi todas las decisiones, aun cuando lo hagan en forma de limitaciones sobre la libertad individual. Estas limitaciones sobre el yo a menudo protegen la libertad de los demás.

Mezclado con reglas sociales como las anteriores está el valor de bienes proyectados en el futuro lejano, el valor de recompensas que el individuo o sus descendientes disfrutarán a largo plazo. Asegurar el bienestar futuro de la progenie tampoco es aquí exclusivo de los seres humanos. La etología natural contiene innumerables ejemplos de ello en animales: la construcción de nidos, la recolección y acumulación de comida para las crías, la defensa del

4. El imperio de la ley es un principio formalmente establecido en el siglo XVII, pero que también podemos encontrar en la Antigüedad. Dice que todos los ciudadanos deben obedecer la ley de la tierra, y nadie, ni siquiera la autoridad suprema, está por encima (Dicey, 1889).

territorio común, etcétera. En los animales, muchas de estas actividades son estereotípicas y están genéticamente programadas. En los seres humanos, en cambio, el valor de estas actividades y sus consecuencias depende menos de las limitaciones instintivas que de la libertad para decidir entre múltiples alternativas altruistas. En cualquier caso, por lo general el ser humano valora más allá de su propia vida la libertad de que disfrutarán los otros.

También exclusivo del ser humano es el lenguaje, el transmisor universal de significado y expresión, el portador primordial de información semántica entre redes corticales de percepción y acción, así como entre cerebros. El lenguaje facilita el acceso de cógnitos corticales al ciclo PA. Comunica literalmente el tiempo verbal futuro a estos cógnitos, con lo que proyecta al futuro tanto el pasado como el presente. Ahí reside la relación entre lenguaje y predicción en la función prefrontal que analizaremos en el capítulo siguiente.

El lenguaje es, por derecho propio, una fuente de información que precede a la decisión, no sólo en forma de lenguaje interno («mentalés»), sino también como respaldo de todas las demás fuentes. De hecho, el lenguaje sirve para definir, perfeccionar, sintetizar y reforzar todo conocimiento pertinente a las opciones prospectivas: es una importante herramienta mental de deliberación previa a la decisión. Mientras reflexionamos conscientemente sobre las consecuencias de nuestra decisión, el lenguaje atiende a la lógica subyacente, lo cual sin duda implica porciones esenciales de la corteza, en concreto la prefrontal.

Las decisiones difíciles exigen una deliberación intensiva. Aquí hemos de oponer resistencia a la engañosa conclusión de que una entidad consciente *dirige* la deliberación desde un antecedente de la decisión a otro y desde un resultado esperado a otro. En la deliberación dentro del yo, no hay otro yo consciente que la propia corteza que activa sus redes cognitivas sucesivamente por asociación y, con ayuda del lenguaje, siguiendo las reglas de la lógica. La conciencia es un subproducto obligatorio de intensa activación reticular, no su causa.

La libertad para decidir nos permite escoger entre alternativas de información así como entre alternativas de acción basadas en dicha información. Por eso consideramos la decisión presente como un punto de convergencia de inputs procedentes del pasado y divergencia de outputs que van hacia el futuro. Podemos representar gráficamente esta situación en forma de dos conos que se tocan por el vértice en el presente, uno convergiendo desde el pasado y el otro divergiendo hacia el futuro (figura 5.1). Basándonos en pruebas neurobiológicas, podemos incluir en el esquema las categorías más generales de fuentes de input procedente del pasado así como el output de la corteza prefrontal en el momento de la decisión.

Una acción puede iniciarse en cualquier lugar del lado de la percepción o la acción en el ciclo PA. Este hecho elude buena parte de las filosofías sobre un «centro de la voluntad» o de acción ejecutiva en el cerebro sin desatender los papeles facilitador y organizador de la corteza prefrontal. Cualquiera de las diversas fuentes de influencia en el proceso de decisión, clasificadas en la figura 5.1 y procedentes de un sector del cerebro u otro, puede ser el «factor decisivo». No obstante, en realidad casi todas las decisiones derivan de la competencia, la sinergia y el compromiso entre numerosas fuentes de influencia, internas o externas, conscientes e inconscientes. Entre las inconscientes hay una gran cantidad de cógnitos e impulsos que pueden determinar decisiones bajo el epígrafe de «instinto intuitivo» o «sentimiento visceral». Algunos, más que determinar, quizá se limitan simplemente a influir en una decisión o «imprimarla».

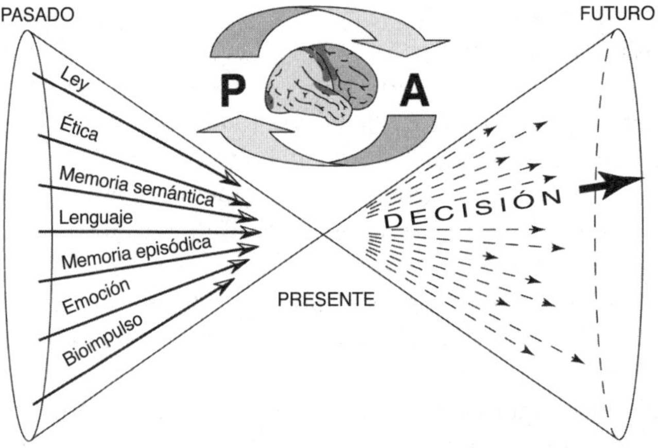

FIGURA 5.1. Los dos conos de la toma de decisiones, el perceptual (P) que converge en el presente, y el ejecutivo (A) que diverge de éste y se dirige al futuro. Las influencias convergentes se originan en un gran número de cógnitos corticales que representan todas las formas activas de memoria, además de los impulsos biológicos subcorticales que pesan en una decisión. La decisión es un vector ejecutivo resultante de, o escogido entre, las numerosas alternativas posibles de acción y «potencialidad».

Did My Neurons Make Me Do It? es el título de un perspicaz libro recién publicado.[5] Teniendo en cuenta lo que acabo de decir, mi respuesta debería ser «sí, pero todas estas neuronas, en conjunto, están muy bien informadas». La cuestión es que la opción de acción va precedida por una opción –o múltiples opciones– de información. Surgirá una decisión –o sea, una acción elegida en un momento concreto– del sistema nervioso, pero sólo después de que éste se haya ocupado de la situación actual y sus antecedentes, que también estarán sometidos a elección,

5. El libro está escrito por la filósofa Nancey Murphy y el psicólogo Warren Brown (2010).

aunque tarde apenas una décima de segundo. Además de los inputs de la figura 5.1, estos antecedentes abarcan no sólo estimulación externa reciente o en curso, sino también su valencia a la luz de la experiencia global del organismo –experiencia «filética» incluida–.

Naturalmente, el peso de cada fuente de input en la decisión y en el ciclo PA puede variar muchísimo en función del momento, el individuo o la situación. En cualquier caso, varios inputs influirán de forma distinta en dicha decisión, que a su vez puede consistir en *no* actuar en absoluto o en dejar la acción en suspenso. Otros inputs desembocarán en acciones basadas en una probabilidad estimada de riesgo y recompensa. Algunos antecedentes serán literalmente decisivos: conducirán a un resultado tipo «todo para el ganador».

Un ejemplo relativamente sencillo ilustrará la complejidad de los antecedentes que conducen a una decisión libre. Supongamos que estamos pensando en invertir en la bolsa. Ya hemos analizado varios valores y examinado el prospecto, la historia y el balance de cada una de las empresas emisoras en las que tenemos interés. Luego de un minucioso escrutinio, optamos por acciones de Chlotronic, una empresa (ficticia) del sector energético. Se trata de una compañía efervescente, respetuosa con el medio ambiente («verde»), gestionada por gente joven e imaginativa. Tiene un potencial de crecimiento considerable y da dividendos. Por el lado de las desventajas, nos hemos enterado de que la Comisión del Mercado de Valores sospecha que la empresa tiene una capitalización insuficiente y un apalancamiento excesivo. En cualquier caso, con toda esta información –y nuestra intuición– al final decidimos comprar mil acciones de Chlotronic.

La decisión quizás haya estado «determinada» por una estimación mental de riesgos y beneficios tras considerar las fuentes de información más pertinentes (incluyendo las opiniones de brókers, amigos y parientes). No obstante, es probable que en la decisión hayan influido otros factores. Me atrevo a decir que hemos pensado en nuestras experiencias con anteriores inversiones, en el valor social de la energía verde, en la regulación financiera, en nuestros objetivos económicos a largo plazo, en una cartera equilibrada, en la diversificación, etcétera. Muchos de estos factores, si no la mayoría, no son cuantificables.

He escogido el paradigma financiero para subrayar que los antecedentes y los alicientes de una decisión humana van mucho más allá de los que tendría en cuenta la economía conductual. Desde luego, la recompensa financiera esperada, a corto o a largo plazo, habrá desempeñado un papel crucial en esa decisión. Parte de la activación del sistema dopaminérgico –en la base del cerebro– acaso haya reflejado la valencia de ese beneficio esperado como uno de los precedentes de la decisión. Pero también, en grados diversos, pueden haber participado en la decisión otros precedentes derivados del conocimiento y la memoria –abstracta, semántica, episódica y emocional–. Casi con toda seguridad, éstos se basan en cógnitos preexistentes en la corteza cerebral. En consecuencia, siempre que la predicción, las expectativas y la memoria de trabajo desempeñan un papel en una decisión, prácticamente toda la corteza prefrontal ha de estar activa en un grado u otro.

¿Cuáles son los cimientos neurales de la libertad para tomar decisiones flexibles como ésta que tengan impacto en nuestro futuro? Si asumimos que la libertad conlleva elección entre valores esperados, la libertad para decidir sobre una inversión debe estar sujeta a la interacción de cantidades, certeza, riesgo y demora de la recompensa, como postulan en buena medida los neuroeconomistas. No obstante, las recompensas pueden proyectarse hacia el futuro, ser compartidas por otros. Es difícil construir modelos de mecanismos y organización neural, en términos computacionales, para dar cuentas de las inversiones a largo plazo. Gran parte del problema reside en encontrar la métrica neural apropiada y medidas objetivas de las variables conductuales pertinentes (por ejemplo, confianza, codicia o altruismo). Sin embargo, de las imágenes cerebrales está surgiendo un conjunto de datos que correlacionan variables como la confianza financiera y las inversiones de valor a largo plazo con la actividad cortical prefrontal.[6] Como cabría esperar, la actividad de la corteza prefrontal en estas atribuciones de valor guarda, a su vez, correlación con la actividad en áreas corticales posteriores, hecho indicativo de la cooperación de la corteza prefrontal y estas áreas en la valoración de nivel superior.

En resumen, una decisión es el resultado de la evaluación, en la corteza, de múltiples inputs procedentes de diversos cógnitos activos, estímulos ambientales e impulsos internos. Cada uno lleva un distinto peso o grado de exigencia, que depende de su pertinencia a un objetivo. Ese peso se traduce a sí mismo en la fuerza sináptica de input que va a los sustratos de acción. La opción entre alternativas, que es la esencia de la libertad para decidir, depende de la fuerza de los diversos inputs en competencia o cooperativos que llegan en un momento dado a una repartida red de acción centrada en la corteza prefrontal.

En reposo, podemos considerar que esta red ejecutiva es una «red atractora», compuesta de múltiples asociaciones, que fluctúa entre estados alrededor de un estado

6. Por varias razones, esta investigación es lenta y creciente. Las neuroimágenes miden cambios mínimos en el flujo sanguíneo de áreas corticales concretas. Estos cambios se deben a variaciones en la actividad nerviosa subyacente –que consume oxígeno y glucosa–. No obstante, la biofísica del acoplamiento neurovascular aún no se conoce con exactitud, la razón la por la cual es difícil obtener imágenes cerebrales de variables como la confianza o la recompensa a largo plazo.

de relajación o cuasi-equilibrio.[7] Cuando algunos inputs de representaciones corticales o subcorticales de valores o alicientes sacan a una red atractora del estado relajado y la llevan a un estado de excitación más allá de cierto umbral, la red se vuelve una red operante, co-operante con otras redes en torno a una decisión y un objetivo.[8]

La neurociencia de los primates ha puesto de manifiesto que la coordinación de una acción compleja conlleva la activación recíproca de las áreas prefrontal y posterior –sobre todo el lóbulo temporal y el lóbulo parietal– así como de algunas de sus estaciones repetidoras subcorticales (como el tálamo, los ganglios basales y el colículo superior), todas engranadas en el ciclo PA. Pese a que ignoramos algunos de los mecanismos implicados, es desconcertante que algunos neurocientíficos modernos, pasando por alto la circularidad y la distribución de este proceso, todavía discutan sobre la ubicación precisa

7. El concepto de «red atractora» deriva de la neurociencia computacional (Amit, 1989). El estado de una red así se define y describe en función de patrones de activación neuronal. Estos patrones varían mucho, desde la activación muy rítmica hasta la caótica (desordenada). Podemos encontrarlos empíricamente en las células de las redes corticales durante la memoria de trabajo (Bodner *et al.*, 2005).

8. Normalmente, en reposo, los cógnitos representan «en silencio» recuerdos y conocimiento mediante un código espacial relacional en el espacio cerebral –es decir, el espacio cortical–. Cuando se activa un cógnito para la conducta o el lenguaje, este código espacial latente se vuelve un código espacial-temporal de activación de ensamblajes neuronales organizados secuencialmente en acciones sucesivas hacia su objetivo. A continuación, la información contenida en múltiples cógnitos dispersos por toda la corteza llega a estar organizada en torno a ese objetivo. Todo esto ocurre dentro del ciclo PA, mientras la corteza prefrontal asume el papel organizador (Fuster, 2008). No obstante, casi toda la acción es autoorganizada, con sólo una necesidad marginal de la corteza prefrontal, como en el caso de la actuación de una orquesta que ha interpretado repetidamente la misma sinfonía con el mismo director.

de un centro –en extremo cuestionable– del dominio, la voluntad o la decisión.

La red ejecutiva recibe inputs no sólo excitatorios sino también inhibitorios. Puede que los segundos procedan de cualquier fuente de información neural que sea incompatible con la decisión, su objetivo o su ritmo. Por ejemplo, un imperativo ético para retrasar la gratificación inhibirá la red ejecutiva prefrontal, o una de sus partes, la encargada de poner la decisión en práctica. De hecho, el control inhibitorio es una de las funciones ejecutivas de la corteza prefrontal (capítulo 4). Se canaliza a través de la corteza orbitofrontal hasta las estructuras motoras subcorticales (ganglios basales) y las estructuras límbicas encargadas de impulsos básicos (relativos al hambre, el sexo o la huida). Ciertas decisiones cognitivas quizá sean promovidas por estos impulsos, pero acaso requieran también su inhibición para evitar interferencias inapropiadas o inoportunas en la decisión libre con objetivo.

La decisión de actuar de una determinada manera tal vez sea sólo una decisión provisional para un fin provisional, que quizá es sólo un componente de un plan o estructura de acción con múltiples decisiones con un objetivo fundamental. Por ejemplo, mi decisión de elegir el tema de este párrafo se basa en párrafos anteriores y en el tema del capítulo. Esto exige un cierto grado de memoria de trabajo. La memoria de trabajo –es decir, memoria activa «online» *para* acciones pendientes– es omnipresente en la toma de decisiones: sin ella no pueden llevarse a cabo frases, párrafos, discursos razonados, planes ni acciones prolongadas en el tiempo. La memoria de trabajo hace falta siempre que haya saltos temporales en el ciclo PA y donde los haya.

Entonces, ¿dónde se encuentra la libertad de elección tras una decisión que, en cualquier caso, está básicamente *determinada* por numerosos antecedentes, impulsos, reglas, sustancias químicas, leyes y redes cerebrales? Mi respuesta, bien que provisional, es como sigue. Es verdad que tras cada decisión no hay, en última instancia, nada más que causa y efecto termodinámicos en algún lugar del cerebro en un momento u otro. Por tanto, al parecer queda poco margen para las opciones individuales. No obstante, este margen se amplía a costa del determinismo si tenemos en cuenta que la mayoría de las transacciones neurales, sobre todo en la corteza cerebral, son no lineales y probabilísticas, no están determinadas exclusivamente por el yo sino por cambios a nuestro alrededor y por decisiones de los demás. En efecto, el margen para la volición libre se amplía si tomamos en consideración la enorme multiplicidad de influencias que intervienen en casi todas nuestras decisiones –si no las condicionan–. Con la experiencia, los grados de libertad se multiplican literalmente, y en consecuencia también las opciones. La libertad para decidir puede permanecer *limitada* y *relativa*, pero en niveles tan elevados de flexibilidad que el razonamiento determinista acaba siendo discutible. En todo caso, todas las decisiones son «informadas».

Planificación

La evolución está toda en el pasado posdecible, pero ha convertido nuestro cerebro en el marcador predictivo del futuro. Junto con la llegada del lenguaje, se trata del avance evolutivo más característico del cerebro humano. La corteza prefrontal desempeña el papel fundamental tanto en la predicción como en el lenguaje, que están íntimamente entrelazados. La planificación y la ejecución de acciones secuenciales nuevas como las del habla requieren algunas de las mismas funciones organizadoras temporales que sólo la corteza prefrontal es capaz de proporcionar.

Sabemos desde hace tiempo que para la planificación efectiva es crucial la integridad del lóbulo frontal. Un déficit en la planificación es patognomónico[9] de acusado mal funcionamiento de la corteza prefrontal, en especial si afecta a la convexidad externa, lateral, del lóbulo frontal. Varios neurólogos de ambos bandos enfrentados en la Primera Guerra Mundial, sobre todo alemanes y rusos, fueron los primeros en describir el síntoma sistemáticamente en soldados con lesiones frontales traumáticas. El paciente con daño frontal tiene notables dificultades para formular y ejecutar planes de acción, especialmente si son largos y detallados. Desprovisto de iniciativa e impulsado sólo por la rutina, el paciente es incapaz de organizar nuevas secuencias de actos con objetivo. Podría decirse que la causa fundamental del trastorno frontal es un déficit en el impulso general, a veces acompañado de apatía, pero según datos disponibles el trastorno se debe principalmente a un arraigado déficit en la capacidad para organizar gestalts temporales de acción, desde la concepción a la ejecución.[10]

Un plan es una nueva secuencia temporal de acciones con un objetivo. De este modo, por definición, un plan tiene un plazo, fijado por el propio objetivo, y una serie de acciones componentes para alcanzarlo. La ruta que lleva a un objetivo puede variar mucho, como ocurre, por ejemplo, con la que va desde la escuela primaria a la universidad, desde el noviazgo al matrimonio, desde la patente a la iniciativa industrial, desde el libreto a la ópera. Es evidente que, como dan a entender los ejemplos

9. En medicina, el adjetivo «patognomónico» se aplica a un síntoma que por sí mismo es diagnóstico de una enfermedad.

10. Corroborando los datos clínicos, las neuroimágenes procuran pruebas convincentes del papel de la corteza prefrontal, junto con la corteza posterior, en la ejecución de una tarea de planificación (Rowe *et al.*, 2001).

de esta breve lista, ciertas pequeñas metas intermedias son pasos necesarios para alcanzar metas fundamentales. Es también evidente que muchas secuencias de acciones pensadas para alcanzar objetivos, grandes o pequeños, no reúnen los requisitos para ser consideradas planes. Acaso consistan en viejas rutinas, más o menos familiares, que sin embargo son indispensables para el objetivo primordial definitorio del plan.

Nuestros planes pueden formar parte de planes mayores concebidos en colaboración con otros en la sociedad –por ejemplo, en la comunidad, el grupo profesional, la institución, la empresa, la agencia gubernamental, el club deportivo, etcétera–. En estas entidades, varios individuos comparten los esfuerzos, las recompensas y el reconocimiento por el logro de fines comunes. El valor de los objetivos alcanzados colectivamente acaso sea mayor que la suma de valores de las acciones componentes individuales. Al mismo tiempo, debido a los imponderables o las incertidumbres que hay tras algunas estimaciones y acciones individuales, la presunta «planificación central» suele no concordar con el valor acumulativo de todas las aportaciones individuales. A menudo, por tanto, este tipo de planificación se traduce en fracasos –por ejemplo, planes presupuestarios gubernamentales basados en suposiciones sobre fuerzas del mercado que son imprevisibles–.

Un plan tiene dos fases: concepción y ejecución. Ambas necesitan, en cierta medida, de la corteza prefrontal y su conjunto de estructuras cerebrales conectadas, corticales y subcorticales. La concepción cerebral del plan consta de diversos cógnitos entrelazados en varios niveles jerárquicos de abstracción. En el nivel máximo, ampliamente repartido en la corteza frontal asociativa, está el *esquema* del plan con su objetivo, ambos parte de la memoria prospectiva. Es un cógnito conceptual, que está definido de forma incompleta salvo por sus elementos esenciales –a saber, la finalidad y el amplio esbozo del plan– junto con numerosas representaciones de los plazos, los costes y los riesgos. Encajados debajo, en niveles inferiores de abstracción, hay algunos de los fines y actores auxiliares: los fines intermedios propicios para el objetivo primordial del plan además de las personas que ayudarán a los yoes individuales en su logro de dicho objetivo. Obsérvese que a veces el objetivo es muy consciente, lo que significa que somos plenamente conscientes de sus detalles. Sin embargo, la conciencia, bien que un fenómeno obligado de actividad cortical en la formulación del plan, no es en sí misma necesaria ni suficiente para ello. Lo que es necesario y suficiente es la elevada actividad de una red cortical ampliamente distribuida y de sus redes constituyentes.

Después de ser concebido, el esquema del plan se representa en esa amplia red cognitiva de la corteza cerebral, con nódulos de densa asociación en la prefrontal. Aquí, «representar» es una palabra un tanto pobre que utilizo a falta de otra mejor. Lo que se «re-presenta» es una reorganización autoorganizada de cógnitos del pasado, ahora con una finalidad futura. Antes de su puesta en práctica, el plan es mutable por reasociación consigo mismo, y está más o menos listo para ser aprobado en las circunstancias y el momento adecuados.

Quizá el concepto más difícil de asimilar, y que vale la pena repetir porque es esencial para mi razonamiento, es que la organización del plan no necesita una entidad única, cerebral o mental, como un «yo» deliberante o un «ejecutivo central». Todo lo que hace falta es una corteza alerta para organizarse a sí misma, bajo las influencias propias y del entorno, y preparada y «dispuesta» para la elección, la decisión y la acción ordenada hacia un objetivo. Es cierto, de todos modos, que la corteza prefrontal asumirá un papel de organizador u orquestador del plan; pero incluso ese papel «ejecutivo» está limitado por la disponibilidad funcional del resto de la corteza con que coopera estrechamente. Además, todo plan que la corteza prefrontal ayude a organizar está sujeto a un feedback continuo procedente del entorno y del resto de la corteza. Todo ello sucederá en gran medida de forma autónoma en virtud del potencial cortical autoorganizador.

En esencia, la puesta en marcha del plan consiste en la movilización del ciclo (o los ciclos) PA que lo conducirán a su objetivo. El desencadenante de esta movilización puede variar muchísimo. Puede ser un estímulo externo –por ejemplo, una orden–, una urgencia interna a modo de impulso biológico, o una serie de circunstancias que podrían incluir el calendario y el reloj. Puede ser la solicitud de alguien en estado de necesidad, de la familia, una institución o algún otro sector de la sociedad.

Una vez iniciado, el plan evolucionará temporalmente bajo el control de los ciclos PA apropiados para el objetivo fundamental y para cada objetivo intermedio. Los ciclos cambiarán a medida que se despliegue el plan, pero en cualquier caso implicarán a estructuras receptoras y efectoras del cerebro, en especial las cortezas posterior y frontal. Los objetivos más intermedios serán regidos por ciclos PA rutinarios o automáticos (por ejemplo, andar) que no contengan novedades, incertidumbres ni ambigüedades, por lo que no agobiarán a la corteza prefrontal. Para alcanzar algunos objetivos intermedios, especialmente obligatorios para el objetivo final, habrá que escoger opciones discriminatorias, resolver conflictos, corregir errores, sortear obstáculos inesperados y tomar decisiones difíciles. Estos ciclos PA cruzarán la corteza prefrontal. El ejercicio de la libertad cortical –es decir, de la elección entre todas esas eventualidades– continuará hasta lograr el principal fin u objetivo del plan.

De todos modos, el proceso no será necesariamente continuo. La realización de un plan, como el de cualquier ciclo PA en su seno, exige sobre todo la capacidad del cerebro para integrar percepciones y acciones a lo largo del tiempo, aunque en el proceso haya discontinuidades temporales. A este fin, entre las funciones temporales integradoras más críticas de la corteza prefrontal está la mediación de contingencias separadas en el tiempo (transtemporales): (a) «Si ahora esto, después aquello; (b) Si antes aquello, ahora esto». La primera contingencia «mira hacia delante» en el tiempo, y la segunda «hacia atrás». En la actualidad sabemos que el cerebro, especialmente la corteza prefrontal, cuenta con mecanismos para mediar en ambos aspectos temporales de contingencia (Fuster, 2008). La descarga de algunas de sus células aumenta durante los intervalos que conectan contingencias.[11] Su frecuencia de activación se incrementa hacia un acto, previéndolo. Este fenómeno es una inequívoca prueba fisiológica de memoria prospectiva. Sin embargo, la descarga de otras células hace lo contrario; es decir, disminuye hacia el acto (memoria retrospectiva). Estos fenómenos celulares evidencian recuerdos recientes del acto –en otras palabras, memoria de trabajo–. En cualquier caso, las neuronas prefrontales están activas con una perspectiva futura: unas retienen memoria de la acción, otras

11. Se adiestró a varios monos para que memorizasen tonalidades de color que equivalían a diferentes probabilidades de una de dos acciones alternativas necesarias para obtener una recompensa (Quintana y Fuster, 1999). La descarga celular se registró en la corteza prefrontal mediante microelectrodos. Durante el período de memorización, ciertas neuronas frontales, tras un brusco incremento, revelaban un descenso constante de la activación –como «mirando hacia atrás» la tonalidad de color–, probablemente una expresión de memoria de trabajo desvaneciéndose. Otras, a la inversa, aceleraban su activación a medida que la acción se acercaba –como preparándose para esa acción, «mirándola hacia delante»–. Curiosamente, el grado de activación acelerada aumentaba en proporción directa a la previsibilidad de la acción necesaria.

la prevén. Ambas poblaciones de neuronas atienden a la memoria del futuro mediando en contingencias transtemporales. Ambas pertenecen a cógnitos prefrontales que trabajan para un plan.

En el transcurso de la conducta planeada, el habla planeada o el razonamiento planeado, la mediación de las contingencias a través del tiempo requiere el salvar períodos variables, pues las contingencias están separadas por intervalos variables. Algunos intervalos son breves; en este caso, no hacen mucha falta las dos funciones de conexión temporal del escenario preparatorio y la memoria de trabajo. No obstante, en operaciones cognitivas complejas, como las de ciertos planes del gobierno, los intervalos pueden ser largos, y entonces ambas funciones son muy necesarias. Para explicar mi idea recurriré a un «plan de sillón».

La lectura de una novela no es exactamente un plan con un objetivo, pero el personaje principal sí puede que tenga uno, y a los lectores se nos invitará a compartirlo. Así pues, de una manera vicaria podemos llegar a ser participantes de este plan siguiendo los episodios descritos y el razonamiento del protagonista. Veamos un clásico de 1934 de Agatha Christie, *Asesinato en el Orient Express* (Christie, 2011). Aquí el objetivo del plan es descubrir al autor de un crimen a bordo del famoso tren. Al leer el libro, nos identificamos fácilmente con el detective Poirot y nos sentimos empujados a seguir su plan. Al hacer esto, nos implicamos en una absorbente serie de contingencias a través del tiempo entre hechos y hallazgos, personajes y acciones, sospechas y coincidencias, expectativas y evaluaciones del sentido de la realidad. Como es lógico, en el texto la secuencia de episodios está temporalmente fraccionada y comprimida con respecto al tiempo real de la trama ficticia. Sin embargo, al pasar de un capítulo a otro –cada uno centrado en un sospechoso distinto– nos vemos obligados a efectuar las mismas operaciones mentales para reconciliar el presente con el pasado y con el hipotético futuro. Nuestra corteza prefrontal funciona, por así decirlo, en paralelo con las de Poirot y Christie. Y, como ellos, estamos obligados a mediar en estas contingencias con la memoria prospectiva y la de trabajo. Además, con su inimitable talento psicológico para describir personajes y pequeños detalles, la autora nos hace utilizar toda la intuición posible para guiar hábilmente nuestro plan (a veces de forma ambigua, ¡para engañarnos!).

Más allá de las rutinas diarias, muchos de nosotros tenemos en marcha varios planes de manera simultánea. De hecho, el que seamos capaces de asumir varias tareas a la vez es una medida de libertad. Esto acaso introduzca tensión en nuestro tiempo y nuestros recursos neurales. Con respecto a estos recursos, una función prefrontal concreta recibe el encargo de realizar un trabajo pesado de tareas múltiples, sean importantes o secundarias: el control inhibitorio.

En todas nuestras tareas, sobre todo si son complejas, hace falta una atención selectiva para la adecuada búsqueda del objetivo. La atención selectiva es una función en serie, consecutiva: no podemos ocuparnos de más de una cosa a la vez. La memoria de trabajo no es más que la atención selectiva centrada en un cógnito o representación interna cada vez. Para proteger la atención selectiva, necesitamos la función complementaria del control inhibitorio, que tiene una base en la corteza prefrontal, como la memoria de trabajo y la memoria prospectiva (Munakata *et al.*, 2011). Sin un control inhibitorio efectivo, puede haber cógnitos ajenos, distracciones y fragmentos de otros planes que interfieran en el plan en curso y lo desvíen de su camino. En cualquier caso, unas personas realizan las tareas múltiples mejor que otras. Cabría decir que los mejores realizan la «multiplexación»[12] más eficiente, tanto de la excitación como de la inhibición, sin perder nunca de vista ninguno de los distintos objetivos buscados de manera concomitante.

Como hemos visto, el proceso de puesta en práctica de un plan de acción se autoorganiza en la corteza cerebral. Es la corteza cerebral la que «atiende», «tiene intención» y «decide». En cualquier paso del plan, nuestra conciencia del proceso es literalmente un fenómeno, no su agente causal. La conciencia puede ser obligada, incluso inevitable, en casi cualquier acto cognitivo para alcanzar el objetivo, pero no es indispensable *per se*. Esto no le resta valor a la libertad, pues en todo caso la corteza conserva la capacidad para escoger entre alternativas, seamos o no plenamente conscientes de la decisión para elegir una de ellas. Lo mismo cabe decir de la atención y la intención, que son fenómenos conscientes de forma casi intrínseca.

La atención es probablemente la función cognitiva mejor instalada en la biología. Como la evolución, la atención es en esencia selección: selectiva por definición. En el sistema nervioso, la atención es selectiva sobre todo por dos razones. Una, la especialización funcional de las estructuras neurales; la otra, la limitación en los recursos de cualquiera de ellas. La atención selectiva es una función neural que optimiza la función de cualquier estructura dada con una maximización de sus recursos. Así pues, la atención es eficiente y económica; fundamental en todos los pasos de la ejecución de un plan.

Obsérvese que hablo de la atención en términos no subjetivos, no fenoménicos, para subrayar sus profundas raíces biológicas y también para que tenga continuidad

12. En ingeniería, «multiplexación» significa combinar varias señales simultáneas en un solo canal o línea de transmisión mediante alternancia rápida de muestras de una señal a otra.

respecto a sus manifestaciones conscientes, lo primero que nos encontramos al llegar a la corteza cerebral. De hecho, como cualquier otro nivel de función neural, la corteza cerebral aloja los dos aspectos fundamentales de la atención: la concentración y la exclusión. En el proceso autoorganizador de un plan, la corteza asigna a cada percepción y cada acción del ciclo PA los cógnitos que al plan le resultarán más útiles. En la concentración, somos conscientes de estos cógnitos, si bien esta conciencia en sí misma no es esencial para la función. Al mismo tiempo, la atención cortical suprimirá o inhibirá todos los cógnitos que, en algún sentido, guardan relación con los de la concentración pero son inadecuados o incompatibles con el plan. Éste es el componente exclusivo de la atención. Lo más probable es que no seamos conscientes del mismo ni de su contenido.

La atención no deja de trabajar ni siquiera durante las interrupciones del plan, como las debidas a demoras esperadas o inesperadas. Imaginemos que un ser humano o un mono realizan una tarea de memoria de trabajo que obliga al sujeto a retener palabras, números, formas, caras o colores durante una demora. La tarea es en sí misma un «plan» impuesto por el experimentador. En cada demora, se obliga al individuo no sólo a atender al memorándum (la clave que hay que memorizar), lo cual es pertinente, sino también a inhibir, «olvidar», los memorandos que acaso fueran pertinentes en otras pruebas de la tarea pero que ahora no vienen al caso. La memoria de trabajo es atención a una representación interna y «desatención» hacia todas las demás.

La intención es la atención a una acción inminente. Conlleva el *priming* y la preparación de estructuras motoras para la acción requerida por el plan. La intención precede a cada acción en cada paso del ciclo (o los ciclos) del plan conducente al objetivo. Aquí, con gran perplejidad para los dualistas, para quienes la intención consciente es un precedente de la acción, hay pruebas experimentales de que la parte de la corteza que ejecuta una acción se activa unos 200 milisegundos *antes* que la intención consciente de realizar esa acción (Libet *et al.*, 1983). Se trata de una clara prueba conjetural[13] de que la intención tiene su origen en la corteza, como las demás funciones ejecutivas, y de que la experiencia consciente de la activación cortical es la consecuencia de esa activación, no su causa.

El plazo y la duración de los planes varían en función de muchos factores, entre ellos la urgencia del objetivo, la complejidad del plan y los recursos disponibles. Quizá podamos llevar a cabo simultáneamente varios planes con diferentes objetivos, plazos y escalas temporales, entrelazando algunos de ellos entre sí. Podemos hacer esto con los necesarios cambios en la atención, de un plan a otro, y con la adecuada alternancia de control inclusivo y exclusivo (inhibitorio) de la atención. La no exclusión de influencias ajenas mediante la inhibición en la búsqueda de cualquier plan dado puede dar lugar a interferencias, ineficiencia, o ambas cosas.

En líneas generales, el ejercicio de la libertad, amén de la experiencia subjetiva de la misma, aumenta de acuerdo con el número de planes simultáneos y su duración. Ambos están en función de la educación, la personalidad, la inteligencia y los recursos del planificador. En cualquier caso, el buen planificador mantiene en todo momento la flexibilidad necesaria para modificar el curso de un plan conforme a su progreso o la ausencia de

13. La prueba es sólida y goza de aceptación general pese a las objeciones de los dualistas a la insinuación –no planteada por Libet, en todo caso– de la no existencia del libre albedrío consciente (por ejemplo, Batthyany y Elitzur, 2009). Spence (2009) analiza con perspicacia las investigaciones de Libet.

éste. En cada paso evaluará el feedback procedente del ciclo PA. En consecuencia, ajustará parámetros y datos de input para dirigir el plan satisfactoriamente hacia su objetivo. Si se interrumpe el ciclo por haber desatendido señales de feedback, al final fallará el plan y no se habrá alcanzado el objetivo. Debido a todo ello, un ejercicio infructuoso de libertad habrá tocado a su fin.

Cuando se han controlado y ajustado como es debido en su desarrollo, los buenos planes ideados por comisiones de expertos han dado lugar a grandes avances sociales: es un resultado deseado de la libertad democrática. La sociedad debe mucho al trabajo de comités y consejos de universidades, empresas, sociedades científicas, asociaciones profesionales, fundaciones filantrópicas, el gobierno, etcétera. En la teoría y en la práctica, los planes elaborados por estos grupos producen resultados que por lo general equivalen a mucho más que las aportaciones agregadas de sus miembros. Normalmente, los planes son más efectivos si los encargados de su ejecución se preocupan de recoger feedback frecuente y sustancial de los resultados de la puesta en marcha. En esencia, este feedback desempeña en el plan comunitario el mismo papel que en el ciclo PA del plan individual. De ahí el valor de las revisiones, los informes sobre progreso, los cuestionarios y otros medios para recabar feedback.[14]

14. A la inversa, si en un plan comunitario grande y complejo no se tiene en cuenta el feedback adecuado, puede producirse un fracaso estrepitoso. Pensemos, por ejemplo, en una comisión de líderes políticos elegidos, asesorados por economistas, que diseñan y ponen en práctica un importante plan económico para el país. Pensemos también que, a medida que el plan sigue su curso, tres ciclos pueden fácilmente desincronizarse o entrar en conflicto entre sí: el ciclo comercial, el ciclo electoral, o «el ciclo PA» del plan. Para complicar más las cosas, pensemos que no se han hecho correcciones para los cambios requeridos por variables imponderables o imprevisibles como la confianza de los consumidores, la demografía, el empleo, las

Inteligencia creativa

La creatividad es la madre del progreso. En un sentido amplio, la libertad para crear es una de las libertades más importantes –tras ella va la «liberación» respecto de la opresión y la miseria–. La inteligencia creativa es la capacidad para hacer lo nuevo y rehacer lo viejo por el bien de uno mismo y de los demás. Aquí el beneficio o el valor pueden adoptar innumerables formas, desde la pragmática a la estética pasando por la educativa, la científica o la humanitaria, en cualquier orden o combinación.

Desde el punto de vista de la ciencia cognitiva, la elaboración por parte de la inteligencia creativa puede reducirse a una reelaboración, pues el conocimiento nuevo siempre es reducible a conocimiento viejo que se ha ampliado o recombinado para generar un resultado nuevo. Por tanto, una creación resulta en buena medida de ampliar o reasociar cógnitos previamente establecidos, tanto ejecutivos como perceptuales. La fuerza creativa de la imaginación hace impacto en la corteza con una oleada de activación que movilizará no sólo conexiones viejas y sólidas sino también otras nuevas con sinapsis inactivas o débiles en la penumbra de la conciencia.

Un ejemplo «dulce» ilustrará la recombinación de conocimientos previos en una nueva gestalt creativa. Estoy

---

sequías o los precios de las materias primas. Por último, añadamos a todo eso los miedos, las pasiones y los impulsos que afectan a todos los mercados y ponen en entredicho todos los modelos. Bajo estas condiciones, la falta de autorregulación y de oportuno feedback provocará inevitablemente graves problemas económicos o directamente una catástrofe. De hecho, el camino al infierno está pavimentado con las buenas intenciones de los planificadores del gobierno. En una sociedad no democrática, ese camino puede llegar a ser el «Camino de Servidumbre» (Hayek, 1944), donde las víctimas serían la libertad y la prosperidad de todos los ciudadanos.

sentado frente a la Tabla Periódica de Confituras, elaborada por una ingeniosa *gourmet* amiga mía, Georgina Regàs, con el apoyo de una fundación privada.[15] Georgina es una pastelera aficionada que dirige un pequeño museo-comercio de conservas de frutas y verduras, en el que expone y vende sus numerosos productos. Con motivo del aniversario de Dmitri Mendeleev, Georgina y el químico Pere Castells tuvieron la idea de tabular, como si se tratara de elementos químicos, las diferentes clases de conservas, mermeladas y jaleas que ella elabora. La mayoría son mezclas de verduras o frutas. La tabla contiene 89 «elementos», cada uno con su símbolo y su «peso atómico». Siguiendo el ejemplo de la analogía histórica, la tabla de Georgina todavía no está terminada.

Por lejanas que sean las analogías, la creación de Gina es indudablemente original. Y es original por el gran número de asociaciones cognitivas nuevas con conocimiento preexistente que intervinieron en la gestación de los dulces y su tabulación. En el nivel sensorial, están las de color, gusto y aroma; en el nivel semántico, las de fruta, verdura, nombre, símbolo, etcétera; y en el nivel personal, las experiencias de Gina con todo ello, incluyendo sus conocimientos históricos. En resumen, todas las partes son viejas pero el conjunto es totalmente nuevo.

Existen tantos ejemplos de creación como variantes imaginables de actividad humana en cualquier ámbito. Naturalmente, esto abarca las artes, las ciencias, la medicina, la tecnología, la filantropía, la gastronomía, la ley y toda clase de negocios además del bienestar social y personal. Cada creación necesita planificación y toma de decisiones, los dos soportes por excelencia –ya analiza-

15. Fundación Alicia, Manresa (Barcelona, España), dedicada a la promoción de la comida sana.

dos– de la libertad para «inventar el futuro». Como ellos, la creación necesita impulso interno para cristalizarse.

El impulso interno proviene de las profundidades del cerebro, en particular del sistema límbico. Desde allí, el conglomerado de impulso biológico, expectativas de recompensas y asociaciones neocorticales de ambas se canalizan a través de la corteza prefrontal orbital hasta el resto de la corteza cerebral para generar la creación nueva. Este conjunto de influencias neurales comprende los inputs que van desde el medio interno hasta los estratos corticales del ciclo PA con su inmenso cúmulo reticular de cógnitos.

Las influencias neurales procedentes del interior del cerebro, en particular del sistema límbico, constituyen el activador emocional de la creatividad, la chispa del genio, la fuente del impulso creativo, que, en su forma extrema, Marina (1993) ha denominado la «furia creativa». Es el impulso devorador para la invención o el descubrimiento, el poema o la basílica, la sinfonía o la nave espacial, el tratado científico o la tesis doctoral. Es el impulso que desafía al sueño, a la fatiga, y que a veces supera obstáculos aparentemente infranqueables. Sin esta energía creativa, nunca tiene lugar la acción creativa realmente original.

La raíz biofísica de toda creación es el fortalecimiento y la formación de conexiones sinápticas en la corteza cerebral, dentro de los cógnitos y entre ellos. El agregado generativo de estas redes cognitivas preexiste en la corteza en diversas configuraciones antes de que dé comienzo el proceso creativo. En su estructura neuronal y conectiva, estas redes, que hemos denominado «cógnitos», codifican partes del caudal de conocimiento y memoria del individuo antes de que se inicie este proceso –incluyendo los aparatos filético (genético) sensorial y motor–.

Por lo general, la conciencia está presente en el proceso creativo, a veces de forma vívida como consecuencia de la implicación cortical, pero no es un agente estrictamente indispensable de la creación, no digamos ya el único. De todos modos, el proceso de pensamiento de la mente creativa es una ayuda valiosísima para poder deducir la dinámica cortical de la creación. El análisis de este proceso revela su origen multicolor. La creación casi nunca tiene un punto de partida identificable, rara vez una epifanía definida. En particular la creación racional –por ejemplo, el resultado del razonamiento inductivo y deductivo complejo– debe generalmente su inicio al contexto o la circunstancia. Los procesos inconscientes desempeñan un papel en el comienzo y la continuación de cualquier forma de creación.

Bajo el impulso creativo, el proceso de creación empieza con la activación de un conjunto de cógnitos preexistentes, interconectados: éstos representan elementos de memoria y conocimiento que, en virtud de experiencias anteriores, se han relacionado entre sí a través de conexiones sinápticas de fuerza variable. La tarea creativa comienza con la activación de aquéllos por estímulos internos o externos, o ambos. La estimulación interna en forma de imagen mental o esquema del producto final se origina en la propia corteza, de manera espontánea o debido a la activación de conectividad recíproca entre cógnitos relacionados en áreas de asociación de la corteza (capítulo 3).

De modo alternativo o al mismo tiempo, la estimulación externa entra en el proceso por estas áreas de corteza asociativa a través del sensorio. Ciertos estímulos sensoriales activan algunos de sus cógnitos debido a las relaciones de asociación entre ellos y los estímulos que llegan. Estos estímulos pueden incluir el feedback procedente del efecto de acciones anteriores en el proceso creativo. En resumen, este proceso se origina y progresa mediante la convergencia de estímulos internos y externos que activan y modifican de forma consecutiva diversos cógnitos establecidos. Tras ser modificados y convertidos en memoria prospectiva, estos cógnitos encuentran su expresión en la corteza frontal ejecutiva.

La inteligencia creativa suele seguir ciertas rutas. Para el agente creativo, al principio el esquema del producto final puede parecer mal definido, como «a través de un vidrio oscuro». En el caso de la búsqueda racional, se sucederán pensamientos en la dirección lineal del razonamiento lógico hacia una conclusión más o menos prevista. En el caso de la búsqueda artística, sin embargo, la fuerza creativa a menudo hace impacto en la cabeza en varias direcciones imprevisibles al mismo tiempo, y se abre paso hacia la penumbra subconsciente a través de muchos caminos sinápticos débiles y apenas utilizados.

Una vez iniciada, la empresa creativa adoptará un carácter autónomo en gran medida, y los ciclos PA la guiarán hacia al producto final. Como en cualquier serie de ciclos PA con finalidad, el feedback será de fundamental importancia para toda reacción satisfactoria. Así pues, el feedback derivado del resultado de cualquiera de estos ciclos influirá en los posteriores. Asimismo, en cada paso se utilizará feedback para adaptar cada resultado intermedio a la concepción original del esquema entero.

Todas las acciones creativas siguen caminos de razón así como de estética, aunque la estética de una creación racional quizá no sea evidente hasta que el producto esté terminado. En el trabajo impecable de la razón existe una belleza intrínseca. De hecho, hay arte en la razón y razón en el arte. La creación perfecta, en el ámbito que sea, incorpora, además de la fuerza indispensable del impulso interno para crear, una armoniosa mezcla de razón y estética. Ilustraré esta cuestión con un ejemplo musical.

Tomemos el cuarto movimiento (*Allegro energico e passionato*) de la Cuarta Sinfonía de Brahms. Comienza con una melodía solemne simple de ocho acordes armónicos. Ese tema va seguido de treinta variaciones del mismo, todas dotadas de una coloración y un alcance extraordinarios, con agudos contrastes entre ellas (Frisch, 2003). La melodía, el *tempo* y la instrumentación pueden variar muchísimo. No obstante, el tema principal subyace a todas, bien que en algunas es difícil identificarlo. De hecho, la capacidad del compositor para apartarse tanto del tema y aun así mantenerlo más o menos oculto en la textura de cada variación es poco menos que asombrosa. En todas partes, la gestalt del tema está presente en las relaciones entre ciertas notas de cada compás. Nada de esto habría sido posible sin un feedback persistente desde la partitura escuchada o imaginada de cada variación. Es este feedback, junto con el recuerdo del tema, lo que determina la variación. Como prueba de la facilidad con que el genio pudo reunir pasión (título del movimiento) e inspiración para su creación, está su comentario a un amigo de que la composición entera había sido un «pasatiempo» ¡Un pasatiempo! Es difícil encontrar una mezcla más impecable de arte y razón en la totalidad del repertorio musical.

En la magnífica pieza de Brahms hay algo más que ilustra la amplitud de los recuerdos pasados que se incorporan a la memoria del futuro –es decir, la imaginación– que toda creación constituye. Resulta que el compositor creó el tema y las variaciones en la forma de una antigua chacona, muy utilizada por Bach en sus composiciones.[16] Así pues, el movimiento sinfónico de Brahms, como él mismo señaló, era un homenaje al viejo maestro y a una expansión histórica del conocimiento en el que Brahms basó su obra de arte. Además, hay ciertos indicios de que

16. La chacona es una variante del pasacalle, razón por la cual a menudo suele designarse a ambos con el segundo nombre.

la Cuarta Sinfonía se inspiró en parte en las tragedias de Sófocles, que Brahms leía con avidez en la época de la composición. Como en cualquier empeño creativo, la libertad para crear se basa en la libertad para elegir las fuentes de inspiración.

En cualquier caso, lo que caracteriza la verdadera creación es su *originalidad* –es decir, la singularidad y la prioridad temporal de las asociaciones en ambos lados del ciclo PA tras la obra creada–. Por tanto, en términos neurales, la inteligencia creativa es la capacidad para formar nuevas relaciones únicas en el conocimiento y la memoria perceptual, así como nuevas relaciones únicas en el conocimiento y la memoria ejecutiva. La originalidad de la creación es un rasgo personal, muy individual. No obstante, como quizá de alguna manera sea útil o valioso para los demás, la sociedad civilizada la protege y está dispuesta a pagar por ella; de ahí el derecho de patentes y de la propiedad intelectual.

En la parte final del capítulo, me centraré brevemente en el modo en que el cerebro libre confiere originalidad a la creatividad en dos esferas distintas del empeño humano: el arte y la ciencia. Intentaré subrayar, con referencia a la función cerebral, los elementos comunes de logro en ambos campos.

Ya hemos visto que el artista forma en su cerebro asociaciones nuevas entre recuerdos establecidos; lo mismo pasa con el científico: detrás de ello se encuentra el impulso creativo provocado en buena medida por el afán de originalidad. Los dos utilizan la corteza para escoger entre elementos memorísticos de «cosecha» variable para producir en el mundo un orden nuevo que corresponda al orden nuevo que han formado en el cerebro. La expresión final tangible de ese orden será una nueva gestalt artística estéticamente agradable o un trabajo científico que incremente nuestros conocimientos.

El nuevo orden del artista o del científico deberá mucho a la corteza prefrontal. Y ello porque esta corteza es esencial para la organización temporal de todas las acciones novedosas, lo que a su vez es atribuible a su papel en la conexión de contingencias transtemporales. La mediación de estas contingencias está en el núcleo de la creación de una estructura temporal, como una sinfonía nueva, un discurso nuevo, un algoritmo nuevo o un tratado científico nuevo. Incluso las artes plásticas requieren estructura temporal, tanto en la gestación como en la visión. De todos modos, en la visión el tiempo está comprimido porque, al contemplar la obra artística, el individuo utiliza sobre todo el procesamiento paralelo.[17]

Hay algo más que las artes plásticas, como la pintura, revelan mejor quizá que cualquier otra categoría artística: el poder del inconsciente en el proceso creativo. Y donde mejor tratado está el tema, desde el punto de vista de la neurociencia, es en *La era del inconsciente* (2012), obra erudita y bellamente ilustrada de Eric Kandel. El libro es una explo-

17. De hecho, el observador disfrutará de la pieza en gran parte gracias a la experiencia de armonía en la estructura espacial de la pintura o la escultura que en un instante percibe como un todo unificado. Hay ciertas pruebas de que puede haber diferencias en el grado en que la corteza de los dos hemisferios participa en el proceso holístico de creación y de apreciación del arte. Las pruebas son aún endebles, pero últimamente se han ido volviendo más sólidas gracias a estudios de pacientes con lesión unilateral y capacidades artísticas, amén de estudios con neuroimágenes de artistas (Bogousslavsky, 2005; Huang *et al.*, 2012; Kowatari *et al.*, 2009; Schott, 2012; Shamay-Tsoory *et al.*, 2011). El conjunto de las pruebas indica lo siguiente: aunque la creación y la apreciación del arte necesitan la corteza prefrontal tanto derecha como izquierda, utilizan principalmente la derecha (en contraste con el lenguaje, en el que domina la izquierda). Además, en pacientes con lesión cortical del lado izquierdo, parece haber una liberación –desinhibitoria– de la corteza derecha para la actividad artística, incluso en pacientes que carecían de aptitudes artísticas antes de la lesión.

ración exhaustiva de la enorme influencia de la emoción inconsciente en la producción de los pintores modernistas de principios del siglo XX en Viena, en particular Gustav Klimt, Oskar Kokoschka y Egon Schiele. Recibían el nombre de expresionistas, como otros del mismo período (por ejemplo, Munch, Nolde), porque utilizaban el arte más que nada como medio para expresar emociones. Cada uno tenía un estilo marcadamente personal, si bien todos usaban peculiaridades (distorsiones sistemáticas de la realidad) que recordaban a las de artistas anteriores (por ejemplo, El Greco, Tintoretto). Todos se valían de la forma y el color para expresar, a menudo mediante combinaciones espectaculares de una y otro, una amplia gama de emociones humanas. Sus expresiones pictóricas son muy subjetivas, desafían la expresión verbal, pero el mensaje emocional es variado y potente. Como observa Kandel, ese mensaje es la expresión libre de los impulsos inconscientes y no declarados que Sigmund Freud, mediante su método psicoanalítico, estaba sacando a la luz en sus pacientes aproximadamente en la misma época y la misma ciudad.

A mi juicio, lo más llamativo es que, para expresarse a sí mismo, el artista utiliza su ciclo PA y que evidentemente trata de meter al observador de su obra en ese mismo ciclo. De hecho, no es difícil ver al artista inmerso a la vez en dos ciclos concéntricos, uno cognitivo y otro emocional (capítulo 4). Los dos ciclos se mezclan de forma intermitente en la corteza prefrontal, ambos comunicándose de un lado a otro con un entorno dominado por la obra de arte. No cuesta imaginar también al artista y al observador entablando un diálogo emocional silencioso en el que, a través de la obra artística, se preguntan y responden uno a otro acerca de sus sentimientos más íntimos. Este diálogo, un ciclo PA interpersonal en sí mismo, tiene lugar a lo largo de décadas en el contexto de lo que Ortega (1961) denominaría la respectiva «circunstancia» existencial.

Aunque todas las artes necesitan organización temporal, la música depende de ella más que ninguna otra forma artística, tanto por la composición como por la apreciación. La razón obvia es que la música consiste básicamente en gestalt temporales de sonido. En este sentido, la música y el lenguaje están estrechamente relacionados, y no es casualidad que la corteza prefrontal esté muy involucrada en los dos. De hecho, los dos requieren sintaxis de sonidos, incluyen prosodia y pueden expresar emociones.

La música, como cualquier otra forma de actividad creativa, tiene una perspectiva futura. Antes de quedar plasmada por escrito, está en la mente del compositor, que oye las melodías en su cabeza antes de interpretarlas con un instrumento o anotarlas en un papel. Las escribe para disfrutarlas, él o sus oyentes, en el futuro. La anticipación es uno de los aspectos más agradables de la composición, de cualquier creación en definitiva. Al oyente, como al compositor, le gusta la anticipación. Tras haber escuchado una melodía unas cuantas veces, nos deleitamos en la experiencia de anticiparla en nuestra cabeza. Inmediatamente después de que haya terminado un determinado movimiento de una sinfonía o una sonata, podemos oír interiormente el inicio del siguiente. Esto también es memoria del futuro, sólo que en este caso la ha creado el compositor para nosotros.

El científico utilizará su corteza cerebral para descubrir fenómenos, es decir, para crear relaciones nuevas entre diversos hechos y el mundo. En la ciencia, y hasta cierto punto también en el arte, hay en funcionamiento un ciclo PA gigante que incorpora los ciclos PA de científicos de todas las épocas. Durante generaciones, todos los científicos han estado usando las cortezas individuales de su ciclo PA colectivo para descubrir relaciones desconocidas entre hechos físicos. Se utilizarán correlaciones entre cógnitos nuevos para establecer principios nuevos de causalidad, los cuales inspirarán la búsqueda de correlaciones nuevas para establecer causalidades nuevas.[18] Es fundamentalmente el proceso circular, un auténtico ciclo PA científico, de descubrimiento de conocimiento causal nuevo. En este ciclo, late el corazón de la ciencia con sus sístoles y sus diástoles de razonamiento deductivo e inductivo.

«Sin una teoría, los hechos no dicen nada», ha dicho Hayek, lo que en sí mismo es un hecho innegable.[19] No obstante, las teorías se basan en hechos. También aquí la circularidad entre lo viejo y lo nuevo impregna la creatividad en la ciencia como en cualquier otra esfera de la actividad humana. Hace falta investigación inductiva para clasificar el mundo en categorías de hechos, prácticamente como hace la percepción. El análisis se traducirá en discriminación dentro de estas categorías. A su vez, esta discriminación dará lugar a inferencias deductivas nuevas, las cuales generarán hipótesis nuevas y teorías nuevas que habrá que verificar con más hechos. Y así sucesivamente.

Según Popper (1980), ninguna teoría es digna de este nombre si en principio no se puede demostrar que es errónea («refutar»). De este modo, la creación, en la ciencia, progresa de manera circular a través de una masa de teorías refutables –o falseables–, verificando con hechos

18. En ciencia, siempre es difícil diferenciar efectos causales y correlaciones espurias. El problema se complica en el estudio de las relaciones de causalidad entre el cerebro y la mente, donde son accesibles al análisis sólo las correlaciones. En el mejor de los casos, entre los dos se pueden distinguir empíricamente sólo correlaciones isomórficas. No obstante, cuando las correlaciones son temporales, es mucho más fácil deducir la causalidad de esas correlaciones (Granger, 1988; Pearl y Verma, 1991).

19. He sido incapaz de encontrar la ubicación exacta de la cita en los escritos de Hayek, si bien en diversos estudios relacionados con fenómenos complejos, entre ellos la historia, se le atribuye comúnmente a él (por ejemplo, J. Keegan, *A History of Warfare*, Nueva York, Alfred A. Knopf, 1993).

las que se puedan verificar. El proceso es circular –como cualquier ciclo PA–, entre hechos y teoría, pero no puede utilizar ninguna clase de razonamiento circular. Esto significa que, en este proceso, se supone que no hay *petitio principii* –petición de principio– o tautología, ni en la inducción ni en la deducción. Todo está basado empíricamente en nuestra experiencia o en la de nuestros colegas o predecesores.

En resumen, la libertad para crear resulta de la inmensa plasticidad que la evolución ha concedido al cerebro humano. Esta plasticidad permite al cerebro formar en la memoria un gran caudal de información y acceder al mismo, información que el cerebro puede utilizar libremente para adoptar un sinnúmero de acciones alternativas. La inteligencia creativa es la capacidad de la corteza para usar esa memoria y proyectarla hacia el futuro en forma de estructuras originales de acción. Tanto el acceso a la memoria como la elección de acciones dependen de la fuerza de las conexiones sinápticas formadas en la estructura plástica de la corteza. La fuerza sináptica de los cógnitos en desarrollo que representan la creación futura dependerá, a su vez, de la solidez de su consolidación mediante reentrada dentro de sus redes. Sin embargo, no dependerá menos de la capacidad de la fuerza creativa que impulsa estas redes corticales desde las profundidades del cerebro emocional.

Conclusiones

En su origen, todas las acciones humanas derivadas de la elección libre tienen un pasado y un futuro. El pasado consta de los precedentes y los precursores de la acción y sus alternativas; el futuro, de la acción propiamente dicha y sus consecuencias imaginadas. Cuando hay que tomar decisiones importantes y hay que llevar a cabo planes complejos, la corteza prefrontal entra críticamente en juego como mediador entre el pasado y el futuro. En lo alto del ciclo PA, en la interfaz del organismo y su entorno, esta corteza tiene acceso a la memoria en el sentido más amplio y al mismo tiempo, y también en el sentido más amplio, envía outputs de acción.

Para una decisión sobre una acción nueva frente a la incertidumbre, la ambigüedad o la ambivalencia, diversas influencias afectan a la corteza prefrontal, que es el agente facilitador del cerebro en estas circunstancias. Algunas de estas influencias son conscientes; otras, inconscientes. Incluyen impulsos biológicos, memoria autobiográfica y semántica, limitaciones éticas y legales, y toda suerte de cógnitos de percepción y acción repartidos por extensas áreas de la corteza de asociación.

Las influencias procedentes del cerebro emocional (sistema límbico), como las relacionadas con los impulsos biológicos, se canalizan hacia la corteza prefrontal a través de su región orbitofrontal; las demás, incluyendo la memoria cognitiva –tanto perceptual como ejecutiva–, convergen en esa corteza mediante conexiones procedentes de otras áreas corticales. Las mismas influencias, por medio de los mismos inputs, entran en la corteza prefrontal para participar en la formación y la organización de planes con ciclos PA largos –es decir, remotos desde el punto de vista temporal–.

La ejecución de un plan requiere la coordinación compleja de varios ciclos PA dirigidos a la consecución del objetivo fundamental del plan. Esta coordinación conlleva funciones ejecutivas prefrontales, en particular la atención y la memoria de trabajo. Estas dos funciones tienen un componente selectivo y un componente excluyente (inhibitorio) –este último para superar interferencias o distracciones–. En cualquier decisión o plan de acción, el feedback es esencial para verificar o corregir ciclos dirigidos a objetivos.

La inteligencia creativa es la capacidad de dar valor a los objetos partiendo de material viejo y memoria establecida. El valor de un objeto creado puede variar muchísimo, desde lo monetario a lo estético, desde lo relativo a la salud a lo social, desde lo moral a lo útil, desde lo educativo a lo cultural. Como la planificación, el proceso creativo depende de la capacidad organizativa temporal de la corteza prefrontal. El próximo capítulo se ocupa de una facultad típicamente humana del libre albedrío que es creativa casi por definición: el lenguaje.

6

Libertad en el habla

> El lenguaje es un proceso de creación libre; sus leyes y principios son fijos, pero la manera en que los principios de la generación se utilizan son libres e infinitamente variados. Incluso la interpretación y el uso de las palabras suponen un proceso de creación libre.
>
> NOAM CHOMSKY

EL TEMA DE ESTE CAPÍTULO es la capacidad del habla para proteger y ampliar nuestra libertad. Así pues, aquí nos ocupamos de la expresión verbal como instrumento del cerebro y garante de la libertad en la sociedad humana. El habla es la más humana de las facultades humanas, el logro supremo de la evolución de los organismos en sus largos viajes de adaptación a los diversos entornos. Mediante el habla delimitamos nuestra existencia entre nuestros congéneres. Mediante el habla *en el tiempo futuro* ampliamos esta existencia hacia delante en el tiempo y reivindicamos nuestra libertad para ello.

El habla es la expresión verbal del lenguaje, una función cognitiva nuclear en el patrimonio neurobiológico de nuestra especie. El lenguaje es tan importante para la cognición que para algunos los dos son equiparables.[1] El *logos* («palabra», en griego) está en la esencia no sólo del lenguaje sino también del pensamiento lógico, los dos componentes característicos de la mente humana. De todos modos, su primacía cognitiva no desmiente su origen primitivo. En las especies inferiores hay medios de comunicación que se pueden considerar precursores del lenguaje, si bien distan de ser lenguaje propiamente dicho. La evolución cerebral del lenguaje va acompañada de la evolución del aparato anatómico que permite hablar.

Prácticamente no hay ninguna parte del cerebro que no esté involucrada en el lenguaje de una manera u otra. Ciertos trastornos del lenguaje, por sutiles que sean, pueden deberse a alguna lesión física de cualquier estructura del cerebro o el cerebelo, de los ganglios basales o del sistema límbico, de la corteza o de la subcorteza. En todo caso, el lenguaje, como cualquier otra función cognitiva, tiene su base más firme y amplia en la corteza cerebral. En la actualidad, se sabe a ciencia cierta que los aspectos cognitivos del lenguaje dependen, sobre todo, de la integridad estructural y funcional de esta corteza. Ciertas áreas de la misma son cruciales para la semántica y la producción del habla, aunque participan también en otras funciones cognitivas, por ejemplo, y de manera destacada, el pensamiento lógico.[2] Desde la perspectiva históri-

1. Es un asunto que provoca bastante controversia. Es verdad que el lenguaje está en los cimientos de la cognición humana (Chomsky, 1985; Fodor, 1975). Ahora sabemos que el lenguaje comparte con todas las funciones cognitivas las mismas redes corticales y la misma dinámica neural. Sin embargo, no es verdad que el lenguaje y la cognición sean cosas idénticas, pues algunos aspectos de la cognición son irreducibles al lenguaje.

2. La relación entre el lenguaje y el pensamiento lógico no está clara (Boroditsky, 2003). Algunos filósofos defienden la idea de que el pensamiento lógico tiene una estructura lingüística que pre-

ca, el descubrimiento de estas áreas relacionadas con el lenguaje desempeñó un papel indirecto en el nacimiento de la frenología, la obsoleta y desprestigiada doctrina de la localización cerebral de las facultades mentales. No obstante, este descubrimiento sí condujo a la larga a la amplia aceptación de centros de gran asociación y compromiso cognitivo en las redes corticales.

La corteza prefrontal está muy implicada en el lenguaje, como lo está en todas las actividades organizadas de forma temporal.[3] Y está especialmente involucrada en los aspectos del lenguaje que conciernen al futuro. En la corteza prefrontal es donde tiene lugar la sinergia crítica de la toma de decisiones, la planificación y la creatividad por un lado, y del lenguaje por el otro. Los cuatro tienen una perspectiva futura. Todos son instrumentos de libertad. Todos se incluyen en la agenda de la corteza prefron-

---

cede a un lenguaje natural y da origen al mismo. Otros opinan lo contrario: el lenguaje precede al pensamiento, que tomaría prestada su estructura del lenguaje. En todo caso, ninguna postura parece más convincente que la otra desde el punto de vista de la neurobiología cortical, que las hace perfectamente compatibles.

3. La posición elevada de la corteza prefrontal como organizador y facilitador temporal de acciones dirigidas a objetivos pone en entredicho la existencia de un proceso neural unitario. Así pues, casi todos los estudios fisiológicos de esta corteza se centran en uno u otro componente de la organización temporal (memoria de trabajo, control cognitivo, sistema de atención, descarga corolaria, corrección de errores, seguimiento, etcétera), que atribuyen a una u otra de sus áreas constituyentes. No obstante, en el lóbulo frontal las disociaciones dobles de áreas y funciones son raras y discutibles. De hecho, el análisis reduccionista de sus áreas y funciones pasa por alto el papel supraordinado de la corteza prefrontal, donde diferentes áreas cooperan estrechamente entre sí y con otras de la corteza posterior. Además, cualquier deducción de causalidad en el seno de la corteza prefrontal pasa por alto el carácter holístico de su función organizadora temporal y lo saca del ciclo PA adaptativo, donde no hay ningún origen causal identificable.

tal, que, por consiguiente, podemos denominar con toda razón «órgano de la libertad».

Predicción

Predecir equivale literalmente a «pronosticar, vaticinar». En términos generales, es sinónimo de «prever» o «anticiparse». No obstante, la predicción es aplicable al ser humano sólo en el primer sentido, en el sentido lingüístico de *dicción* o relato. Éste es el aspecto en el que la predicción está más relacionada directamente con la libertad.

Los animales pueden anticiparse a acontecimientos, pero no pueden predecirlos al no poder decirlos, pues no tienen lenguaje, aunque sí cuentan con medios simbólicos de comunicación (Lyn *et al.*, 2010). Según demuestran numerosas investigaciones, el sistema nervioso de los animales experimenta cambios de actividad en previsión de hechos esperados, sobre todo si éstos conllevan recompensa biológica o peligro de alguna clase. En cuanto a esto, lo más destacable es la evidencia de actividad anticipatoria en la corteza del lóbulo frontal de los primates, concretamente la corteza prefrontal.[4] La anticipación ani-

4. Algunas de las primeras «células anticipatorias» fueron descubiertas entre «células de la memoria» de la corteza prefrontal de monos que realizaban tareas de demora (Fuster *et al.*, 1982), tareas de memoria de trabajo en las que el animal debe retener una clave sensorial para una elección prospectiva recompensada tras una demora de unos segundos. La descarga de algunas células aumenta en previsión de esta elección y la consiguiente recompensa. En el ser humano, la manifestación neural de anticipación se refleja en la «onda de expectativa», que es un gran potencial eléctrico negativo del que se pueden tomar registros en la superficie del cuero cabelludo frontal en el período entre dos episodios separados en el tiempo pero recíprocamente supeditados uno a otro (Brunia, 1985). Por tanto, la onda de expectativa aparece en previsión del segundo estímulo.

mal es el precursor de la predicción humana antes de la aparición del lenguaje.

De todos modos, sólo el ser humano puede *hablar* por adelantado; es decir, los seres humanos pueden usar el lenguaje para simbolizar acontecimientos futuros mediante palabras –o pensamientos– con referencia a una escala temporal de reloj y calendario. De manera más específica, la predicción humana tiene una dimensión existencial en el sentido de que incluye *autopredicción*, esto es, el pronóstico de episodios creados por las propias acciones y sus consecuencias para el yo y para los demás. Mediante la autopredicción, el individuo puede prepararse para estas acciones –y sus consecuencias– dentro del ciclo PA. También en este sentido la libertad humana, con su potencial intrínseco para la elección, se beneficia del lenguaje. El lenguaje nos permite verbalizar –a nosotros y a los otros– nuestras predicciones respecto a la libertad de elección. Esta capacidad nos permite condensar verbalmente el curso de la acción libre pronosticada y formar en nuestra cabeza esquemas de dicho curso.

De hecho, un mapa mental del futuro antecede a la ejecución de todo plan de acción con objetivo.[5] Este mapa temporal consiste, en lo esencial, en un cógnito ejecutivo que, situado en la corteza frontal, define esquemáticamente los acontecimientos sensoriales y motores que conducen a ese objetivo. Como ocurre con cualquier elemento de la «memoria futura», este esquema o mapa temporal no es más que una nueva reorganización cartográfica del pasado con una perspectiva futura. Partiendo de una malla de memoria ejecutiva, la corteza prefrontal «esculpe» en sus redes ejecutivas ese esquema selectivo

5. La prueba de ello es indirecta; deriva del hecho de que los pacientes con lesiones prefrontales graves tienen muchas dificultades para imaginar un plan de acción con detalle (Shallice, 1982).

de acciones futuras. El esquema esculpido es una red de representaciones previstas, más o menos conscientes, con un orden temporal en su seno.[6]

La selectividad de este esquema, por tosca que sea al principio –antes de la ejecución–, se basa en la misma consideración de prioridades –determinadas por los pesos sinápticos en su red– que como ya hemos visto interviene en cualquier decisión (capítulo 5), sólo que ahora con una estructura lingüística añadida.[7] El esquema se apoya también en la capacidad que tenemos para eliminar acciones alternativas inapropiadas o no deseadas que también son producto del pasado. La planificación verbalizada selectiva, como cualquier función cognitiva, requiere no sólo centrarse en un curso de acción dado sino también suprimir alternativas contradictorias. Nuestra corteza prefrontal hace ambas cosas, pues predice y planea el futuro. Esta interacción selectiva de incremento y supresión es lo que denomino «principio de Lebadea» de la función prefrontal.

En la Grecia antigua, estaba en Lebadea el famoso oráculo de Trofonio, a quien consultaban los que que-

6. No sabemos con exactitud cómo está cartografiado el tiempo en el cerebro, aunque ciertos indicios nos empujan a suponer que su representación neural es relativa y autorreferenciada, no absoluta. Incluso los «relojes» biológicos son «autorreferenciados»; están regulados por funciones neuroautonómicas y, por tanto, relacionados con ellas. Los ciclos diurno y lunar, a su vez, quizás influyan en algunos ciclos biológicos. En cualquier caso, nuestro paradigma de los cógnitos (capítulo 3) cuadra bastante bien con la relativa y autorreferenciada idea kantiana de las dos principales categorías del conocimiento, el espacio y el tiempo (Guyer, 2004). Los dos serían marcos relacionales de referencia subjetiva incrustados en la textura relacional de cada cógnito cortical.

7. El neuropsicólogo ruso Alexander Luria fue el primero en señalar la importancia del lenguaje en la función estructuradora temporal del lóbulo frontal (Luria y Homskaya, 1964).

rían conocer su futuro (Habicht, 1985). Antes de entrar en una cueva sagrada donde el sacerdote pronunciaría su adivinación, el visitante debía beber el agua milagrosa de dos fuentes cercanas. Primero agua de Lethe (olvido) para olvidar las partes incómodas del pasado, y luego agua de Mnemosyne (recuerdo) para recordar mejor lo que iba a serle revelado. Del mismo modo, mientras nuestra corteza prefrontal elabora un plan nuevo partiendo del pasado, ha de rechazar alternativas salidas del mismo pasado que son incompatibles con ese plan.[8] Nada de esto necesita ser consciente o verbalizado, si bien una parte lo será. La actividad prefrontal de cualquier intensidad y duración es, con gran probabilidad, consciente e internamente verbalizada. No obstante, nos disponemos a alcanzar muchos de nuestros objetivos de forma inconsciente, empujados y guiados por el contexto social o por indicaciones subliminales.

Así pues, dos funciones prefrontales, la concentración de la atención y el control inhibitorio, actúan conjuntamente para predecir de forma selectiva acciones con objetivo y prepararnos para ellas. Son las mismas funciones *push-pull* [a modo de dos válvulas operando alternativamente] que garantizarán la selectividad de la atención a esas acciones una vez estén en marcha en la organización temporal de la conducta planeada o el lenguaje. Al

8. Es una prueba confirmada de que la corteza prefrontal lateral –es decir, la corteza de la convexidad exterior del lóbulo frontal– es fundamental para la representación y la ejecución de acciones prospectivas, mientras que la corteza prefrontal orbital (inferior) es igualmente fundamental para el control inhibitorio de la interferencia, la distracción o los recuerdos contradictorios con los planes presentes (Fuster, 2008) –además del control de los impulsos–. Está también demostrado que el control de los impulsos puede ser, en buena medida, ejercido por influencias inhibitorias directas de la corteza prefrontal orbital en estructuras subcorticales, en particular los ganglios basales (Aron *et al.*, 2004).

igual que todas las funciones cognitivas que intervienen en la organización temporal de acciones con un objetivo, estas dos funciones tienen una base sólida en la corteza prefrontal. Por tanto, se desarrollan a medida que esta corteza se desarrolla estructural y funcionalmente en el transcurso de la vida del individuo.

Cualquier retraso en estos episodios se traducirá en un retraso en la capacidad del individuo para organizar acciones con objetivo. En la vida temprana, donde más evidente es esto es en el niño con trastorno de hiperactividad con déficit de atención (ADHD, por sus siglas en inglés), presunta consecuencia de un retraso en la maduración de la corteza prefrontal orbital (inferior) (Barkley, 1997). Los niños con ADHD tienen graves dificultades para planificar y llevar a cabo una conducta con objetivo. Con respecto a la capacidad para planear conducta autoiniciada, su alcance futuro está muy restringido. La alteración más llamativa se produce en el ámbito de la atención. Por lo general, el trastorno supone un problema peliagudo para los padres y los profesores, pues estos niños se distraen mucho y son incapaces de concentrarse.[9] Ello se debe a que carecen de las dos funciones prefrontales que sustentan los dos aspectos fundamentales de la atención selectiva para llevar la conducta hacia su objetivo: la concentración y el control inhibitorio excluyente, que hacen falta para evitar las distracciones. Se trata de dos requisitos esenciales para una educación satisfactoria.

En el niño normal, el futuro previsto se expande gradualmente conforme a la maduración de la corteza prefrontal. En particular el futuro autoprevisto se desarrolla para alojar el esfuerzo del niño por la independencia y la

9. Para los padres y profesores, no es menos peliagudo el problema conductual de la hiperactividad, una manifestación directa del mal control de los impulsos, otra señal de inmadurez orbitofrontal.

libre elección. De ahí que casi todos los programas académicos estén empíricamente adaptados a la capacidad del niño en edad de crecimiento para ampliar mentalmente el aprendizaje poco a poco a un futuro cada vez más lejano. La capacidad para construir un futuro autoprevisto aumenta con la edad hasta entrada la adolescencia y la edad adulta temprana, y con –y como consecuencia de– la maduración prefrontal, que se completa en algún momento de la tercera década de vida (capítulo 2).

En torno a los siete años, el niño adquiere un enorme interés en la causalidad y la teleología, las dos dimensiones temporales del cambio en el mundo físico (Piaget, 1952). A esa edad, el niño se hace cada vez más preguntas sobre el por qué, el para qué o el cómo. En esta época suele haber cierta afición a los juguetes mecánicos y digitales. Es también una época de apertura social más allá de la familia, de ampliación de las amistades y del grado de reactividad emocional ante los otros seres humanos y los animales de compañía. Las consecuencias futuras del estudio, el juego, el deporte y las relaciones empiezan a adquirir para el niño una importancia que no habían tenido nunca.

Entre los seis y los dieciséis años, el lenguaje se expande muchísimo. Crece el vocabulario a pasos agigantados, lo mismo que la variedad en la construcción de las frases.[10] Aumenta con rapidez el uso del tiempo futuro, lo mismo que el período de la acción prospectiva tanto en el lenguaje como en la conducta. Estas tendencias van acompañadas de un incremento de la creatividad. Este incremento, que es sin duda una expresión de libertad personal, es

10. La capacidad para construir frases aumenta exponencialmente junto con la capacidad para razonar, sobre todo en lo referente al futuro. Hughlings Jackson (1915), famoso neurólogo del Queen Square Hospital de Londres, fue el primero en escribir sobre la dificultad del paciente prefrontal para «elaborar proposiciones».

especialmente manifiesto en el adolescente que descubre en sí mismo un talento excepcional para la música, el arte, el deporte, la literatura, la mecánica, los trabajos manuales o cualquier otra cosa. Como es lógico, es la época en que empiezan a germinar las carreras científicas.

Hay que señalar dos ventajas singulares del florecimiento de la libertad en la gente joven. Aunque es cierto que los adolescentes son caprichosos y volubles con respecto a sus actividades favoritas, también es cierto que, sean cuales sean estas actividades en un momento dado, por lo general parecen liberar un inmenso depósito de energía motivacional. Sin lugar a dudas, uno tiene esta energía en buena parte gracias a haber descubierto la libertad y la independencia que siente al saberse capaz de hacer algo excepcionalmente bien, en la escuela o fuera de ella. Los elogios de los otros añaden feedback positivo al entusiasmo y a la sensación de logro.

La otra ventaja de la creatividad explosiva del adolescente es el cruce de capacidades. Suele pasar que la juventud transfiere a otras actividades, incluido el trabajo escolar, la autoconfianza y la autodisciplina resultantes del cultivo de un talento especial (por ejemplo, tocar el piano). Si los múltiples empeños no cristalizan del todo, generalmente se debe a la existencia de compromisos temporales incompatibles.[11] Junto con la creatividad, aumenta la inventiva mecánica o técnica, incluso en ámbitos ajenos a los del talento o los conocimientos de uno. Pese a la falta de sentido práctico de muchas de las ingeniosas «invenciones» de los adolescentes, no hay duda de que su mente está creando con avidez lo que Gibson (1977) denomina

11. Por el bien del rendimiento del alumno, incumbe a los sistemas escolares respetar y fomentar los talentos especiales, sobre todo si se pueden acomodar fácilmente mediante cambios adecuados en el plan de estudios y sin perjuicio para la misión académica primordial.

nuevas *potencialidades de acción*, nuevas posibilidades de «hacer»: de nuevo, una señal de libertad en expansión.

Tanto si un adolescente tiene un talento especial como si no lo tiene, y al margen de su estatus académico, está claro que en esta etapa vital el individuo todavía es inmaduro desde el punto de vista cognitivo y emocional. La persona joven no cuenta aún con los medios psicológicos para ser un miembro libre de la sociedad. La inmadurez social deriva, en buena parte, de la falta de capacidad plena para predecir y autopredecir, la cual sólo se alcanza con la maduración completa de la corteza cerebral. Es especialmente la maduración de la corteza prefrontal lo que confiere al individuo la capacidad para la planificación a largo plazo que acompaña a la predicción avanzada.

Evidentemente, debido a estos hechos del desarrollo, la sociedad, en general de forma empírica y sin la ventaja del conocimiento neurobiológico, no espera un pleno uso de la libertad del individuo hasta la tercera década de su vida. La libertad –a la edad que sea– va ligada a la responsabilidad, desde luego. Aunque normalmente ambas crecen *pari passu* con la madurez prefrontal, a la hora de asumir la libertad a la vez que la responsabilidad existen notables diferencias de un individuo a otro en cuanto a la edad cronológica. Camino de la edad adulta, hay dos actividades singulares que conllevan tanto libertad como responsabilidad: conducir y votar. La edad de la libertad para conducir precede a la edad de la libertad para votar; lo mismo sucede con la edad para asumir las respectivas responsabilidades.

La naturaleza creativa del lenguaje

Dado el extraordinario desarrollo del lenguaje y de la corteza prefrontal en el ser humano, el uno y la otra pasan a primer plano en el debate sobre la neurobiología de la libertad. Hay una explicación fundamental: la inmensa capacidad para predecir, y por tanto planear y crear, que nos confiere la corteza prefrontal. Esta capacidad y sus consecuencias están en la raíz de la elección humana; y alcanzan su apogeo en el uso del lenguaje, que depende muchísimo de las funciones de esa corteza. El lenguaje y la corteza prefrontal constituyen conjuntamente el remate final de la evolución del cerebro.[12]

El lenguaje –hablado, escrito o razonado mentalmente– es más que nada una función creativa del cerebro. Todo lenguaje es en esencia nuevo. Las palabras reactivas, repetitivas, instintivas o expletivas del bebé o del adulto no son novedosas, desde luego, pero la verdad es que tampoco constituyen lenguaje. El lenguaje es proposicional por definición: consta de frases, es decir, concatenaciones de palabras conectadas mediante relaciones de sintaxis y de significado. La lógica y las matemáticas son formas de lenguaje que se ocupan de las relaciones entre proposiciones, símbolos o números. Pasa lo mismo con el pensamiento lógico, que es lenguaje interno o mental. Desde luego, en la forma que sea, el lenguaje, como el código de toda cognición, es un código relacional,[13] y preci-

12. *Final* en el verdadero sentido de la palabra, aunque desde el punto de vista biológico no podemos decir que la evolución haya terminado su trabajo con nosotros.

13. Aquí, como en todo el libro, utilizo la palabra «código» para describir información transferida y procesada por cualquier sistema, como el sistema nervioso. La palabra «código» se refiere literalmente a los medios para convertir una forma de información en otra preservando a la vez el significado de la información. Así pues, por ejemplo, el código Morse permite la transformación del lenguaje en una serie de puntos y rayas (codificación), y viceversa (descodificación). En la cognición, un código relacional define objetos y entidades psicológicas (por ejemplo, percepciones, recuerdos) exclusivamente en virtud de las relaciones entre sus atributos. De ahí la inutilidad de intentar entender el lenguaje, o cualquier otra función cognitiva (por ejem-

samente de este hecho, y de su propiedad recursiva (más adelante), deriva su novedad y su libertad. No es sólo que el lenguaje nos permita decir cosas nuevas, sino que también nos permite decir muchas cosas, viejas y nuevas, de muchas maneras distintas.

La esencia de un código relacional es que define información sobre un objeto mediante series de relaciones entre las partes o propiedades de dicho objeto, y es irreducible a ellas. De este modo, un coche se define mediante las relaciones estructurales y funcionales entre sus partes y es irreducible a ellas o a su suma. Un carburador, un juego de neumáticos, un volante, un depósito de gasolina, un motor, un juego de bujías, etcétera, son partes necesarias del vehículo, pero la suma total de las mismas no lo define: lo que sí define el coche es el conjunto de relaciones entre ellas. Es decir, sin las relaciones entre sus partes, no podemos definir ni armar el coche, no digamos ya hacerlo funcionar. Todo sistema, mecánico o biológico, obedece a un código relacional de transferencia de información, procesamiento o almacenamiento, comenzando con el código genético.

Aquí he estado repitiendo cosas que ya había dicho antes sobre el cógnito, la unidad de memoria o conocimiento en la corteza cerebral (capítulo 3), porque son fundamentales para el debate cerebro/libertad concerniente al uso y la adquisición del lenguaje. Un cógnito de la corteza se define mediante relaciones –esto es, conexiones– entre neuronas, que en gran medida preexisten en la corteza y son objeto de selección y refuerzo, desde

---

plo, la percepción o la memoria), mediante el reduccionismo convencional de las ciencias naturales. Entender la causalidad cognitiva ampliando el reduccionismo por debajo del cógnito –es decir, hacia la célula o la molécula– no tiene sentido. Es como tratar de entender el mensaje escrito analizando la composición química de la tinta (analogía atribuida a Roger Sperry).

la vida temprana, por parte de la experiencia. Como los cógnitos son los componentes básicos de la cognición, de ello se deduce que todas las funciones cognitivas funcionan con un código relacional dentro de los cógnitos y entre ellos.

En el ser humano, la función cognitiva suprema, más compleja, versátil y adaptativa es el lenguaje. El código lingüístico –es decir, la sintaxis y el significado del lenguaje– deriva de las relaciones entre las letras y las palabras. En el habla, las relaciones se producen entre sonidos o fonemas correspondientes. Por lo general, el vocabulario de cualquier lengua es bastante amplio (unos cuantos miles de palabras) pero finito. No obstante, las posibles relaciones entre estas palabras son infinitas, como sucede en cualquier código combinatorio de muchos elementos. En este sentido, el lenguaje no difiere de las otras funciones cognitivas.[14]

Además del poder combinatorio, el lenguaje bebe en otra fuente de novedad: la recursividad. En el lenguaje, la recursividad es la capacidad para incrustar unas frases en otras, cada una matizando una parte de aquella en la que está incrustada. Es también la capacidad afín para decir o escribir algo de muchas maneras diferentes. En la es-

14. El lenguaje, como cualquier otra función cognitiva como la percepción o la memoria, encaja bien en el paradigma de los cógnitos descrito en el capítulo 3. Como una percepción o un recuerdo, una unidad de significado lingüístico consta de una red de ensamblajes neuronales interconectados que representan unidades más pequeñas –como los morfemas o los fonemas–, compartidas por otras muchas unidades lingüísticas. El conexionismo hace con el lenguaje lo que la psicología gestalt con la percepción. Ambos se basan en un código combinatorio, relacional: el significado de una frase se basa en las relaciones entre palabras prácticamente igual que la figura geométrica se basa en las relaciones entre puntos del espacio. Tanto el lenguaje como la percepción pueden ser reducidos a cógnitos, pero no más allá de eso, no sea que pierdan su significado.

tructura profunda del lenguaje, cada frase subordinada o incrustada *recurre* a su inmediata «frase de acogida». Así pues, mediante el lenguaje se pueden formar una o varias pirámides de frases dentro de frases, cada una con recursividad a otra superior. Por ejemplo, veamos la siguiente declaración: «El árbol que George plantó siendo pequeño, cuando aún iba a la escuela primaria, a los diez años, da ahora frutos, naranjas concretamente, que él recoge para su familia, que sigue viviendo en la misma granja». Sin un análisis detallado ni minucioso sobre orden y nivel, esta estructura lingüística ilustra el principio de recursividad. En ella, cada palabra o frase matizadora es como un rodeo que regresa a la carretera principal. Obviamente, con respecto al significado global del párrafo, «naranjas» y «diez años» son elementos matizadores modestos de la secuencia entera. Por su lado, «árbol», «George», «familia» y «granja» se hallan en niveles superiores de la organización del texto. El amontonamiento de estructuras lingüísticas refleja la organización jerárquica de los cógnitos adoptada por el lenguaje en la corteza y utilizada por nosotros en el habla cotidiana.

La recursividad es aplicable no sólo a frases sino también a estructuras del lenguaje más amplias: párrafos, secciones capítulos, documentos, libros, discursos públicos, etcétera. Tal como ha señalado Chomsky (1957, 2007) de forma enfática, la recursividad es lo que vuelve el lenguaje ilimitado. Además, la recursividad confiere al lenguaje las mismas propiedades categóricas y jerárquicas que otras funciones cognitivas –como la memoria y la percepción– confieren a sus cógnitos. Veamos el ejemplo de la percepción o el recuerdo de un tranvía. El cógnito perceptual o nemotécnico de este tranvía concreto está alojado en el cógnito de los vehículos eléctricos, que a su vez está alojado en el cógnito del transporte público. Naturalmente, la última categoría, definida en términos amplios, incluye también los trenes, los aviones, los autobuses y los transatlánticos.

Media un gran abismo entre el lenguaje humano y la comunicación animal no jerárquica. En lo que respecta a la capacidad de abstracción, complejidad y predicción, hay una diferencia de varios órdenes de magnitud. Ello se debe a que los animales simplemente carecen de los circuitos corticales necesarios para crear, generalizar y conceptualizar que tenemos nosotros. Los animales tampoco son capaces de proyectar sus acciones hacia el futuro mediante el uso de representaciones simbólicas del tiempo o del orden de sus acciones con un objetivo.

Sin lugar a dudas, la diferencia crítica entre la comunicación animal y el lenguaje es la naturaleza creativa del segundo, algo en gran medida atribuible a la recursividad. Los animales crean los medios para «hablar» entre sí por imitación y mediante asociación de ciertos sonidos con impulsos instintivos. Los sonidos están «precableados» en sus circuitos neurales y, a medida que éstos se desarrollan en el animal joven, los sonidos se vuelven señales para los impulsos (por ejemplo, huir del peligro, juntar comida o encontrar pareja). Ni siquiera animales con amplios «vocabularios», como el pájaro minah, el pinzón o el mono ardilla, son capaces de crear combinaciones nuevas de sonidos que correspondan a episodios complejos nuevos en el momento presente, menos todavía en el futuro.[15]

15. Podría decirse que los delfines y los grandes simios son capaces de cierta clase de «lenguaje» muy primitivo, en el sentido de que pueden emitir una gran variedad de sonidos y aprender a emitir algunos sonidos especiales para nombrar ciertos individuos u objetos. Sin embargo, no pueden usar ninguna forma combinatoria de sonidos que corresponda a un significado complejo como ocurre con el lenguaje real, al menos un significado que los seres humanos sean capaces de descifrar. De todos modos, se ha dicho que en el canal de la Mancha existen al menos dos especies de delfines, una que habita

En cambio, el ser humano es capaz de generar un sinnúmero de nuevas configuraciones de habla y significado relacionando, de infinitas maneras distintas, un amplio, bien que finito, vocabulario. De ahí deriva gran parte del potencial de autopredicción, que permite al ser humano formular y llevar a cabo planes en relación consigo mismo. Aquí, el lenguaje y el pensamiento llegan a ser las funciones cognitivas más creativas y potentes que están al servicio de la libertad, lo que incluye la capacidad para delimitar nuevas vías de acción.

Cuanto más largo sea el período temporal de autopredicción y planificación, mayor será el mando del lenguaje. Una explicación fundamental de la relación entre predicción y lenguaje radica en el carácter simbólico y abstracto del pensamiento y del lenguaje que lo refleja. El uso de palabras permite, en el razonamiento y el cálculo, las necesarias transacciones lógicas que la predicción a largo plazo requiere. Sin palabras ni sintaxis con una perspectiva futura, es imposible concebir, verbalizar o plasmar en un papel un plan de acción prospectiva, sobre todo si es complejo o supone contingencias intrincadas. Ahí reside la importancia de la madurez de la corteza prefrontal en la planificación a largo plazo. Esta corteza es crucial para la organización temporal de toda clase de acciones deseadas (Fuster, 2001), así como para el lenguaje que describirá estas acciones por adelantado –o sea, mientras todavía están en proceso de planificación.

Es de dominio público que en la vida tiene más ventaja el individuo que sabe expresarse que el que no sabe. Saber expresarse significa ser capaz de utilizar el lenguaje

---

en el lado francés y la otra en el lado inglés (Ansmann, 2005). Las dos especies utilizan diferentes secuencias de sonidos. Quizás, además de su intrincado sistema de biosonar, ¡los dos grupos usan su «delfrancés» o su «delinglés» para la cohesión del grupo y defender sus territorios respectivos!

de manera lógica y convincente, tanto al hablar como al escribir, en la intimidad o en un foro público. En todos estos contextos, es de máxima importancia usar subordinadas de manera adecuada y el igualmente adecuado orden de prioridades. Desde el punto de vista social, una buena capacidad lingüística abre muchas puertas. Tener facilidad de palabra, en cualquier esfera humana, incrementa las opciones y las posibilidades para tener éxito. Es indispensable en la educación, el mundo académico y los negocios, amén de un valioso recurso para cualquier profesión liberal.[16]

Por tanto, no es difícil entender por qué un mejor lenguaje se traduce en más libertad. Para empezar, comprender y expresar mejor los pensamientos amplía el abanico de las opciones. La clave está en la capacidad del lenguaje para crear nuevas potencialidades, nuevas posibilidades de acción para nosotros y quienes dependen de nosotros de algún modo. El lenguaje creativo incrementa las alternativas, no sólo para elegir informaciones sino también para elegir acciones que, de una manera u otra, dependan de esas informaciones. En un marco lingüístico, un plan bien diseñado es aquel que, partiendo de una serie de datos bien evaluados, permite al planificador generar una línea de actuación que dará lugar a un resultado valioso. El feedback de cualquier acción constituyente y de sus resultados es la base del éxito de un plan. Esto es pertinente a cualquier plan en los ámbitos de la ciencia, los negocios, la arquitectura, la ingeniería, la medicina, etcétera, gobierno incluido.[17] No es exagerado decir que

16. Por consiguiente, hay una gran variedad de cursos para enseñar a la gente a hablar en público; Dale Carnegie fue el pionero de los más famosos.

17. El feedback de autocontrol para correcciones de trayectoria está lamentablemente ausente en muchos planes gubernamentales, como ya se ha dicho. Aquí es donde casi siempre fallan las burocra-

la educación en el uso del lenguaje apropiado es el medio más seguro, eficiente y económico para potenciar y proteger la libertad de la ciudadanía. La responsabilidad de esta educación recae tanto en el sector público como en el sector privado de la sociedad.

Neurobiología del lenguaje

La neurolingüística es una ciencia joven. Se ocupa de los procesos neurales mediante los cuales el cerebro desarrolla y utiliza el lenguaje. Hasta hace poco, en la neurolingüística ha habido mucha especulación y pocos hechos consistentes. En ninguna otra esfera de la neurociencia cognitiva se ha producido una brecha tan grande entre los conocimientos y las conjeturas. Esta brecha es enteramente atribuible a la complejidad del lenguaje, una función cognitiva exclusivamente humana sin un verdadero paralelismo en el mundo animal.

No obstante, esta situación está cambiando deprisa. Cada vez se tienen más pruebas y conocimientos sobre tres principios fundamentales de la organización del habla en el cerebro. El primero es que las redes corticales que representan el lenguaje están muy repartidas y coinciden en gran parte con las redes que representan la información utilizada por cualquier otra función cognitiva. El segundo es que estas mismas redes ayudan no sólo a adquirir el lenguaje sino también a que cristalice su expresión hablada. Y el tercero es que el habla depende del buen funcionamiento de un ciclo PA prácticamente igual

---

cias gubernamentales que se perpetúan a sí mismas. En un ciclo PA público, ningún plan resulta satisfactorio si el ciclo no recibe evaluación permanente de feedback sobre el plan y sus consecuencias. En este caso, es imposible la autocorrección efectiva.

que cualquier otra forma de conducta con objetivo. Los tres principios tienen mucho que ver con la libertad que nos da el habla. En esta sección, me ocuparé de los dos primeros, y en la siguiente del tercero.

Ciertos neurolingüistas abordan el lenguaje como si fuera una «sustancia» inmaterial aparte, como la conciencia o «el yo», lo que de algún modo empujaría al cerebro a hacernos hablar. Se trata de una postura dualista que no se puede defender con argumentos lógicos. Una postura más razonable es que existe un «módulo» cerebral aún no especificado –pero sí especializado– para el lenguaje. Entre quienes creen en esto se cuentan los denominados lingüistas nativistas, según los cuales la capacidad lingüística es un rasgo genético exclusivo del ser humano, cableado en un módulo cerebral, que a su debido tiempo –no más allá de la pubertad– llega a ser operativo junto con otros aspectos genéticos de la función cerebral. Por su lado, los conductistas empiristas sostienen que el cerebro adquiere el lenguaje mediante la experiencia, igual que adquiere las demás capacidades cognitivas, y que ciertas partes del cerebro, en particular el hemisferio izquierdo, son más eficaces en eso que otras.

Un episodio importante en la historia temprana de la neurociencia cognitiva fue la identificación, en el hemisferio cerebral izquierdo, de dos áreas de asociación corticales que al parecer estaban especializadas en los dos principales componentes de la capacidad lingüística: la comprensión y la producción del habla. El área de la segunda fue la primera en ser descubierta. En 1861, el neurólogo francés Paul Broca describió el extraño caso de un paciente que, tras una grave lesión en el lóbulo frontal izquierdo, tenía grandes dificultades para articular palabras de forma espontánea (Broca, 1861). Su habla era escasa y se caracterizaba por frases cortas, disparejas, «telegráficas», sin artículos ni nexos de unión. El área cortical afectada era la de la circunvolución tercera o inferior del lóbulo frontal izquierdo. Con el paso del tiempo y gracias a casos adicionales de lesiones parecidas, esta área acabó siendo conocida como «área de Broca», y el trastorno del habla derivado de su lesión fue la *afasia de Broca.*

Algún tiempo después, Wernicke (1874) describió el trastorno contrario –es decir, la *afasia semántica*–, que se caracteriza por ciertas dificultades para comprender el significado del lenguaje; esta clase de afasia también se denomina «afasia fluida», pues consiste en habla fluida, ampulosa, casi disparatada. Un trastorno así se debe a lesiones de la corteza posterior izquierda, alrededor de la denominada «circunvolución angular». Con el tiempo, las dos áreas corticales, la de Broca y la de Wernicke, fueron reconocidas universalmente como centros muy implicados en la producción y el significado del habla, respectivamente. No obstante, los neurólogos fueron poco a poco observando que las lesiones en torno a esos centros también originaban afasias esencialmente de las dos mismas clases, aunque más sutiles y benignas (figura 6.1). Ciertas lesiones de los tractos de fibras entre las dos áreas también dan lugar a formas combinadas de afasias, lo que se conoce como «afasias de conducción».

Cabría decir que el cuadro clínico de una afasia o un trastorno del habla es el «negativo fotográfico» de la función que el área cerebral afectada realiza normalmente en el habla antes de la lesión. Mediante escáneres de las funciones del habla en un individuo normal, las neuroimágenes funcionales actuales empiezan a procurar el «cuadro positivo» de la implicación del cerebro en el habla *y otras funciones cognitivas afines.*[18]

18. Curiosamente, diversos estudios (véase revisiones de Bookheimer, 2002; Price, 2010) ponen de manifiesto activación para-

Se sabe desde hace tiempo que ciertas lesiones cerebrales causantes de afasias también provocan trastornos en otras funciones cognitivas, como la percepción y la memoria, que están estrechamente relacionadas con el habla. Por ejemplo, en general ciertas lesiones de la corteza de asociación posterior se traducen no sólo en afasias semánticas, sino también en déficits de memoria semántica no verbal y agnosias.[19] A la inversa, ciertas lesiones frontales provocan déficits en la elaboración de planes de acción además de diversos grados de afasias en la producción del habla. Norman Geschwind, neurólogo de Harvard, en algunos trabajos de gran influencia (Geschwind, 1965a, 1965b) fue el primero en reconocer el papel de las conexiones entre ensamblajes neuronales corticales muy alejados entre sí en varios trastornos cognitivos derivados de lesiones corticales. Su labor promovió un gran número de estudios anatómicos sobre la conectividad cortical, que a la larga tuve mucho en cuenta a la hora de generar el concepto de red cognitiva o cógnito (capítulo 3).

---

dójica de la corteza frontal (es decir, el área de Broca) durante el procesamiento semántico del significado. Esto pone de relieve dos problemas: uno, la dificultad de las neuroimágenes funcionales para disociar producción del habla y significado del habla; otro, la ineludible realidad de que tampoco en la dinámica del habla podemos disociar las dos funciones, en cualquier caso, no mejor de lo que podemos dividir experimentalmente el ciclo PA. Un reciente estudio de imágenes destaca la activación conjunta de la corteza posterior izquierda y de la corteza frontal en la sintaxis del lenguaje (Griffiths *et al.*, 2012).

19. La palabra «agnosia» fue inventada por Sigmund Freud (1891) para hacer referencia a las dificultades en el reconocimiento de nombres de objetos comunes. La memoria semántica, un caso especial tanto de anomia (pérdida de nombres) como de amnesia, es la dificultad para recordar palabras o nombres.

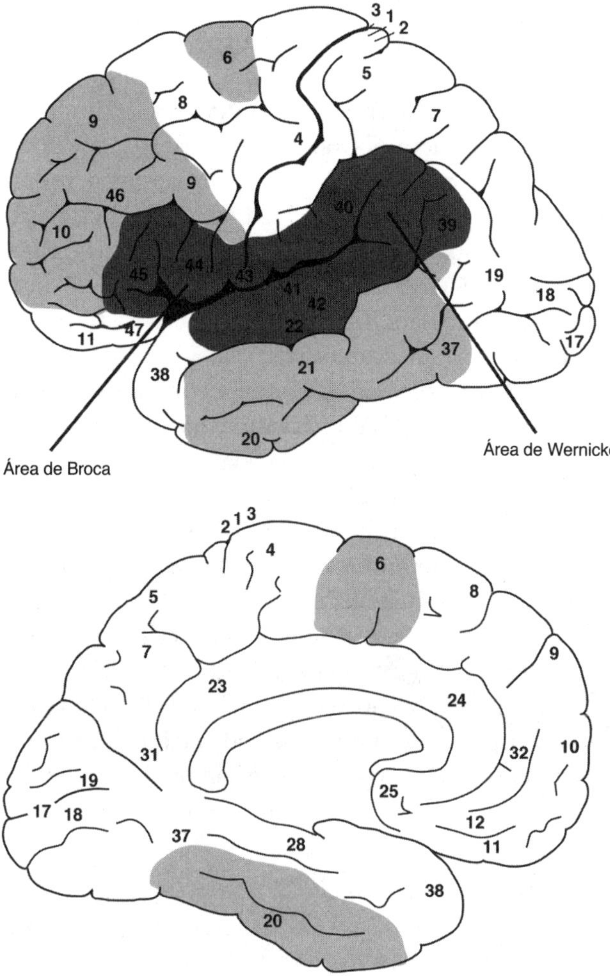

FIGURA 6.1. Imágenes lateral y medial de la corteza del hemisferio izquierdo (mapa de Brodmann); las lesiones de las áreas marcadas provocan trastornos del habla (afasias). Los trastornos más graves derivan de daño en las áreas *grises;* los menos graves, de daño en las áreas *grises.*

Ciertas lesiones de la corteza prefrontal son instructivas, pues originan trastornos del lenguaje que, pese a ser relativamente sutiles, pueden debilitar gravemente la flexibilidad y la libertad del habla. Alexander Luria, el eminente psicólogo ruso, denominó «afasia dinámica frontal» al trastorno prefrontal del lenguaje. De hecho, el paciente prefrontal carece no sólo de capacidad de planificación, sino también de propiedades proposicionales del lenguaje.[20] Por lo general, el habla del paciente está empobrecida y carece de espontaneidad, fluidez y perspectiva de futuro. La anomalía más típica, aunque sutil, es la ausencia casi total de recursividad, lo cual significa escasez de frases subordinadas, insertadas, en el habla. La anomalía es seguramente el «negativo» de un habla variada, elaborada y creativa: lo contrario de la flexibilidad y la libertad lingüísticas sin trabas que dignifican la expresión del hablante creativo.

Nadie puede defender seriamente que la infraestructura neural del lenguaje es un producto heredado de la evolución, complejo y adaptativo como cualquier otro y al mismo tiempo abierto a la experiencia y la innovación como ningún otro. No obstante, con respecto al lenguaje, hay un eterno debate naturaleza/educación no resuelto del todo. Como el lenguaje proposicional complejo es exclusivamente humano,[21] el debate suele ser ferozmen-

20. Desde Jackson (nota 10 de este capítulo) sabemos, por ejemplo, que la primera víctima de la lesión frontal es la capacidad para «elaborar proposiciones», otra expresión para la recursividad o sus derivados en la construcción de lenguaje, sobre todo con referencia a las acciones futuras (Jackson, 1915).

21. Podemos considerar que la comunicación animal es un precursor del lenguaje humano, desde luego; hay ejemplos de «protolenguajes» en ciertos primates, como los chimpancés o los monos vervet. Sin embargo, en el «lenguaje» animal no se han puesto de manifiesto de manera concluyente ni la recursividad ni la sintaxis, dos características fundamentales del lenguaje.

te antropocéntrico. El carácter de la gramática universal (GU) es un elemento central del debate. Noam Chomsky (1965), en respuesta a los excesos del conductismo y basándose en la prodigiosa capacidad de los niños para crear sintaxis adecuada, sugirió que la GU era una capacidad o facultad innata, heredada, que aparece invariablemente en todos los niños normales en el curso de su desarrollo.

Muchos científicos cerebrales tienen dudas acerca de la gramática innata. Y ello sobre todo por dos razones. Una es que a los biólogos les cuesta aceptar la heredabilidad –frente al aprendizaje– de ninguna «norma» de conducta. La otra razón es la postura simplista de muchos neurocientíficos en relación con el aprendizaje y la memoria en general. Con respecto al lenguaje, su actitud se basa casi exclusivamente en la dualidad de las dos áreas corticales descritas del hemisferio izquierdo: una para comprender el lenguaje y otra para expresarlo. Son incapaces de ver los aspectos globales del lenguaje y la participación de otras áreas corticales en el mismo.

La polémica lenguaje/cerebro se ha enmarañado debido al mal uso de algunas analogías informáticas. Existen «lenguajes» informáticos y sintetizadores informáticos del lenguaje, y existe un lenguaje simbólico (por ejemplo, algoritmos) para el cálculo matemático. No obstante, los aspectos neuro-computacionales del lenguaje están lejos de nuestro alcance y seguirán estándolo. La explicación es fácil: una entidad léxica como una palabra extrae significado únicamente de sus relaciones con muchas otras en un contexto idéntico o distinto. Aquí el reduccionismo –esto es, reducirlo todo a sus partes mínimas– vuelve a ser contraproducente. Ninguna computadora puede simular los cientos de millones de reacciones químicas y de potenciales de acción celulares que sustentan el inmenso código combinatorio de la corteza cerebral implicado en el lenguaje. Tanto la epistemología como la metodología de la neurolingüística necesitan un «suelo» como el cógnito o red cognitiva, que es la unidad de memoria y conocimiento. Por debajo de este suelo, el lenguaje pierde prácticamente su significado.

Los nativistas del lenguaje tienen razón cuando afirman que nacemos con una pieza única de «hardware» cerebral que, con el «software» apropiado –de la cultura y el aprendizaje–, generará lenguaje y habla. Lo que da a esta dualidad cerebral hardware-software su capacidad para representar y manejar el lenguaje no es el volumen ni el número de neuronas, sino la *conectividad* entre ellas, con la cual nacemos. La conectividad procura al cerebro un poder combinatorio infinito para la *sintaxis*, no sólo en el lenguaje sino también en todas las demás formas de acción coordinada.[22] La información combinatoria presente y potencial en la corteza supera en mucho a la del genoma. De esta información potencial surge la creatividad del lenguaje. Ésta es la verdadera raíz de nuestra libertad para escoger lenguaje y utilizarlo libremente. En cualquier caso, cuanto más libre y novedosa sea nuestra elección de palabras, más aseverativa, fuerte y flexible será nuestra libertad entre quienes nos escuchan.

Ahora bien, ¿qué pasa con la singularidad del lenguaje humano? Muchos biólogos evolutivos señalan el tremendo aumento –en realidad, exponencial– de tamaño de la corteza a lo largo de la evolución hasta los primates y el *Homo sapiens* (capítulo 2). Un hecho menos

22. Karl Lashley hablaba de la «sintaxis de la acción», extendiendo el concepto más allá de la sintaxis lingüística, hasta acciones dirigidas a objetivos en general (Lashley, 1951), concepto también defendido por la psicóloga del desarrollo Greenfield (1991). Sin embargo, no identificaban la corteza del lóbulo frontal como el integrador temporal de las acciones, como he sugerido yo basándome en numerosas pruebas de varios estudios (Fuster, 2008).

conocido es que el incremento de sustancia blanca –es decir, de conexiones corticales– es más acusado aún que el del tamaño de la corteza (Frahm *et al.*, 1982). Más que el volumen y el número de células, el ampliador evolutivo clave del código cognitivo, y por tanto del código lingüístico, es la conectividad cortical. Con la ampliación de la conectividad, aumentan las posibilidades de información relacional, y, toda vez que esta expansión es exponencial, en el ser humano aumentan marcadamente las posibilidades del lenguaje.

Teniendo presentes estos hechos, al final carece de sentido la cuestión de la continuidad frente a la discontinuidad en la evolución de la cognición, en particular el lenguaje. De hecho, un aumento exponencial muy brusco en la curva de la conectividad cortical en función de la evolución –pongamos, entre un gran simio y el ser humano– seguro que aparece como «función escalón». A efectos prácticos, es así. En otras palabras, la novedad y la singularidad del lenguaje humano acaso sean sólo productos de un incremento drástico en la complejidad conectiva cortical, como resulta especialmente obvio en la ausencia de especies intermedias a efectos de comparación, con independencia de si hablamos de monos o de homínidos.[23]

¿Queda, por tanto, invalidada la opinión de Chomsky de que nuestros predecesores nos legaron las reglas de la gramática? No me lo parece; pero antes habría que matizar el origen de estas reglas. De hecho, un análisis cuidadoso de la evolución del lenguaje y de sus fundamentos

23. Aquí, un hecho de capital importancia es que, en la evolución hasta el ser humano, la sustancia blanca de la corteza prefrontal –su conectividad mielinizada de conducción rápida– es la que más aumenta en comparación con la de las demás estructuras cerebrales (Schoenemann *et al.*, 2005). Por tanto, es acertado concluir que la conectividad de la corteza prefrontal, el fundamento del lenguaje libre, diferencia a los seres humanos del resto de los animales.

cognitivos y cerebrales da cierto crédito a esta idea. Aquí me siento obligado a realizar una defensa con reservas porque mi opinión del uso de la gramática tiene mucho que ver con la liberación del hombre del «aquí y ahora» y con su apertura al futuro.

Basaré mi posición en tres premisas. La primera es que el cerebro humano está dotado del hardware conectivo necesario para *categorizar* tanto objetos como acciones. Por «categorizar» entiendo «clasificar». La percepción es la clasificación de los objetos según las relaciones dentro de sí mismos y con otros objetos (Hayek, 1952). Del mismo modo, categorizamos acciones mediante asociaciones dentro de sí mismas y entre ellas y con recompensa, intención y objetivo. Muchas de estas asociaciones son innatas, filéticas y genéticas. Igual que en el cerebro hay cógnitos perceptuales primitivos correspondientes a caras,[24] debe de haber también cógnitos primitivos de acción en relación con ciertos atributos espacio-temporales de acción en general: la temporalidad (cuándo ocurren las acciones y durante cuánto tiempo), la probabilidad (qué posibili-

24. Debido a su intensa naturaleza asociativa, es posible observar nódulos reticulares de la representación visual de caras en toda la corteza. No obstante, gracias a las neuroimágenes funcionales se ha identificado un área cortical en la parte inferior del cerebro donde todas las caras están representadas de manera más sistemática: la circunvolución fusiforme (McCarthy *et al.*, 1997). Esta área cortical está cerca de la corteza visual primaria, por lo que es muy temprana y está en un nivel jerárquico bajo en la cadena de áreas implicadas en el procesamiento de información visual. Podría ser la sede de un cógnito heredado (filético) para las características básicas de una cara (ojos, nariz, labios, etcétera) conectadas por relaciones que son constantes, prototípicas, en todas las caras. En niveles superiores de la jerarquía, cada cara individual del mundo que nos rodea, comenzando por la de nuestra madre, adquiriría asociaciones con la edad, el género, el nombre, etcétera, que llegarían a ser los «cognitos de la cara» de nuestros recuerdos individuales.

dades tienen de ocurrir), la causalidad (cómo se producen y quién o qué las produce), la condicionalidad (de qué sucesos u otras acciones, del pasado o del presente, dependen) y la numerosidad.[25] Las reglas gramaticales se basarían fundamentalmente en estos atributos de acción, sobre todo si tienen una dimensión temporal sustancial.

La segunda premisa es que, en la corteza cerebral, tanto los cógnitos de acción como los de percepción están organizados *jerárquicamente* (capítulo 3). Los cógnitos perceptuales están organizados en la corteza posterior por orden de complejidad: los más concretos en la parte inferior, cerca de la corteza sensorial, y los más abstractos en la corteza de asociación superior. Del mismo modo, en la corteza frontal, los cógnitos de acción están organizados jerárquicamente: las acciones concretas (filéticas) en la corteza motora y las más complejas en la corteza prefrontal. Igualmente, uno de los conceptos fundamentales de la lingüística moderna es que el lenguaje también está organizado de forma jerárquica. En consecuencia, en la corteza posterior existe una jerarquía para los cógnitos semánticos, perceptuales del lenguaje, y en la corteza frontal otra para sus cógnitos sintácticos ejecutivos. Las frases lingüísticas, sobre todo si son complicadas y profusas en subordinadas, contienen una cierta variedad de cógnitos superpuestos e incrustados –es decir, de constructos de percepción y de acción que están entrelazados dinámicamente por la gramática en el ciclo PA del habla–.

La tercera premisa es que la corteza prefrontal no sólo contiene la representación cognitiva de las secuencias más complejas de acciones con objetivo sino que también participa en su *expresión*. Al trasladar este principio al len-

25. La numerosidad es la base conceptual y del desarrollo de los números y las matemáticas (Dehaene, 1997). En este caso, se refiere al número de agentes, acciones, y sus episodios y contingencias precedentes o consiguientes.

guaje, la corteza prefrontal aparece como la organizadora superior del lenguaje y su gramática. No es casualidad, sino una manifestación de causalidad biológica, que, con el desarrollo y la maduración de la corteza prefrontal, el lenguaje se haga cada vez más variado y la gramática se abra al futuro y a las infinitas posibilidades de expresión que el lenguaje ofrece.[26] Al mismo tiempo, la neurobiología proporciona indicaciones claras de que la sintaxis lingüística es un caso especial de sintaxis de acción de Lashley (1951) y que las dos comparten la misma infraestructura cortical. Otro hecho revelador en lo referente a la relación neurobiológica entre lenguaje y acción general es que la evolución del área de Broca, una subdivisión de la corteza prefrontal, guarda correlación con el desarrollo evolutivo del uso de herramientas (Greenfield, 1991).

Separar el lenguaje de las otras funciones cognitivas es un error. Esta separación artificial pasa por alto el hecho evidente de que el lenguaje, en sus diversas formas, depende de todas las demás funciones cognitivas. Éstas son esenciales para guiar el habla y guardarla en la memoria, adquirir conocimiento semántico, recuperar este conocimiento, realizar cualquier tarea que requiera inteligencia verbal y tomar decisiones sobre opciones de lenguaje. Por tanto, debemos asumir ineludiblemente que el lenguaje y el habla se valen de las mismas redes corticales, de los mismos cógnitos, que otras funciones cognitivas utilizan. La neurociencia cognitiva respalda ampliamente

26. La acción futura se categoriza de manera distinta en diferentes lenguas. En las derivadas del latín, mediante una inflexión del verbo. En inglés, poniendo delante del infinitivo de la acción el auxiliar *will*, y en alemán una forma conjugada del auxiliar *werden* (llegar a ser). Curiosamente, ambos verbos auxiliares dan a entender cambio temporal en el futuro, un cambio que, en el caso del inglés, es inducido «voluntariamente» (transitivo) –aunque sea por una fuerza inanimada–.

esta asunción.[27] Básicamente, los cógnitos lingüísticos se solapan en gran medida, si es que no coinciden, con los cógnitos representantes de los sujetos y los objetos del habla, y el reconocimiento y el uso de estos sujetos y objetos activan las mismas áreas corticales que se activan en su expresión hablada. Si estas áreas sufren daño, se degrada la expresión lingüística.

En resumen, los cógnitos lingüísticos están organizados jerárquicamente como cógnitos ejecutivos y perceptuales. Las expresiones léxicas simples con significado concreto están en redes de la corteza de asociación sensorial y motora, mientras que las expresiones complejas se encuentran en redes más repartidas de las cortezas frontal y posterior superiores. En cualquier caso, las expresiones con significado concreto están alojadas dentro de expresiones más amplias y abstractas.[28] En la recuperación de recuerdos, las palabras con connotaciones sensoriales

27. Aquí puedo hacer referencia a la labor de muchos investigadores que he abordado con cierto detalle en otras dos publicaciones (Fuster, 2003, 2009). En resumen, la evidencia procede básicamente de dos ámbitos importantes de la neurociencia: la neuropsicología –es decir, el estudio de los efectos clínicos y psicológicos de las lesiones corticales– y las neuroimágenes funcionales mediante tomografía de emisión de positrones (TEP) o las imágenes de resonancia magnética funcional (RMf).

28. En este contexto, «alojadas» alude a que pequeñas unidades corticales de significado y sintaxis están incrustadas en otras mayores, como ocurre en la estructura formal del lenguaje. El significado de «cocker spaniel» está insertado en la categoría reticular de «perros», y ésta en la de «animales domésticos», y ésta en la de «mamíferos», y así sucesivamente. El color «amarillo» está incluido en muchas categorías de objetos, como los «canarios», las «rosas amarillas» o los «plátanos». Cualquiera de estas palabras puede formar parte de muchas frases subordinadas incrustadas en frases más largas, y éstas en otras más largas todavía. Muchos cógnitos lingüísticos son «heterárquicos» en el sentido de que están asociados con otros en distintos niveles de una jerarquía.

tienden a activar cógnitos predominantemente, aunque no exclusivamente, en la corteza posterior, mientras que las palabras connotadoras de acción –como los verbos activos– activan cógnitos frontales (Cappelletti *et al.*, 2008; Caramazza y Hillis, 1991; Tyler *et al.*, 2008). Por lo general, parece cierto que dos jerarquías lingüísticas, una en la corteza posterior para el significado de palabras y frases y la otra en la corteza frontal para su expresión, se solapan mucho, si no coinciden, con las dos jerarquías correspondientes de la percepción y la acción, respectivamente.

Así pues, con las premisas y las pruebas resumidas, podemos intentar corroborar la relación entre la neurobiología y una GU «innata». Para empezar, hemos de procurar a la GU una base heredable en el cerebro. La única manera convincente de hacerlo es sumergiendo el lenguaje en el sustrato anatómico de las otras funciones cognitivas, que aquél obviamente necesita para su desarrollo: la atención, la percepción, la memoria y la inteligencia, esta última profundamente instalada en el lenguaje tanto como en las otras tres funciones. Esto da a entender que si el lenguaje tiene una base genética, esta base debe de estar en la corteza cerebral.

El sustrato cortical jerárquico que sostiene los aspectos dinámicos de la sintaxis lingüística se compone de todas las áreas corticales y sus cógnitos residentes –perceptuales y ejecutivos– que sustentan el ciclo PA en el lenguaje. En la base de este sustrato están las cortezas primarias motora y sensorial, el núcleo de las partes evolutivas, indiscutiblemente genéticas, de la corteza que yo denomino «memoria filética». Estas cortezas, que en el nacimiento no están desarrolladas, son a todas luces insuficientes para generar sintaxis en cualquier nivel, innata o adquirida, si bien son indispensables para la expresión genética y la adquisición del lenguaje. Por encima de esta base, en la organización jerárquica de la cognición, así como el lenguaje, se hallan las áreas asociativas de la corteza posterior y de la corteza frontal –es decir, prefrontal–. Cualquier tipo de sintaxis requerirá la función de estas áreas. Por tanto, con estas áreas –sensorial, motora y asociativa– hemos identificado el «hardware» cortical de la sintaxis lingüística que los defensores de la GU dan por supuesto.

No obstante, para seguir la lógica de la GU, hemos de postular también «software» para la sintaxis elemental tanto de las acciones coordinadas como del habla. A mi juicio, este software consiste en la dinámica del ciclo PA, que implica a estas cortezas en la integración temporal y jerárquica de acciones con objetivo, incluida el habla. En consecuencia, una sintaxis lingüística básica compartiría estas cortezas con la «sintaxis de acción» defendida por Lashley (1951). Esta sintaxis, lingüística o ejecutiva, involucraría prácticamente a todas las áreas de asociación de la corteza prefrontal y de la corteza posterior, en concreto el área de Wernicke y el área de Broca.[29]

Partiendo de estas consideraciones, es lógico llegar a la conclusión –como yo intento hacer– de que una GU es un caso especial de la dinámica cortical de la sintaxis de acción coordinada en el ciclo PA. Ambas formas de sintaxis se reforzarían una a otra en la dinámica del ciclo. En niveles jerárquicos bajos, la acción sensorio-motora sustentaría una sintaxis léxica concreta, de nivel bajo; a

29. La extendida base del léxico en la corteza cerebral explica por qué Ojemann y sus colegas, mediante estímulos eléctricos aplicados directamente en el cerebro humano (una forma de lesión reversible breve), fueron capaces de bloquear la expresión de una serie de palabras y la denominación de ciertos objetos en numerosos y generalizados puntos de la superficie cortical (Corina *et al.*, 2010; Lucas *et al.*, 2004; Ojemann *et al.*, 2008). No obstante, la mayoría de estos puntos se observaron en el hemisferio dominante (en la mayoría de la gente, el izquierdo). Además, se descubrieron algunas diferencias –en cuanto a lugar efectivo de obstrucción– en individuos bilingües entre la primera y la segunda lengua.

la inversa, la acción cognitiva de nivel alto sustentaría reglas PA generales. De este modo, el ciclo PA, operando en diversos niveles de integración temporal de la percepción con la acción, produciría y utilizaría las reglas de una gramática en distintos grados de complejidad –esto es, en distintos niveles de jerarquía lingüística–.

Por consiguiente, las reglas gramaticales aparecerían en la mente del niño al mismo tiempo que las reglas de la acción con objetivo. Esto explica por qué los niños desarrollan las reglas del habla a la vez que los conceptos y las funciones cognitivas para la organización temporal de acciones: la memoria de trabajo (Gathercole *et al.*, 2004), el tiempo (Berndt y Wood, 1974), el futuro (Hudson, 2006), el razonamiento condicional (Markovits y Barrouillet, 2002), la causalidad (Kuhn y Phelps, 1976), la contingencia temporal (Keller *et al.*, 1999), el orden temporal (Bullock y Gelman, 1979), el género (Emmerich *et al.*, 1977) y la numerosidad (Butterworth, 2005). En la mente del niño, las reglas generales de la gramática, incluyendo el uso de palabras funcionales e inflexiones, resultaría de estos conceptos y operaciones.

A mi entender, por tanto, en la corteza en evolución aparece una «sintaxis universal» para organizar la acción con objetivo, habla incluida, en el eje temporal. El lenguaje amplía esta sintaxis hacia atrás y hacia delante en el tiempo al dar a las acciones una voz activa y una voz pasiva, un pasado y un futuro, y al mediar en las contingencias entre las dos. El niño pondrá en práctica esta sintaxis natural con la facultad innata para utilizar palabras funcionales, inflexiones y, sobre todo, el tiempo verbal futuro. De este modo, en el adulto los objetivos fundamentales llegarán a ser lemas, y los objetivos intermedios serán guías verbales o frases subordinadas. Así pues, una GU genética derivaría de la genética del cerebro o más bien sería connatural a la misma (Christiansen y Chater, 2008).

En resumen, el habla proviene de la activación coordinada y oportuna de cógnitos de memoria perceptual en la corteza posterior y de cógnitos de memoria de acción (ejecutiva) en la corteza frontal. Para entender cómo cooperan estas cortezas en la producción del habla hace falta analizar un poco cómo se engranan en el ciclo PA, que subyace a la dinámica de la libertad creativa en el lenguaje al igual que en cualquier otra función cognitiva.

El habla en el ciclo PA: la voz de la libertad

Las dos regiones lingüísticas de la corteza, una en la parte de atrás para el significado y la otra delante para la articulación, constituyen los dos polos cerebrales –dinámicamente entrelazados– del ciclo PA para el habla. Cuando hablamos, ensamblamos significado en la corteza posterior, lo cual inspira nuestra expresión en la corteza frontal. A su vez, esto es controlado por la corteza posterior para el significado y el impacto externo, lo que origina más expresión, y así sucesivamente. Todo esto ocurre principalmente, aunque no exclusivamente, en el hemisferio izquierdo o dominante. El ciclo prosigue hasta que el habla alcanza su objetivo de dar pleno significado a lo que decimos y de causar los efectos deseados en quien escucha. Menos evidente, aunque fundamental para comprender la neurobiología del lenguaje hablado, es el hecho de que, en el diálogo verbal entre dos individuos, sus ciclos PA están alojados en el ciclo PA más amplio que recorre los respectivos cerebros y el entorno. Para cada individuo, el interlocutor es en ese momento la parte cambiante más relevante de ese entorno.

Al hablar, también nos dedicamos al pensamiento, que es lenguaje interno en el que el interlocutor es uno mismo. El razonamiento cognitivo llega a ser parte de este lenguaje interno que conecta el significado y la sintaxis en el ciclo de un hablante. Las relaciones entre significado y sintaxis que intervienen en el habla incluyen una gran cantidad de asociaciones –más o menos libres y más o menos conscientes– con el conocimiento y la memoria que preexisten en la corteza cerebral del hablante. Estas asociaciones van a inspirar e influir en el habla, aunque gran parte de las mismas acaso sean intuitivas o inconscientes. Un componente esencial de este equipaje asociativo es la memoria emocional y lo que Kahneman (2011) denomina «pensamiento sistema 1».

En efecto, en un grado u otro, las asociaciones con elementos de memoria emocional colorean nuestra conversación. En algunos casos, la influencia emocional está oculta tras el protocolo y la formalidad; en otros, salta a la vista y va acompañada del lenguaje no verbal de la emoción. Además del color que la emoción procura a la prosodia, a veces el lenguaje corporal es tan matizado como las palabras –y a menudo más explícito que éstas–. Sobre todo cuando hablamos de libertad, casi nunca lo hacemos sin un dejo de sentimiento o entusiasmo en la voz. De hecho, cuando la libertad corre peligro, normalmente hay algo más que un dejo. «¡Dame la libertad o dame la muerte!», gritó Patrick Henry posiblemente en la más vehemente afirmación de la libertad en la historia americana.[30]

Con la emoción en el ciclo PA para el lenguaje, nuestro análisis de este capítulo cierra literalmente el círculo –no es un juego de palabras–. Ello se debe a que, en la historia tanto del individuo como de la especie, el ciclo PA (capítulo 4) comienza con la satisfacción de las necesidades más básicas del organismo, y esta satisfacción suele

30. En un discurso que pronunció el 23 de marzo de 1775 en la Convención de Virginia, en presencia de Thomas Jefferson y George Washington.

ser provocada por la expresión verbal. El llanto del recién nacido y la búsqueda a tientas del pecho de la madre son las acciones innatas más elementales del incipiente ciclo PA. En ese período, el ciclo es pura biología, pues la percepción aún no ha nacido y hay que perfeccionar la acción. Pero este ciclo sensorio-motor, consistente en apenas algunos reflejos naturales, a la larga evolucionará y se convertirá en el ciclo PA adulto. El desarrollo individual del ciclo PA es un proceso largo que, como la evolución del cerebro, culmina con la aparición y la maduración de la corteza prefrontal.

La maduración de la corteza cerebral reporta cognición, que se compone de memoria y conocimiento. Y con la cognición llega el lenguaje. Los lloros y gritos del bebé se convertirán en balbuceos, y a su debido tiempo en lenguaje hablado, con su actividad denominadora, indicadora e imitadora (Karmiloff y Karmiloff-Smith, 2001; Mehler y Dupoux, 1994). Ciertas sensaciones elementales se aglutinarán en percepciones, las cuales, con su historia en forma de cógnitos o redes cognitivas, comenzarán a poblar la corteza de asociación posterior. Parte de esta historia estará contenida en asociaciones nerviosas con los sonidos de las palabras junto con sus símbolos escritos y su significado. Este significado incluirá connotaciones de necesidad y recompensa, y junto a éstas los estados afectivos y las emociones que suscitan. Todos estos inputs de información neural entrarán en el ciclo PA de la conducta y –junto a ella– el habla.

En el capítulo 4, he defendido la idea de un ciclo PA emocional que corre paralelo al ciclo PA cognitivo y al mismo tiempo introduce en éste influencias límbicas (emocionales). Aquí, en el contexto del lenguaje, debo ampliar el análisis abogando por la primacía biológica del primer ciclo y por la unidad funcional de los dos. No hay duda de que el lenguaje cognitivo del niño, junto con la capacidad de razonamiento, evoluciona a partir de las expresiones rudimentarias asociadas a los bioimpulsos. A partir de estos cimientos biológicos surge la capacidad para comunicarnos de manera lógica con los otros. Poco a poco, el lenguaje proposicional entra en el cuadro. El individuo joven empieza a unir frases de una forma lógica, a amontonarlas jerárquicamente según su nivel de abstracción, utilizando así la recursividad en la estructura del lenguaje. En lo referente a la biología evolutiva, esta última facultad, con su capacidad intrínseca para la creatividad y la innovación lingüística, es la más marcadamente humana de todas las propiedades del lenguaje temprano.

En virtud del origen biológico del lenguaje y del papel de la emoción en el mismo en todas las edades, el ciclo PA para el habla conserva la interacción de la cognición y la emoción durante toda la vida. En capítulos anteriores he señalado la importancia de la corteza prefrontal, en la parte más alta del ciclo, para guiar la planificación, la toma de decisiones y la creatividad. Aquí haré lo mismo con respecto al lenguaje, en el que la corteza prefrontal del ser humano asume la misma posición elevada en el ciclo lingüístico que en la conducta con objetivo.[31]

31. La anatomía de esta confluencia de influencias cognitivas y emocionales en el ciclo PA está bien estudiada. Los inputs cognitivos llegan a la corteza prefrontal desde la totalidad de la neocorteza, incluyendo las cortezas sensoriales primarias, que transmiten a la corteza prefrontal dorsolateral (la corteza de la convexidad frontal externa) señales procedentes del entorno. En paralelo a esto, los inputs emocionales llegan también del entorno, a través de analizadores sensoriales, y además del cerebro límbico –en particular, el hipotálamo, la amígdala, el hipocampo y la corteza cingulada–. Estos inputs emocionales entran en la corteza prefrontal sobre todo por su región inferior u orbital, y desde ahí fluyen a la región dorsolateral prefrontal, donde se unen a los inputs cognitivos, con lo que se completa el ciclo PA emocional.

La elección del habla, como la de cualquier otra acción estructurada del organismo, se debe a influencias cognitivas y emocionales. Esta elección, y por tanto nuestra libertad para escoger entre alternativas verbales, recaerá en la corteza prefrontal, que sopesará todas estas influencias –dentro y fuera de la conciencia– para guiar la corteza entera implicada en el ciclo PA verbal hacia el objetivo del lenguaje elegido. Salvo en las emergencias, no hay un «determinante» único de nuestra elección del habla. Por lo general, esta elección es el camino de salida de innumerables vías de información neural que entran en la corteza cerebral para evaluar y sopesar riesgos y beneficios, ahora y en el futuro. La elección está determinada por las consecuencias de pasadas elecciones de información, cognitiva o emocional, interna o externa, consciente o inconsciente. Por tanto, los posibles «determinantes» de la elección son tantos y proceden de tantas fuentes (figura 5.1), su peso y su probabilidad son tan variables y su compatibilidad mutua es tan incierta, que el determinismo del habla elegida se convierte en un concepto inútil. *Dentro de ciertas limitaciones,* nuestro cerebro es realmente libre para decidir qué decir y cuándo y cómo decirlo.

De nuevo, como ocurre con las demás clases de acción, la agencia electora del habla es la corteza cerebral, que, con sus mitades perceptual y ejecutiva, constituye la interfaz entre el yo que siente y actúa y los mundos interno y externo. Aquí la agencia electora es el conjunto cortical de las cortezas semántica y ejecutiva para el lenguaje, con las áreas de Wernicke y de Broca en sus centros, implicadas en el ciclo PA verbal. Es este sistema unitario cortical en el lado cerebral del ciclo lo que en el capítulo 4 he denominado «hemiciclo de la libertad». Este sistema es básicamente, en sí mismo, un yo libre que decide y escoge.

Ahora que he colocado mi yo en plena corteza, puedo hacer un somero autoanálisis de la multiplicidad de factores que en un determinado momento –me he referido a ello en el prefacio– actúan en mi corteza para «determinar» mi decisión de hablar a ciertas personas de determinada manera. La Fundación Ipsen me había concedido un premio[32] y me invitaba a París a recibirlo en el Anfiteatro Charcot de la facultad de medicina. Después de que me entregaran el premio y yo manifestara mi gratitud, pronuncié un breve discurso a un público compuesto sobre todo de neurólogos y neurocientíficos. El título, de mi propia cosecha, era «La libertad y el ejecutivo del cerebro». Mi experiencia, entonces y ahora, era y es que mi elección del título y el contenido del discurso eran totalmente libres, seleccionados sin duda entre muchas alternativas. No obstante, seguramente estas decisiones fueron en gran medida una consecuencia directa de mi educación, mi formación científica y mis intereses humanísticos. Los lóbulos frontales, que Karl Pribram (1973) llamara una vez «el ejecutivo del cerebro», estaban en el centro de mis investigaciones, y hacía poco que había terminado la tercera edición de un libro sobre el tema. Estas investigaciones y ciertos estudios afines me habían convencido de que no era posible una explicación realmente biológica sobre la libertad humana sin tener en cuenta la corteza prefrontal. Ésta era la esencia de mi breve alocución.

En retrospectiva, sin embargo, está claro que en esta ocasión mi elección de lenguaje y contenido estuvo en gran medida influida, si no determinada, por ciertas circunstancias del momento y ciertos motivos inconscientes propios. Charcot, de quien el auditorio tomaba el nombre, había sido un famoso neurólogo del Hospital Salpêtrière, donde estaba yo hablando, así como un indiscutible

32. El premio era el Jean-Louis Signoret del año 2000. El profesor Signoret había sido un famoso neurólogo del Salpêtrière y uno de los investigadores más ilustres de la neurobiología del lenguaje.

pionero en el estudio de la histeria. Charcot y Freud (De Marneffe, 1991), que eran buenos amigos, habían debatido ampliamente sobre el determinismo psicológico de los síntomas de conversión de la enfermedad (ataques «psicogénicos», desmayos, parálisis, mutismo, dolor, etcétera), esos ladrones de la libertad personal desde las profundidades del inconsciente. Como había tenido yo cierta formación psicoanalítica al principio de mi carrera, quizá el discurso contenía algún intento sutil de liberar mi libertad cortical de las restricciones del sistema límbico, «la sede del *ello*». Así pues, decidí hablar en francés, idioma que no domino ni mucho menos. Seguramente la decisión fue un gesto de cortesía hacia mis anfitriones. Pero a la vez corría obviamente el riesgo de ofender a los franceses parisinos, que están orgullosísimos de su lengua y cuya tolerancia hacia los transgresores es casi nula. ¿Me envalentoné a hacerlo porque mi catalán materno se parece al francés? ¿Tuvo algo que ver el hecho de que en mi infancia hubiera tenido una niñera francesa? Un riesgo aún mayor que mi elección de la lengua francesa fue la pretensión, que algunos acaso interpretasen como arrogancia intelectual, de intentar explicar en pocos minutos, ante especialistas del sistema nervioso, el complejo asunto que constituye el tema de este libro.

Si he entrado en muchos detalles sobre mi experiencia como conferenciante ha sido sólo con el fin de ilustrar la variedad de «determinantes» que intervienen en las decisiones particulares para escoger las palabras. Puede que especular sobre el determinismo de nuestra libertad de expresión en el nivel biofísico sea razonable para la filosofía, pero es totalmente irrelevante para la neurobiología de la libertad, que obedece a principios de dinámica neural en un nivel de causalidad muy superior, donde la palabra rige el comportamiento de las células cerebrales, no al revés. Esto no niega de ninguna manera las limitaciones físicas de la libertad de expresión, que se ven agravadas por la discapacidad y la opresión. En cualquier caso, estoy seguro de que en París habría dicho las mismas palabras que dije con independencia de que exista o no el libre albedrío. Y lo mismo le habría pasado a Patrick Henry en Richmond en 1775.

El discurso de un enemigo de la esclavitud en los primeros tiempos de América me transporta a la actual disertación pública sobre la libertad y su relación con la neurobiología. Casi nadie discutirá el hecho de que la libertad privada y la libertad pública están mutua y estrechamente interrelacionadas. Por razones tanto evolutivas como neuroetológicas, se supone que entre las dos existe armonía, incluso sinergia. La evolución es un proceso de adaptación de la población al medio; por tanto, la evolución ha logrado que los miembros individuales de las poblaciones presentes y futuras sean más adaptables a ese medio. La libertad de elección alcanzada actualmente por muchos beneficiará al individuo de mañana. A la inversa, la libertad individual saca provecho de la anterior libertad de la población. En la historia de la humanidad tiene lugar el mismo proceso. Las instituciones humanas codifican por escrito las ventajas de las libertades tanto privadas como públicas y legislan las distintas maneras de preservarlas y protegerlas.

No obstante, a menudo se produce algún conflicto entre las libertades públicas y las privadas. En una democracia, nuestros representantes elaboran leyes para resolver este conflicto, y sus discursos en los parlamentos y en los medios de comunicación reflejan sus intentos de hacerlo de forma justa. Suelen surgir discrepancias en torno a los impuestos, por ejemplo, lo que habitualmente da lugar a una encendida retórica de los políticos en defensa del interés público. Este interés seguro que afectará en un grado u otro a la propiedad privada, uno de los supuestos pilares de la libertad individual. El libertarismo radical defiende unas cargas fiscales mínimas, que sólo cubran las necesidades elementales del país –con lo que no se satisfacen otras necesidades privadas y públicas–. El socialista radical defenderá una fiscalidad máxima, sobre todo para los ricos. Así pues, dejando aparte ambos extremos, la cuestión es siempre cuánto gravar y a quién. El problema se vuelve más apremiante en épocas de crisis económica, cuando el político suele verse atrapado entre gritos públicos y estadísticas normalmente poco fiables.[33]

No es de extrañar que en épocas de incertidumbre, la opinión pública y la retórica de los políticos lleguen a ser tan volubles. Bajo estas circunstancias, el papel del líder político en la defensa de la libertad consiste en introducir con razones convincentes un ciclo PA gigante entre él y la corteza colectiva de sus electores.[34] Como es lógico, este ciclo pasa por la urna.

Conclusiones

La capacidad del habla para sustentar nuestra libertad deriva sobre todo de las funciones predictivas y ejecutivas de la corteza prefrontal, en lo alto del ciclo PA. Estas funciones facilitan el intercambio de información entre

33. Las mejores estadísticas gubernamentales y los algoritmos supuestamente más sólidos están llenos de variables futuras imponderables (guerras, precio de las materias primas, desastres naturales, empleo, etcétera). Algunas de estas variables se deben a las decisiones emocionales y cognitivas imprevisibles de personas que ejercen precisamente las libertades que todo el mundo intenta proteger.

34. El demagogo entra en el ciclo a través de un «sistema límbico colectivo», el agregado de sustratos neurales para las emociones de las masas populares, que intentará movilizar para que respalden su discurso más o menos racional.

la corteza prefrontal y las estructuras cerebrales que almacenan memoria y están involucradas en la expresión del lenguaje. De este modo, a través de esta corteza los inputs que surgen de las redes corticales (cógnitos) y los circuitos límbicos incorporan al ciclo PA las influencias semánticas y emocionales que crean secuencias del habla.

Como pasa con otras formas de secuencias de acciones con objetivo, la concatenación del habla tiene lugar bajo feedback continuo de las cortezas sensorial y motora sobre la corteza frontal. Este feedback dirigirá el ciclo PA hacia su objetivo, protegiéndolo de interferencias debidas a distracción o impulsos incontrolados. La naturaleza creativa del lenguaje se basa casi totalmente en su código relacional –es decir, en su capacidad para producir una infinita variedad de emisiones verbales mediante combinación de palabras.

Básicamente como ayuda a la novedad del habla está su capacidad recursiva –a saber, su capacidad para divergir en modificaciones potencialmente infinitas de significado y regresar a la exposición principal–. La recursividad también favorece la estructura jerárquica que el lenguaje comparte con otras formas de conducta secuencial con objetivo. Mediante la recursividad y la organización temporal, la corteza prefrontal sustenta la dinámica de las expresiones más abstractas y elevadas del lenguaje así como sus frases subordinadas.

A mi juicio, la sintaxis lingüística es un caso especial de la sintaxis de acción. Si la sintaxis lingüística es específicamente humana y expresión de una supuesta GU se debe a la capacidad innata de la mente humana para categorizar y promulgar atributos de acción secuencial con objetivo, como la dependencia, la causalidad, la condicionalidad, la numerosidad, el orden o la temporalidad; el último atributo confiere al lenguaje su *tiempo futuro*, y con ello la capacidad de expresar, perfilar y planear acciones futuras como sólo hacen los seres humanos.

Para su puesta en práctica en forma de lenguaje hablado, estas cualidades *filéticas* de acción secuencial requieren el uso –basado en reglas– de palabras funcionales e inflexiones propias de cada lenguaje, que el niño adquiere de los otros. El lenguaje se desarrolla a la vez que todas las demás funciones cognitivas y su sustrato neural. En cuanto a la capacidad del individuo de escoger y planear su futuro, tiene especial importancia el proceso excepcionalmente largo de maduración funcional de la corteza prefrontal. Esta maduración subyace al desarrollo de la capacidad del ser humano de poner el habla al servicio de la independencia, la creatividad y la libertad de elección.

7

Libertad, responsabilidad y orden social

Ama y haz lo que quieras.

San Agustín

Donde no hay ley, no hay libertad.

John Locke

Nuestra libertad, la capacidad para elegir una línea de acción u otra, surge de la relación entre la corteza cerebral y el entorno. Como hemos visto en capítulos anteriores, cualquier acto voluntario resulta de interacciones de las redes perceptual y ejecutiva de la corteza, que están en la interfaz del organismo con el entorno. En la búsqueda libre de nuestros objetivos, el ciclo PA cruza continuamente esta interfaz en ambas direcciones. También hemos visto que, interiorizado en la corteza, llevamos buena parte del mundo exterior en un gran paquete que incluye la historia, la cultura, las costumbres, las tradiciones, el conocimiento y el resto de la experiencia, que en conjunto define la persona[1] y que Ortega (1961) denomina «circunstancia» («Yo soy yo y mi circunstancia») y Dennett (2003) «cultura».

A estas alturas confío en haber ayudado al lector a llegar a la conclusión correcta de que la polémica sobre la existencia o no del *libre albedrío*, como un «todo o nada» absoluto, es algo puramente académico, irrelevante para la neurociencia. La libertad tiene grados, como la mayoría de las funciones nerviosas, y también la responsabilidad, inseparable de la primera. De hecho, somos libres en la medida en que el cerebro, más concretamente la corteza cerebral, tiene la opción de realizar una acción u otra. Sin embargo, no somos del todo libres en la medida en que las opciones son limitadas, y, por tanto, en la medida en que el cerebro tiene límites y en la medida en que la sociedad en la que vivimos nos impone sus propios límites.

Salta a la vista que el cerebro y el cuerpo, como estructuras físicas que son, tienen limitaciones físicas. En todo caso, no es ésta la cuestión. El presente capítulo se ocupa de otras limitaciones resultantes del hecho de que somos seres sociales, y de que como tales tenemos responsabilidad no sólo respecto a nosotros mismos sino también respecto a los demás. Por consiguiente, afrontaremos la ineludible realidad de que la libertad y la responsabilidad son inseparables por razones sociales, éticas, políticas y económicas (Hayek, 1960). La sociedad exige responsabilidad a cambio de la protección de la libertad personal. De hecho, no hay libertad digna de protección sin responsabilidad. Tampoco se puede defender la libertad sin confianza, pues la fiabilidad es uno de los rasgos fundamentales de la responsabilidad.

1. Del latín, con origen probablemente en el etrusco *phersu*, que corresponde a la máscara del actor, por lo que en varias lenguas se refiere a nuestro papel personal en la sociedad.

Confianza

Para los filósofos y los estadistas, la libertad y la felicidad son objetivos deseables por igual, aunque las dos están asimismo conectadas por relaciones de causalidad mutua. Esto significa que cuando uno es feliz no sólo se siente libre, sino que también *es* libre. El optimismo amplía las opciones. A la inversa, el ejercicio de la libertad sube la moral y además impulsa al individuo a proteger la libertad de los seres a los que está más unido y que han depositado su confianza en él.

A primera vista, parece extraño que al defender mi libertad esté ayudando a otros a defender la suya. También parece extraño que al satisfacer mis deseos esté ayudando a otros a satisfacer los suyos. Ambas afirmaciones son en esencia correctas, pero necesitan alguna aclaración. Para empezar, es evidente que si mi libertad y mis deseos están orientados sólo hacia la búsqueda de mi placer físico, nadie más se beneficiará de ellos y seguramente alguien pagará el precio. Por tanto, es fácil sostener que esta grosera búsqueda hedonista es irresponsable y no produce verdadera felicidad, sino a lo sumo un placer momentáneo.[2]

Por otra parte, la búsqueda de la felicidad que va más allá del placer físico y entra en la naturaleza social de la humanidad es sin lugar a dudas responsable y deseable por razones tanto personales como sociales.[3] Para llegar a

2. No obstante, también se puede sostener que el placer físico contribuye a la felicidad cuando está sumergido con el de otra persona en un «clima» de amor romántico (Maurois, 1986) o en otras elaboraciones culturales de impulsos básicos, como la gastronomía o el deporte competitivo –por poner ejemplos en los que la felicidad deriva de la sublimación de un bioimpulso.

3. En este sentido lockiano se introdujo la expresión «búsqueda de la felicidad» como derecho inalienable en la Declaración Americana de la Independencia (Wills, 1978).

esta conclusión, no tenemos por qué invocar razones culturales, como el «bien común» de Adam Smith (1759), que supuestamente proviene de la «mano invisible» del libre mercado, o el argumento utilitarista de que la felicidad es buena *per se* como supremo principio ético de conducta, como defendiera John Stuart Mill (1859) cien años después de Smith. La razón está arraigada mucho más profundamente en la existencia humana, de hecho en la propia evolución: es la *confianza*.

Confiar en una persona es creer en su integridad, su fortaleza, su capacidad y su seguridad. La confianza es un valor ético, y como tal será analizado en la sección siguiente, pero aquí me ocupo de él por adelantado y por separado porque desempeña un papel importantísimo en cualquier sistema social y en nuestra libertad dentro del mismo. Como dice Barbara Misztal (1996), la confianza hace previsible la vida social, crea un sentido de comunidad y facilita que las personas trabajen juntas. Aquí, añado yo, es donde nuestra felicidad y libertad se unen en un objetivo común con las de los demás, y donde el egoísmo se convierte en altruismo y el bien común en bien individual.[4] La confianza es la base de todo, y hay una larga historia que lo demuestra en todas las culturas, algo que ha sido expuesto con brillantez por Fukuyama (1995).

La confianza no es sólo un principio ético. En su forma más elemental, es también una condición para la conservación de la vida. El neonato de cualquier especie de mamífero depende de que su progenitor lo cuide. Sin la madre, o alguien que la sustituya, el neonato se muere de hambre. Es la primera experiencia de confianza para el pequeño ser humano.

4. El presidente Theodore Roosevelt dijo: «El bienestar de cada uno de nosotros depende fundamentalmente del bienestar de todos nosotros» (Feria del Estado de Nueva York, septiembre de 1903).

Se ha repetido acertadamente hasta la saciedad que la evolución sólo funciona y tiene sentido en el nivel de la población, no del individuo. No obstante, la selección natural desempeña un papel importante en las maneras en que el organismo individual maneja el entorno, incluyendo el medio interno (Dennett, 2003). La confianza es la primera de estas maneras. En un sentido *biológico*, el neonato es el primer fiduciante y la madre el primer fiduciario.[5]

En los últimos años, se ha establecido una relación entre una hormona concreta, el polipéptido oxitocina, y la confianza. Se ha observado que la administración de oxitocina a individuos humanos adultos incrementa su confianza en los demás (Baumgartner *et al.*, 2008). Además, cuando se les dice que su confianza ha sido traicionada no se sienten amenazados. Basándose parcialmente en estos datos, Patricia Churchland (2011) considera que la cantidad de oxitocina en circulación en la sangre señala el grado en que el individuo confía en los demás y los tolera.

En cualquier caso, la oxitocina está muy implicada en el cuidado infantil y alcanza elevados niveles en la sangre de las madres durante y después del parto. Funciona como neurotransmisor, a través del cual el cerebro facilita procesos psicológicos que, como la lactancia, son propicios para la crianza de los hijos. No obstante, parece haber aquí cierta contradicción, pues el individuo que confía es el niño mientras es el individuo depositario de la confianza, la madre, el que tiene la mayor concentración de oxitocina en la sangre. En

5. En opinión de muchos, el cuidado parental es la confianza principal derivada de la evolución, cuya «finalidad» es garantizar la preservación de la especie (Churchland, 2011). Más allá de los hijos, el yo parental amplía el círculo de atención y confianza para abarcar la pareja, los parientes y otros.

todo caso, la aparente contradicción desaparece si consideramos que la díada de madre e hijo es el componente esencial del «bucle de la nutrición», donde no hay un verdadero origen sino proalimentación y retroalimentación continuas entre el hijo y la madre. De hecho, el ciclo de confianza que conecta a la madre y al hijo acaso sea la continuación del ciclo PA «de nutrición» del bebé después de nacer o, para ser más exactos, después de haber encontrado el pecho nutricio mediante palpación (capítulo 2).

En la infancia, durante la edad adulta y más allá, la confianza adoptará muchas formas mientras amplía su papel social. Empezando con las relaciones familiares, la confianza se introduce en todos los aspectos de la cooperatividad entre los individuos. Llegará a ser esencial en todas las formas de socialidad humana. Penetrará en todas las profesiones liberales, desde la ciencia a la asistencia sanitaria, a la ley, a la economía, a la ingeniería. De hecho, la confianza acabará siendo la divisa universal de todas las relaciones humanas, el mediador en todas las transacciones comerciales y el fundamento de todas las instituciones humanas. No es exagerado decir que, para una sociedad libre y feliz, la confianza es imprescindible.

La importancia de la confianza se torna del todo evidente en las consecuencias de su ausencia. Podemos observar la pérdida de confianza en la discordia conyugal, en la mayoría de las familias disfuncionales, en las controversias entre educadores, en todos los conflictos legales, en muchas polémicas científicas, en la discriminación étnica o religiosa, en disputas territoriales entre países (¡y entre vecinos!), en enfrentamientos generacionales y, naturalmente, en la política, donde la desconfianza a veces parece la norma. En las crisis económicas, la desconfianza impregna todos los sectores de la sociedad, a modo de epidemia incontrolada.[6] A mi entender, al menos el 90 por ciento de la reciente recesión económica es atribuible a la desconfianza. Buena parte de esta desconfianza tiene su origen en el hecho de que los políticos incumplen sus promesas. La conducta corrupta de algunos de ellos debilita aún más nuestra confianza y nuestra libertad. La confianza echa los cimientos de la prosperidad del libre comercio, entre individuos y países.

Si no hay confianza, un importante freno de la prosperidad es la falta de previsibilidad. En realidad, la confianza, esté basada en la competencia o en la benevolencia, hace que la vida y naturalmente los negocios sean previsibles. En términos psicológicos, mi confianza en una persona es la creencia y la expectativa de que esta persona se *ocupará* de mis intereses y *actuará* para satisfacerlos. En otras palabras, la confianza transmite previsibilidad a nuestros planes en la medida en que éstos se basan en las acciones de aquellos en quienes confiamos. Además, la falta de confianza requiere correcciones. Estos dos hechos vinculan la confianza directamente al lóbulo frontal, gracias al cual el cerebro es predictivo a la vez que ejecutivo (capítulo 5). Por lo tanto, parece apropiado resumir aquí brevemente el papel de la corteza frontal cuando elaboramos planes y tomamos decisiones, así como el papel de las otras personas en ambas acciones.

En la planificación y en la toma de decisiones en la corteza cerebral hay básicamente dos fuentes de influencias internas. Una es la corteza propiamente dicha, con su inmenso despliegue de redes entrelazadas (cógnitos)

6. En ese apuro, los legisladores desconfían de sus electores y viceversa; los acreedores de sus deudores y viceversa; los patronos de sus empleados y viceversa; los dirigentes sindicales de sus bases y viceversa. Parece haber un ambiente generalizado de desconfianza que vuelve a todos descontentos, aunque la mayor parte del tiempo esta enfermedad social está cubierta por una capa de urbanidad.

que representan conocimiento y memoria, tanto perceptual como ejecutiva. Podemos considerar que este «archivo» cortical es el libro cerebral de nuestra autobiografía o historia personal, que engloba todos los conocimientos adquiridos a lo largo de la vida. En resumen, es la cultura interiorizada, sobre la que volveremos más adelante.

La otra fuente es el «medio interno», también generador de un inmenso conglomerado de inputs procedentes de órganos internos, canalizados hacia la corteza a través del sistema límbico y la corteza orbitofrontal.[7] Se trata del transmisor neural del afecto, del valor, de la recompensa, del castigo, y de lo que gusta y lo que no gusta. Es lo que colorea la memoria cortical con las emociones, por lo cual es el fundamento de la denominada memoria emocional –y la inteligencia emocional (Goleman, 1995)–.

Las influencias externas en la planificación y la toma de decisiones proceden del medio circundante en forma de estimulación de los sentidos. La corteza convierte esta estimulación en percepción, pues ahí, en la corteza, será interpretada, filtrada, analizada y categorizada mediante el archivo cognitivo de nuestra historia personal. No obstante, una gran parte de estas influencias externas derivan de otras personas que están a nuestro alrededor ligadas a nosotros por un vínculo de confianza. Así pues, una proporción notable de estas influencias externas resulta del hecho de haber visto a otros comportarse de determinadas maneras.

En la última década del siglo pasado, Rizzolatti y sus colegas (Di Pellegrino *et al.,* 1992; Rizzolatti *et al.,* 1990), mientras exploraban con microelectrodos el lóbulo frontal de unos monos, descubrieron un tipo de célula muy

7. La amígdala, que actúa como evaluador de la importancia motivacional de los estímulos sensoriales, es un componente integral de este sistema (LeDoux, 1992).

peculiar en la parte del lóbulo frontal denominada «corteza premotora». Estas células se activaban no sólo cuando el animal realizaba determinadas acciones sino también, y esto es lo más destacable, cuando veía a otro individuo, como por ejemplo el experimentador, realizar las mismas acciones. Debido a esta característica, estas células recibieron el nombre de «neuronas espejo».

Se ha dicho y escrito mucho sobre estas neuronas, como que tienen que ver con la «empatía». Como es obvio, este tipo de interpretaciones no son más que conjeturas. A mi juicio, una interpretación seguramente mejor de las neuronas espejo es que forman parte de grandes redes cognitivas –cógnitos– que representan movimientos esqueléticos intencionados. La prueba de que están activas tanto en la percepción como en la ejecución de un movimiento es a todas luces una manifestación de la implicación de la red a la que pertenecen las células en el ciclo PA para esa acción visomotora.[8]

En cualquier caso, las células espejo son una indicación de dos importantes principios hipotéticos. Uno fue enunciado por John Hughlings Jackson hace mucho tiempo, cuando dijo que en los «centros motores superiores» (premotor y prefrontal) –igual que en la corteza motora primaria– las mismas áreas probablemente representan una acción que participa en la coordinación de dicha acción (Jackson, 1882). El otro es que una acción, aun realizada por otros, está representada en nuestra corteza frontal, por lo que cabe suponer no sólo que la imaginamos sino también que la convertimos en parte de nuestros planes. En consecuencia, es lógico deducir que las acciones de confianza de los demás entran en el

8. Rizzolatti y yo nos encontramos de acuerdo en esto en un debate público (Conferencia Internacional sobre los Lóbulos Frontales, Toronto, 2010).

sustrato neural de nuestro ciclo PA para perseguir nuestros objetivos.

Al igual que la confianza, estas influencias internas y externas, que constituyen los determinantes y los sesgos de las decisiones y los planes, pueden ser o bien innatas o condicionadas, o bien adquiridas. También pueden ser conscientes o inconscientes en función de la intensidad de la activación cortical que susciten en los procesos de atención, intención, deliberación y memoria de trabajo antes de y durante las acciones. Las acciones propiamente dichas no se originarán en la conciencia, sino al revés. El agente será la corteza, y la conciencia será un subproducto de la acción. Sin embargo, la acción imperativa será consciente por necesidad, pues se deberá a actividad cortical intensa bajo la influencia de una atención selectiva y unos motivos poderosos. En todo caso, muchas de las acciones se deberán a motivos sutiles, quizá imperiosos aunque inconscientes, que podrían atribuirse a los «sentimientos viscerales» o a la «intuición» –en otras palabras, a razonamientos y razones de carácter inconsciente–. De la misma manera, la confianza depositada en alguien puede ser intuida, tal vez sobre la base del lenguaje corporal interpretado de forma inconsciente.

La evolución ha dotado a cada individuo de las ventajas de la confianza y la adaptación social disfrutadas por el conjunto de la población humana. Una de estas ventajas es sin duda el lenguaje, que posiblemente está en la misma raíz del yo social heredado. Como hemos visto en el capítulo anterior, el lenguaje confiere al individuo un amplio horizonte de libertad, y por tanto de adaptación social. Obsérvese, sin embargo, que el lenguaje, como el resto de nuestro legado filético, es una ventaja evolutiva procedente de la población a través de la cual llega a nosotros, y como tal debe volver de forma natural a la población en forma de acciones personalmente responsables. Digo «natural», no «ética», aunque en una sociedad civilizada se supone que ha de ser de las dos formas. Del mismo modo, la libertad de la que disfrutamos como individuos es una ventaja para la sociedad, y como tal está justificadamente protegida por la sociedad. Esto es esencial para la democracia, al menos por razones utilitaristas. Es también uno de los fundamentos de la libertad de expresión en cualquier sociedad con un gobierno elegido.[9]

Valores

En la vida, todas nuestras decisiones están inspiradas por juicios de valor sobre experiencias pasadas, presentes y futuras. Nos movemos por el mundo juzgando continuamente, de manera consciente o inconsciente, lo que es bueno o malo, mejor o peor, por los precedentes de cada opción así como por la opción propiamente dicha y sus consecuencias. Este juicio se lleva a cabo en muchas escalas de bueno o malo, lo cual significa muchos criterios de valor, desde el físico y prosaico hasta el ético y sublime. Intentaré categorizar algunos de los valores que nos mueven en la vida y especificar su base cerebral si es conocida o, si no lo es, conjeturar sobre ello de forma razonable.

9. La sociedad estadounidense ha institucionalizado muy bien la libertad, pero no podemos decir lo mismo respecto de su gemela, la responsabilidad. Se dice que Viktor Frankl, el famoso psiquiatra austriaco, fundador de la logoterapia y superviviente del Holocausto, propuso una vez que, además de la Estatua de la Libertad, Estados Unidos erigiera una Estatua de la Responsabilidad. De hecho, por desgracia, al amparo de la libertad de expresión se ha causado a la gente un daño increíble en forma de libelo y difamación. Aunque existen defensas legales contra ellos, por lo general son torpes y tardan mucho en restituir a la víctima su reputación pública.

Atribuimos valor a los objetos, las personas, las ideas, los motivos, las intenciones, los planes, los objetivos, los impulsos naturales y toda clase de acciones humanas. En términos generales, la teoría del valor distingue entre bienes morales, correspondientes a la conducta de las personas, y bienes naturales, correspondientes a los objetos. Los bienes morales se sitúan en el ámbito de la ética, mientras que los bienes objetivos pertenecen a la esfera económica. Todos tienen interés para la psicología, la filosofía y la sociología.

Algunos valores morales, como la confianza y la afiliación, y ciertos bienes naturales, como la comida, tienen un valor intrínseco y heredado, con un claro origen evolutivo. Otros, como la profesionalidad o el dinero, tienen un valor más complejo y con más deriva social, el primero como necesidad o servicio y el segundo como medio universal de intercambio. En realidad, sin embargo, la mayoría de estos valores tienen un origen mixto y cierto grado de «bueno» o «malo» en sí mismos. Algunos objetos presentan valores contradictorios en función de la medida y las circunstancias. Tomemos una sustancia como el alcohol. En cantidades moderadas, el vino no sólo es placentero sino que también tiene un valor positivo como favorecedor del intercambio social e incluso, supuestamente, de salud cardiovascular. No obstante, en cantidades mayores, y sobre todo cuando se vuelve adictivo, el vino tiene consecuencias nocivas, a veces desastrosas, para la salud del individuo y de la sociedad. Aquí tenemos, pues, un objeto, el vino, cuyo valor, en función de varios factores y circunstancias, puede ser bueno o malo.

El propio placer, aparte de ser la recompensa de una acción buena, puede tener muchos orígenes, desde lo moralmente loable hasta lo hedonistamente exquisito. No obstante, todo se incluye en el apartado general de la *recompensa.* En principio, no está justificado suponer *a priori* un fundamento cerebral uniforme para recompensas con tantos orígenes. De hecho, ese fundamento podría ser muy distinto en función de si la recompensa procede, digamos, de ganar una partida de ajedrez, tener relaciones sexuales, curar a un enfermo, ganar un premio de lotería o dar una clase a buenos alumnos. En cualquier caso, salvo por algunas diferencias de detalle, la neurociencia moderna revela un sustrato neural notablemente similar para una gran variedad de recompensas. El centro de este sustrato neural es lo que he denominado «eje de la recompensa» (capítulo 4).

En el lado del input «sensorial» del eje de la recompensa y del ciclo PA emocional, varios estudios funcionales recientes[10] ponen de manifiesto la activación de estructuras límbicas, como la amígdala, mediante ciertos estímulos emocionales, como por ejemplo caras humanas con expresiones emotivas obvias –en otras palabras, estímulos con valencia emocional (Atkinson y Adolphs, 2011; Rutishauser *et al.*, 2011)–. A la inversa, en el lado de la acción del ciclo PA emocional, otras regiones cerebrales son activadas por las connotaciones de valor de la acción. Así pues, la corteza prefrontal cingulada medial y anterior resulta activada por una selección de opciones en la incertidumbre (Rushworth y Behrens, 2008; Seo *et al.*, 2012). Un hallazgo más notable es que estas áreas corticales son activadas en la evaluación de opciones de valor

10. Muchos de estos estudios se basan en neuroimágenes, un método ya ampliamente verificado a lo largo del tiempo. No obstante, los estudios están sujetos a ciertas limitaciones de dicho método, aún no resueltas, como la mala resolución temporal y las preponderantes incertidumbres que rodean el acoplamiento neurovascular (la traducción de señales neurales en señales vasculares, que es lo que mide el método). No obstante, diversos estudios de laboratorios de prestigio con probada autocrítica de la metodología y un uso sensato de datos estadísticos gozan de respeto y ofrecen datos fiables.

social así como de opciones de valor monetario (Lin *et al.*, 2012; Seo *et al.*, 2012). Es una clara indicación de que estas áreas intervienen en la selección de valores heterogéneos y de gran alcance.

En relación con el valor emocional mencionado de las expresiones faciales, no podemos evitar el controvertido asunto de la «teoría de la mente». La teoría de la mente es la capacidad para deducir en otro individuo el estado de su mente, sus intenciones y otros atributos. Aunque en un principio se postuló para los monos (Premack y Woodruff, 1979), el concepto se ha incorporado a los debates de filósofos, neurobiólogos y psicólogos (Tomasello, 2000). Su sustrato en la neurociencia aún no está resuelto, pero ha suscitado un gran número de estudios, sobre todo con métodos de neuroimágenes: prácticamente lo único en que hay cierto acuerdo[11] es la evidencia de que el ejercicio de la teoría de la mente activa la corteza prefrontal medial anterior –esto es, el área cingulada anterior (Carrington y Bailey, 2009; Fumagali y Priori, 2012)–.

En el análisis de los valores con respecto a la libertad, una cuestión de la máxima importancia es la del *valor esperado*, de nuevo un valor que guía la conducta con una perspectiva futura, que casi por necesidad debe implicar a la fisiología prefrontal. Como sabemos, la corteza prefron-

11. Los estudios con imágenes para este fin presentan una importante dificultad metodológica. Esta dificultad es la ausencia de una medida independiente de una variable tan escurridiza y multifacética como la teoría de la mente; es decir, una medida independiente de las señales cerebrales que se supone que han de medir la teoría de la mente. La imposibilidad de utilizar esta medida independiente no sólo flirtea con la tautología, sino que también conduce casi inevitablemente a la falacia de la «inferencia inversa» (Poldrack, 2006). Se están empezando a utilizar las neuroimágenes funcionales en el estudio de las interacciones humanas (Montague, 2007). Por las razones señaladas antes, sin embargo, las conclusiones de estos estudios son todavía bastante pobres.

tal tiene que ver con la integración temporal y, en consecuencia, con todos los aspectos futuros de la organización temporal de la conducta, el lenguaje y el razonamiento. Por tanto, el valor esperado corresponde al ámbito prefrontal. En teoría, el valor esperado –o sea, el valor de una recompensa prospectiva– está en función del éxito de la próxima decisión: invertir dinero, por ejemplo.

No obstante, los economistas conductuales Kahneman y Tversky (1979), con su *teoría prospectiva* de base empírica, rechazan la probabilidad como determinante único o decisivo de la decisión. Lo que sí hacen es dar una importancia decisiva a ciertos factores, como el riesgo, que vuelven la probabilidad básicamente inoperante, y hacen hincapié en la importancia del resultado potencial, incluida la pérdida. Por consiguiente, una posible posición de compromiso quizá sería que, en ciertas proporciones indeterminadas, intervienen en el cálculo de las opciones prefrontales tanto la probabilidad como esos otros factores, incluido el riesgo.

Del resumen de varias investigaciones recientes resulta cada vez más claro que, tanto en el lado del input como en el del output del ciclo PA emocional, existen estructuras neurales que atribuyen valor a estímulos entrantes así como a resultados esperados de opciones y decisiones. El valor esperado –y también el resultado– de una opción o decisión deriva del cálculo neural, en la corteza prefrontal, de ciertas variables críticas entre las que se cuentan la probabilidad, el riesgo y la cantidad de recompensa (Grabenhorst y Rolls, 2011; Knutson *et al.*, 2005; Tobler *et al.*, 2009). Aunque los valores varían en muchas escalas y según muchos criterios, es de destacar que prácticamente cualquier valor esperado activa con seguridad algunas áreas de la corteza prefrontal.

Además de la capacidad para evaluar innumerables recompensas esperadas, hay otra función prospectiva de la corteza prefrontal que también favorece y amplía la libertad. Esta función consiste en los mecanismos de seguimiento y control de los inputs que van a los sistemas sensoriales, pues dichos mecanismos hacen falta para la eficiencia de la conducta prospectiva.[12] De hecho, al igual que el ciclo PA cognitivo, el ciclo PA emocional usa conexiones funcionales que van desde una estructura de output, ejecutiva, como la corteza prefrontal, de nuevo a estructuras sensoriales para permitir al inminente input sensorial llegar al cerebro en el contexto de la experiencia reciente y de la acción esperada. Este feedback interno (capítulo 4), postulado inicialmente por Uexküll (1926), es muy importante para controlar cualquier ciclo cibernético biológico. En el sistema nervioso, este feedback es el fundamento del control de la conducta, de la descarga corolaria (Teuber, 1972), de la corrección de errores y de funciones superiores como el «control cognitivo» (Miller y Cohen, 2001) y la memoria de trabajo (Fuster, 2008). Sin este feedback interno, ninguna secuencia –con objetivo– de conducta o lenguaje puede alcanzar su propósito.

Según ciertos datos actuales, las fuentes de control interno de los inputs emocionales son las mismas áreas prefrontales que reciben los inputs de proalimentación de la selección de valores, en particular la corteza cingulada anterior, en la región medial de la corteza prefrontal. Esta área es a todas luces la fuente del seguimiento de respuestas y de las señales para el control de errores (Amiez *et al.,* 2005; Bush *et al.,* 2000; Rollnik *et al.,* 2004; Swick y Turken, 2002).

La característica principal de la evaluación de respuestas esperadas y de los procesos de corrección de respuestas –así como la descarga corolaria y la memoria de trabajo– es

12. Un grupo estelar de investigadores (Friston *et al.*, 1994) ha modelado satisfactoriamente por computadora servomecanismos de feedback de control sensorial.

su perspectiva de futuro. Todas corresponden a la capacidad prospectiva de la corteza prefrontal y, por tanto, a sus funciones predictivas. Todas influyen mucho en su capacidad para la memoria prospectiva, la toma de decisiones, la planificación y la creatividad que abre la agenda humana a la libertad, tanto a corto como a largo plazo.

Casi seguro que estas funciones prefrontales prospectivas desempeñan un papel crítico en el aplazamiento de la gratificación, en cuándo y cómo es éste necesario por razones éticas o económicas. En el capítulo 4 me refería a un fenómeno muy frecuente de recompensa esperada: el descuento por demora. Los niños y los adultos ingenuos o emocionalmente inmaduros, igual que los animales, atribuyen poco valor a recompensas por las que han de esperar mucho. Prefieren una recompensa inmediata, aunque sea menor que la otra, la alejada en el tiempo.

Cuando en el mundo adulto hay descontrol al respecto, las consecuencias de esta singularidad de la naturaleza que denominamos «descuento por demora» son enormes. Aparte de reducir la libertad de los individuos para planificar, el descuento por demora puede, como hemos visto hace poco, casi cargarse la economía entera de un país. En principio, unos cuantos miembros impacientes no suponen ningún problema para la sociedad. Sin embargo, tendremos un problema serio, que puede devenir en desastre, si la industria financiera, la industria publicitaria y el gobierno actúan en connivencia con el fin de engatusar a un amplio segmento de la sociedad para que haga una inversión importante, por ejemplo la compra de una casa, que claramente no puede permitirse con los ingresos actuales ni con los futuros.[13] Es de lo más

13. Por supuesto, la hiperinflación del mercado residencial es engendrada por la misma bestia: créditos baratos e irresponsables a una sociedad que no puede ni quiere esperar y que tampoco podrá pagar el préstamo.

penoso haber sido testigo del daño que un descuento incontrolado por larga demora ha causado en las familias y en los valores familiares, en la productividad y en la ética del trabajo, en el valor del ahorro y en el pleno empleo, por no hablar de los fondos de pensiones, los mercados financieros y las obligaciones del gobierno.

Antes he aludido a la regla aparentemente general de que diferentes clases de recompensas comparten el mismo sistema cerebral (el «eje de la recompensa») para procesar –no necesariamente representar– las recompensas. Éste parece ser el caso incluso para las recompensas monetarias y sociales (Lin *et al.*, 2012; Seo *et al.*, 2012). La pregunta es ahora dónde están representados, en el cerebro, los valores éticos y morales que tienen tanta influencia en nuestra conducta, seamos conscientes de ella o no. Aquí confieso mi ignorancia. Las únicas pruebas de que disponemos sobre este asunto provienen de estudios clínicos sobre efectos de lesiones cerebrales o de estudios funcionales más recientes –por ejemplo, con neuroimágenes–. Aun así, ambas clases de pruebas están plagadas de graves problemas.[14]

14. Una lesión en una estructura cerebral determinada no se traduce forzosamente en la simple sustracción del valor ético o moral postulado para esa estructura. Por ejemplo, la «vileza moral» resultante de una lesión en la corteza orbitofrontal (como en el famoso caso de Phineas Cage [Damasio, 1994]) no demuestra que ahí estén localizados los valores morales o éticos, sino más bien que la región orbitofrontal es la fuente de poderosos impulsos inhibitorios que modulan la conducta social de una manera adaptativa. Del mismo modo, la activación metabólica o neural de una región cortical durante el ejercicio de una conducta ética o moral dada no significa necesariamente que el valor impulsor de esta conducta esté localizado ahí. En cualquier caso, tanto los estudios de lesiones como los de imágenes carecen de la métrica adecuada para medir psicológicamente un valor independiente de la medida cerebral que se toma (problema de la «inferencia inversa» [Poldrack, 2006]).

Con todo, el paradigma del cógnito (capítulo 3) plantea una explicación razonada y lógica de la amplia distribución cortical de los valores superiores. Los cógnitos, que son unidades de conocimiento o memoria, están organizados de forma jerárquica, desde los más concretos (sensoriales o motores) en las fases asociativas inferiores de la corteza, hasta los conceptos más complejos y abstractos en las cortezas de asociación superiores (posterior y prefrontal); éste es el caso de un valor ético o moral.[15]

A lo largo de la experiencia vital, cógnitos nuevos crean asociaciones con cógnitos viejos, que actualizan y modifican. Se supone que los cógnitos superiores, más complejos y abstractos, son los más extensos y están compuestos de representaciones de cógnitos inferiores, más concretos y específicos. Si esta suposición es correcta, un concepto abstracto –por ejemplo, un valor o principio ético– está muy repartido en la corteza y formado por repetición de patrones similares de experiencia perceptual o ejecutiva, los cuales permanecen encajados en la red que constituye este concepto abstracto. Así pues, este concepto es complejo en el sentido de que ha surgido de muchos patrones distintos. Y es abstracto en el sentido de que unifica los atributos comunes de todos. En la ética y la moralidad, este atributo común o conjunto de atributos define un principio o valor: es decir, una creencia fundamental.[16]

15. Obsérvese que la jerarquía está dispuesta en capas transversales con respecto a la superficie de la corteza, de modo que cada capa se compone de áreas de similar fase de desarrollo filogenético u ontogenético (en la figura 3.2, las fases superiores están simbolizadas por el color más claro, con los cógnitos superiores, los conceptos, en las áreas blancas).

16. El principio de la caridad o la compasión, por ejemplo, quizá lo formen en la corteza superior muchas representaciones de experiencia directa o indirecta con los buenos samaritanos. En un nivel más profundo, sin embargo, el principio se basa en la evolución (más adelante).

Aquí viene al caso la distinción entre valores éticos y morales, pues acaso tengan un origen y una distribución cortical diferentes, si bien por razones psicológicas y sociológicas es difícil separarlos. La separación es todavía más difícil por razones neurocientíficas.[17] Debido a esto, aquí se tratan juntos simplemente como *valores superiores*, y entre ellos se incluyen la confianza, la honradez, la compasión, la integridad, el coraje, el respeto, la ecuanimidad y la responsabilidad. El primero y el último, la confianza y la responsabilidad, son los que más relación guardan con la libertad, pues de hecho son connaturales a la misma. Como hemos visto, la confianza amplía la libertad de elección. Ser responsable equivale a dar cuentas ante uno mismo y ante los demás por cada decisión tomada. «Somos dueños» de cada decisión y de la responsabilidad que la acompaña, y esta propiedad es proporcional a la libertad que tenemos para tomar esta decisión.

Resumiendo el poco conocimiento que tenemos en lo que a esto se refiere, lo más probable es que los valores superiores se encuentren representados en cógnitos perceptuales y ejecutivos de la corteza superior. Se pueden dar buenas razones en favor de que estos valores están firmemente basados en la evolución y de que, por tanto, forman parte de la ley natural (Churchland, 2011; Wilson, 1993). De este modo, serían parte de nuestra he-

17. Los valores éticos definen patrones de conducta, especialmente con o hacia los demás, que en gran medida son adquiridos y forman parte de la cultura del individuo; pertenecen a lo que es correcto, justo y bueno. Las creencias fundamentales de la moralidad se solapan bastante con las de la ética, a las que quizá den lugar o contribuyan. En general, sin embargo, los valores morales están más asociados al carácter de una persona, y tienen más probabilidades de estar asociados también a la relación de esta persona con la autoridad superior, que puede ser religiosa o no.

rencia filética. Por lo tanto, igual que la memoria filética da lugar a la memoria perceptual, y la memoria motora filética da lugar a la memoria ejecutiva, las creencias y los sentimientos filéticos darían lugar a la memoria «moral» o «ética». La segunda consistiría en una malla de redes corticales que representan valores superiores de origen genético, aunque ajustados mediante la relación social para servir a la humanidad con una finalidad que trasciende la del individuo.

Los animales privados de estimulación sensorial justo después de nacer no llegan a desarrollar una corteza sensorial normal, por lo que en lo sucesivo son incapaces de procesar información sensorial (Hensch, 2005; Hubel, 1995). El período crítico durante el cual debe haber input sensorial para la maduración posterior varía según la especie y el sistema sensorial. Este período también se conoce como «ventana de vulnerabilidad», tras la cual la plasticidad del sistema se desconecta o resulta muy menguada. En el ser humano, se ha puesto de manifiesto, aunque no delimitado con exactitud (pueden ser semanas o meses), el período crítico para la visión en casos de cataratas congénitas corregidas mediante cirugía tras el nacimiento (Gregory y Wallace, 1963). Los pacientes nacen ciegos o con la visión muy dañada. Tras la operación quirúrgica, recuperan la visión en parte, si bien la recuperación es lenta, inestable y nunca completa. La mayoría de los pacientes presentan un persistente defecto de percepción visual, y en algunos casos *agnosia* total, es decir, dificultad para identificar y nombrar objetos visuales. Está claro que el sistema visual heredado (memoria filética) ha de ser ejercitado («ensayado») durante un período crítico después del nacimiento para que, mediante la plasticidad natural, pueda generar percepción completa.

De un modo un tanto similar, los niños privados de estimulación sensorial y cuidado materno, como los monos de Harlow,[18] no llegaban a desarrollar una vida social normal. En la literatura, hay casos de negligencia parental extrema o aislamiento de bebés (Bowlby, 1951; Rymer, 1994) que se han traducido en retraso cognitivo y social grave. Debido a la confluencia de varios factores, los individuos de estos casos presentan también una falta casi absoluta de valores éticos, lo que podríamos denominar «agnosia de valores»,[19] pero son casos extremos de trastornos generalizados que no tienen un período crítico definido. Aun así, hay pruebas de que ciertas destrezas cognitivas no se desarrollan adecuadamente si el niño no está expuesto a ellas durante ciertos períodos críticos. El mejor ejemplo es el lenguaje.

Es bien sabido que los niños aprenden idiomas mejor que los adultos, y que por lo general la capacidad de aprender una nueva lengua disminuye con la edad. Lo que se sabe menos, aunque algunos lo sabemos desde 1967 gracias al trabajo de Eric Lennebeg (Pinker, 1994), es que, cuando el niño adquiere la primera lengua existe un período crítico que se extiende desde los cinco años

18. Unos monos bebé eran arrancados de sus madres justo después de nacer y colocados en compañía de «madres» sustitutas hechas de trapo y alambre. Tras un período de exposición a estas «madres» auxiliares, eran colocados de nuevo en compañía de sus madres verdaderas y otros monos de distintas edades. Los animales con carencias nunca desarrollaban conducta afectiva o de acicalamiento. Eran solitarios y socialmente discapacitados.

19. En el mono, el síndrome «Klüver-Bucy» (Klüver y Bucy, 1938) es el arquetipo de la agnosia de valores de los objetos. Tras lesiones bilaterales de la amígdala, los animales muestran un patrón de conducta extraño, caracterizado por una hipersexualidad indiscriminada y una evidente indiferencia hacia el valor biológico de los objetos, con una acusada tendencia a explorarlos con la boca y a ingerirlos aunque no sean comestibles, como en el caso de los clavos o los clips.

hasta la pubertad. Después, al adolescente y al adulto les cuesta mucho más.[20]

Aparte del lenguaje, gracias a las influyentes obras de Piaget (1952) y Vygotsky (1978) sabemos que, en el transcurso del desarrollo, determinadas capacidades cognitivas avanzan a través de varias etapas sucesivas señaladas por ciertos logros destacables. Este desarrollo no se limita a las sociedades modernas muy tecnológicas (Greenfield, 2009). Con la ayuda de la familia, los compañeros y la escuela, el niño pasa por estos logros, aprendiendo a aprender y adquiriendo conocimiento tanto cognitivo como emocional, desarrollando así la inteligencia en ambas esferas y adquiriendo asimismo conocimientos nuevos en las dos. No obstante, apenas hay datos que avalen la existencia de un período ético-moral crítico. Sabemos que existen períodos y fases, pero ¿existe un período crítico para adquirir los dos valores, confianza y responsabilidad, que más directamente se relacionan con el desarrollo de la libertad?

Para responder a ello, contamos con las opiniones de dos autoridades en desarrollo infantil. Erikson (1993) formula y explora un período crítico para el desarrollo de la confianza interpersonal. A su juicio, el establecimiento de la confianza básica tiene lugar en la ventana abierta de los dos primeros años de vida. Si este desarrollo dentro de dicha ventana temporal es satisfactorio, tendremos un niño feliz, seguro y con confianza en sí mismo; si no lo es, el niño mostrará ansiedad, inseguridad y recelo.

Vygotsky (1978) integra el desarrollo de la responsabilidad social con el desarrollo intelectual del niño y el adolescente en un amplio período que identifica como «zona de desarrollo próximo» (ZDP). La ZDP es la dife-

20. De las lenguas segunda, tercera y posteriores se sabe también que es cada vez más difícil aprenderlas, si bien no hay un período crítico claro para ninguna de ellas.

rencia, en el tiempo, entre lo que el niño puede hacer por su cuenta utilizando sólo su inteligencia innata (nuestro hipotético conocimiento *filético*) y lo que puede conseguir con la ayuda de educadores adultos. Para Vygotsky, el proceso de la educación es dialéctico de interacción circular con el entorno social (nuestro ciclo PA), y en él el lenguaje desempeñaría un papel clave. En este proceso, la responsabilidad social se desarrollaría de manera natural.[21]

Si se demuestra el acierto de estas propuestas, podemos –llevando el razonamiento más allá de la analogía– afirmar con seguridad que, igual que la percepción y la acción crecen sobre una base filética de sensaciones y movimientos elementales, los valores éticos, en particular la confianza y la responsabilidad, crecen sobre una base filética de afectos e instintos elementales. Todo tiene lugar en la corteza cerebral gracias a las estructuras límbicas que constituyen el cerebro emocional. Además, igual que las dos «canteras» filéticas de la sensación y el movimiento (cortezas primarias sensorial y motora) requieren desarrollo neural plástico en un cierto período crítico, el conocimiento ético requiere lo mismo a través de la interacción social. Si el conocimiento ético de la confianza y la responsabilidad no se desarrolla dentro de este período, el individuo permanece «ciego a los valores» o «discapacitado respecto de los valores» para el resto de su vida. Su libertad personal se resentirá ineludiblemente. Como consecuencia natural de esta propensión individual, también se resentirá la libertad de los demás.

21. Es interesante observar que Vygotsky desarrolló su teoría en el contexto de una sociedad marxista colectivista, en un clima que era básicamente hostil a la libertad individual, y en el proceso que describe se intuye cierto grado de adoctrinamiento. De todos modos, esto no invalida su trabajo, que defiende el concepto de «conocimiento ético innato (filético)» y el papel de la sociedad en la expansión del mismo con valores superiores.

Patología de la libertad

Estoy prácticamente seguro de que, cuando San Agustín escribió su famosa frase «ama y haz lo que quieras», estaba pensando en el amor Ágape,[22] no en el amor Eros. Según el *Webster's New World Dictionary*, *agape* es «amor espontáneo, altruista». Seguramente la idea de San Agustín era que el amor Ágape expulsaría el mal, con lo que la persona sería libre, responsable y capaz de hacer el bien, de abrazar los valores supremos y respetar la ley y los valores del prójimo. Con el altruismo, la libertad de una persona armonizaría a la perfección con su responsabilidad. Era un consejo de lo más razonable.

El problema se plantea cuando no hay ágape o cuando se produce un desequilibrio entre libertad y responsabilidad. O cuando las dos disminuyen mucho. Esta sección se ocupa de lo que falla cuando suceden estas cosas debido a una enfermedad cerebral. Para hacerlo de manera científica necesitaríamos una métrica fiable: sin embargo, la ciencia cerebral no nos procura medidas precisas ni de libertad ni de responsabilidad; en el mejor de los casos, puede proporcionarnos estimaciones aproximadas basadas en lo que conocemos de la fenomenología de las enfermedades cerebrales –es decir, del estudio de la conducta y los estados mentales de pacientes–. En todo caso, el problema se complica por el hecho de que los síntomas mentales y conductuales son muy variados, fruto de las interacciones de muchas variables, algunas im-

22. San Agustín, *Epístola a los partos*, VII, 8 (comentario sobre una carta de Juan a los partos. *Agape*, del griego, significa banquete (también en español). Hace referencia al intercambio cordial de afecto del que disfrutaban los primeros cristianos en una comida festiva (festín del amor), donde, de común acuerdo, todas las transgresiones estaban descartadas de las intenciones y la mente de todo el mundo (¡incluyendo probablemente la gula y la embriaguez!).

ponderables o inconscientes. En resumen, la evaluación de la libertad y la responsabilidad del paciente deben ser formuladas con cautela. Aquí quizá sea pertinente una analogía con la economía.[23]

En 1974, en Estocolmo, cuando recibió el primer premio Nobel de economía que se daba (compartido con Myrdal), Hayek pronunció un famoso discurso titulado «La pretensión del conocimiento». Mientras hablaba de inflación y desempleo, de precios y salarios, decía que el output de un sistema *esencialmente complejo* como la economía de un país no se podía predecir, no digamos ya planificar o manipular, con unas mínimas garantías. Ese output, decía Hayek, era el resultado de muchas acciones humanas basadas en conocimientos inciertos o incompletos. En diversos comentarios a todas luces dirigidos a los keynesianos del gobierno y de fuera del mismo, aconsejaba humildad y prudencia, pues en esas circunstancias los gobernantes, aconsejados por economistas pretenciosos e ignorantes («como profesionales, hemos enredado las cosas»), pueden provocar una crisis económica tremenda.

Asimismo, la corteza humana, también un sistema esencialmente complejo,[24] está sometida a tantas variables cambiantes e imprevisibles que pocas de sus acciones se pueden atribuir a alguna de ellas. Podemos hacer sólo estimaciones de probabilidad relativa. Todas las decisiones libres que tomamos están expuestas a multitud de influencias que van desde la genética a casi todas las variables imaginables –internas o ambientales– que actúen sobre la

23. Es más que una analogía con los fenómenos cerebrales; es directamente aplicable a los fenómenos abordados habitualmente por la neuroeconomía y la economía conductual.

24. No es casualidad que el propio Hayek, antes de ser economista, hubiera abordado el sistema complejo de la corteza humana en *El orden sensorial*, publicado en 1952, muchos años después de que escribiera la versión preliminar en Viena (década de 1920).

corteza, quizá la mayoría inconscientes. Sin lugar a dudas, en cada opción hay unas variables que tienen más peso que otras; aquí he intentado ponerlas en orden y señalar los mecanismos más probables mediante los cuales intervienen en la conducta humana. A la inversa, los fallos de la libertad de elección pueden deberse a muchos factores, unos del individuo, otros del exterior. También estos fallos están expuestos a unos factores más que a otros.

Los comentarios anteriores pretenden ser una advertencia para cualquier tratamiento científico de la libertad, algo especialmente necesario ahora porque en esta sección vamos a ocuparnos de un tema de lo más delicado: el de los efectos del trastorno cerebral en la libertad y la responsabilidad personales. Se trata de cuestiones de interés no sólo para el científico cerebral sino también, y de forma más categórica, para el juez. Todos queremos saber qué pasó en el cerebro del individuo que infringió la ley tan descaradamente, y hasta qué punto fue personalmente responsable de su transgresión. Aquí es obligatorio un descargo de responsabilidad hayekiano, pues por desgracia algunos médicos y psicólogos que testifican en los tribunales como expertos se arrogan unos conocimientos que no tienen.

Sin embargo, hay casos de trastorno cerebral en los que la capacidad de una persona para comparecer ante un tribunal o asumir (o no) la responsabilidad de un crimen está fuera de toda duda. En estos casos, la prueba pericial médica puede ser confirmatoria, a veces de manera decisiva. No obstante, hay afecciones en las que las pruebas psiquiátricas o neurológicas son ambiguas o inciertas. En estos casos, hemos de confesar nuestra ignorancia.

Ante los tribunales aparecen a menudo cuatro categorías importantes de trastornos cerebrales en los que la libertad y la responsabilidad están en una situación más o menos comprometida: la psicosis, los síndromes obsesivodepresivos, la drogadicción y el trauma o enfermedad del lóbulo frontal. En todos ellos hay una patología cerebral demostrable o razonablemente deducida, un diagnóstico fácil y una diferenciación clara respecto de otros síndromes cerebrales. La libertad y la responsabilidad están lógicamente menoscabadas, si bien en algunos casos individuales acaso haya serias dudas sobre la responsabilidad civil o penal. Otros trastornos cerebrales, como el retraso mental, el trastorno límite de la personalidad, la epilepsia del lóbulo temporal (ELT), el trastorno de histeria de conversión, etcétera, también plantean dudas relativas a la libertad y la responsabilidad, aunque su patología cerebral, salvo en el caso de la ELT, es poco conocida.

Hablamos de psicosis cuando la mente se escinde de la realidad, cuando se altera la percepción que tiene el paciente sobre sí mismo y sobre el mundo que le rodea. La psicosis más común y devastadora es la esquizofrenia, que se inicia habitualmente en la adolescencia o en fases tempranas de la edad adulta. La genética desempeña en ella un papel importante, si bien todavía no están claros los genes implicados.[25] La causa más inmediata de esquizofrenia es un desequilibrio en la conectividad de la corteza cerebral, tanto la vieja (hipocampo) como la nueva (neocorteza). Este desequilibrio afecta sobre todo a la dopamina, la serotonina, y los transmisores y receptores GABA. Por esta razón, entre otras, se ha considerado que la esquizofrenia es básicamente un síndrome de desconexión (Friston y Frith, 1995).

En la esquizofrenia, los síntomas cognitivos y emocionales se mezclan en un síndrome proteico que cambia

25. Puede que esta incertidumbre se deba a que hay varias formas de esquizofrenia, quizá con diferente estructura genética, y también a que, como pasa con otras enfermedades mentales, su fenotipo –esto es, el síndrome declarado– es fruto de interacciones de diferentes genes, entre ellos y con el entorno.

a lo largo del tiempo y oscila entre fases agudas y crónicas. En el conjunto de los síntomas cognitivos, los trastornos del pensamiento, como las asociaciones laxas[26] y los delirios –junto con las alucinaciones auditivas– desempeñan un papel fundamental. En cuanto a los síntomas emocionales, el paciente suele mostrar afecto aplanado o inapropiado y ambivalencia. Los delirios adoptan a menudo una forma paranoica, con una postura generalmente recelosa e ideas de intrusión de pensamientos y control mental así como de amenaza y persecución. En cuanto a los aspectos forenses de la esquizofrenia, Glancy y Regher (1992), en su excelente revisión, concluyen lo siguiente:

> [hay] una relación entre la esquizofrenia y diversas conductas antisociales que incluyen crímenes violentos, incluso homicidios, sobre todo en Norteamérica. El material publicado revela de forma sistemática que, desde la década de 1950, los esquizofrénicos han estado implicados en delitos y sido detenidos más a menudo que la población general, su número en los centros penitenciarios es proporcionalmente excesivo, y suponen la mayoría de los declarados no culpables por razones de enajenación mental.

26. Probablemente una manifestación de desconexión cortical. Como consecuencia de la desconexión prefrontal y de la implicación anómala de la dopamina (receptores D-2), la esquizofrenia presenta algunas características de síndrome prefrontal (Fuster, 2008; Goldman-Rakic, 1994). Naturalmente, esta idea está respaldada por las grandes dificultades del paciente esquizofrénico con la memoria de trabajo y la organización temporal de pensamientos y acciones. Sin embargo, es incorrecto decir que la esquizofrenia es una «enfermedad del lóbulo frontal». Para empezar, no se ha observado ningún síndrome esquizofrénico hecho y derecho como consecuencia de una lesión prefrontal.

Los estados clínicos de la depresión endógena grave y el trastorno obsesivo-compulsivo (TOC) comparten un síntoma característico que los sitúa en nuestro terreno: *la exageración del sentimiento de culpa.* En el paciente deprimido, al margen de si sufre depresión unipolar o si se halla en la fase depresiva de un trastorno bipolar, el estado de ánimo triste suele ir acompañado de sentimientos de culpa profundos y totalmente injustificados que pueden alcanzar proporciones psicóticas y contribuir a las ideas suicidas. El paciente siente un gran remordimiento por un daño imaginario que imagina haber causado a su cónyuge, sus hijos u otras personas de su entorno. Ningún intento de convencerle de lo contrario, ni siquiera por parte de las supuestas víctimas, puede mitigar su muy arraigada culpa, que en la melancolía involutiva, una forma de depresión endógena relacionada con la edad, va acompañada de ansiedad extrema y se puede describir oportunamente como «responsabilidad delirante».[27]

En la depresión endógena –esto es, depresión provocada por factores genéticos y neuroquímicos–, el metabolismo y los mecanismos de acción de las tres principales monoaminas (serotonina, norepinefrina y dopamina) están en situación comprometida (Malhi *et al.*, 2005). Actualmente, los agentes farmacológicos más utilizados son serotonérgicos: bloquean la descomposición de la serotonina en el cerebro.

Otto Fenichel (1946), prestigioso autor psicoanalista, nos dio a conocer la estrecha relación entre la depresión grave y el TOC en la cuestión de la culpa. De hecho, desde el punto de vista psicodinámico, algunos de los síntomas del TOC (deshacer/desarmar de forma compulsiva, veri-

27. Es una de las pocas indicaciones claras de la terapia de electroshock (TEC). En la actualidad, no obstante, el procedimiento sólo se utiliza cuando falla el tratamiento farmacológico.

ficaciones, actos repetitivos, etcétera) parecen ser intentos simbólicos de librarse de la culpa o al menos de controlarla. El ejemplo más revelador al respecto es la acción de lavarse las manos de manera compulsiva. Aunque el paciente es muy consciente de la inutilidad de sus compulsiones, incluida la de lavarse las manos, siente continuamente el impulso de llevarlas a cabo, al menos para notar un alivio fugaz. Tanto la depresión endógena como el TOC ejemplifican la patología de la responsabilidad, y en consecuencia de la libertad, en la enfermedad psiquiátrica.

La adicción a las drogas es el tercer ladrón de libertad que llama la atención del psiquiatra (capítulo 4). Difiere de los otros trastornos en un aspecto importante: en la drogadicción, la falta, no el exceso, de responsabilidad da lugar a esclavización, una pérdida total y a veces fatal de libertad. En su acreditado informe (2010), Sellman afirma que cincuenta por ciento de las drogodependencias son heredadas.

Los efectos de la adicción en el sistema nervioso central varían un tanto en función de la sustancia adictiva. No obstante, todas tales sustancias (alcohol, cocaína, anfetaminas, etcétera) ejercen un efecto común en el sistema mesolímbico de recompensas y en estructuras afines (Everitt y Robbins, 2005). En el ser humano y el mono, las drogas de abuso hiperestimulan dicho sistema. Tras un consumo abundante de sustancias adictivas, la dopamina disminuye de forma desmesurada. Por tanto, el adicto intenta desesperada y compulsivamente reponerla con una ingesta mayor y más frecuente de la droga (aumento de la «tolerancia»). Esto desemboca en una vida totalmente absorbida por la búsqueda de la droga a costa de cualquier otra actividad, lo que suele conducir al crimen. Los adictos que tratan de mantener su hábito cometen una proporción muy elevada de los crímenes violentos de las áreas urbanas.

En los adictos, la comorbilidad es muy común, lo cual significa que estas personas son propensas a padecer también otros trastornos físicos o psiquiátricos, como sida (normalmente debido al uso de agujas contaminadas), TOC y esquizofrenia (Dittmann, 1996). Tanto su tratamiento como su rehabilitación social han de tener en cuenta este hecho; el dictamen de un tribunal sobre su responsabilidad, también.

Por último, los individuos con trastornos del lóbulo frontal suelen plantear cuestiones críticas sobre la libertad y la responsabilidad. En principio cabía esperarlo, pues la corteza del lóbulo frontal es la parte del cerebro más afín a la agencia humana, donde se realiza la evaluación final de valores y opciones prospectivas de acciones responsables: a saber, acciones responsables con respecto al propio agente y a otros seres humanos. La acción irresponsable, desde la óptica ética o moral, es el frecuente resultado de un lóbulo frontal enfermo. La acción puede ser intrascendente o, por el contrario, consistir en un acto criminal.

La corteza prefrontal es pues la parte de la corteza frontal más comúnmente implicada en la conducta irresponsable. Esta conducta variará en función del emplazamiento y el alcance del proceso patológico o del daño prefrontal.[28] En general, las lesiones prefrontales importantes no plantean problemas éticos o morales. El individuo que sufre una lesión así se muestra apático, indiferente y abúlico, sin voluntad para hacer nada, ni bueno

28. Aquí, los prototipos de casos de lesión frontal esbozados más adelante se idealizan y simplifican por razones heurísticas. En realidad, no obstante, generalmente las lesiones frontales están mezcladas y afectan a varias áreas frontales. Así pues, en el paciente individual la norma es, por lo general, la mezcla de síntomas de las tres categorías descritas. Además, existen algunas diferencias clínicas entre las lesiones del hemisferio derecho y las del izquierdo.

ni malo, no digamos ya planear secuencia alguna de acciones con objetivo para bien o para mal. Sin embargo, en el individuo afectado por una lesión prefrontal importante, la depresión y la ansiedad suelen reemplazar a la apatía. Las lesiones de la corteza prefrontal lateral –o sea, de la convexidad externa del lóbulo frontal– conducen a lo que se conoce como «síndrome disejecutivo», que se caracteriza por falta de atención e intención, deterioro de la memoria de trabajo y dificultades para planificar o ejecutar cualquier serie de acciones extendidas en el tiempo y con objetivo. La depresión también suele formar parte del cuadro clínico.

Las lesiones o disfunciones de la corteza prefrontal ventromedial y orbital son las que con más probabilidades provocan en el individuo conductas antisociales y problemas con la ley. En el caso extremo, el cuadro clínico típico es el de un individuo emocionalmente inestable, irritable y jocoso, hiperactivo y desinhibido, propenso a las pataletas y las reacciones impetuosas, e insensible a las normas sociales y a los principios morales. Impulsivo, impaciente y amante del riesgo, es susceptible de cargarse cualquier ley o norma de decoro. Su desinhibición se traducirá frecuentemente en hipersexualidad, ingesta excesiva de comida y afición temeraria al juego. Lo más característico es la ausencia de todo sentimiento de culpa (a diferencia de los individuos deprimidos o con TOC). Este cuadro clínico nos recuerda el del famoso caso de Phineas Gage, trabajador del ferrocarril de Nueva Inglaterra que a mediados del siglo XIX, a consecuencia de una explosión, sufrió en el lóbulo frontal una gravísima lesión a la que sobrevivió de milagro. La lesión afectó ante todo a la corteza prefrontal ventromedial de un lado (Damasio, 1994).

En suma, la conducta irresponsable es el sello distintivo del individuo con patología de la corteza prefrontal ventromedial. Concuerda con este hecho la evidencia funcional de que, por lo general, los psicópatas y los criminales exhiben una menor activación de la citada corteza así como de otras estructuras afines, como la corteza prefrontal orbital, la amígdala y ciertas partes de los ganglios basales (Blair y Mitchell, 2009; Finger *et al.*, 2011; Raine, 2002). Por tanto, la evidencia conjunta derivada de estudios de neuroimágenes y de lesiones es que estas estructuras cerebrales forman parte de un sistema inhibitorio de control de impulsos cuyo daño o inactivación, por la causa que sea (quizá incluyendo la genética), se traduce en conducta irresponsable, antisocial y a veces criminal. Esta conducta, del paciente frontal en concreto, ha exacerbado el viejo debate sobre el papel de la naturaleza frente a la educación en la elección moral, y en líneas más generales sobre el libre albedrío (Greene y Cohen, 2004).

En las dos últimas décadas, gracias en buena medida a los últimos avances en neurociencia, ha surgido la disciplina de la neuroética (Churchland, 2011; Farah, 2010; Gazzaniga, 2005; Roskies, 2002). Si en dicha disciplina hay un tema unificador es la postura de que el dualismo (cerebro/mente) es indefendible, que toda opción humana está determinada biofísicamente –es decir, por acontecimientos físicos en el cerebro–, y que la responsabilidad moral es reducible a estos acontecimientos. Por consiguiente, y siguiendo con este razonamiento, el verdadero libre albedrío no existe, y la culpabilidad de algún modo se «disuelve», si no se «absuelve» (término propio), en el cerebro físico. A favor de su postura, los neuroéticos alegan no sólo la evidencia resumida en los últimos párrafos, sino también los hallazgos más recientes de las neuroimágenes. Aparentemente, este método pone de manifiesto que se puede predecir no sólo la conducta moral de los enfermos mentales sino también la de individuos normales (como los adolescentes «normales») mediante variables mensurables.[29]

Con respecto a la responsabilidad legal, la neurociencia aún no ha causado un impacto decisivo en la jurisprudencia. De todos modos, desde la Ilustración de finales del siglo XVIII, las sociedades occidentales han ido volviéndose conscientes del hecho de que la genética, la enfermedad cerebral, la educación y la economía pueden desempeñar un papel en la naturaleza de un delito. Phillipe Pinel (1745-1826) fue el indiscutible pionero en el tratamiento humanitario del paciente mental, aunque éste tuviera problemas con la justicia. La «circunstancia» del autor de un crimen se ha ido tomando cada vez más en cuenta. En los países occidentales, la defensa del paciente mental suele valerse del argumento psiquiátrico. En buena medida, esta modalidad de defensa penal es un compromiso entre la creencia social de que el crimen debe ser castigado y la idea de que un individuo enfermo ha de recibir tratamiento médico.

El resultado de este compromiso es la regla McNaghten, la norma de los tribunales modernos cuando se juzga a individuos con discapacidad mental. La regla presupone cordura; para absolver al acusado, el juez solicita al jurado y al abogado defensor pruebas de que, *en el momento del crimen* el demandado estaba mentalmente tan discapacitado que no distinguía entre el bien y el mal *según la ley*; y si conocía la diferencia, no sabía que lo que estaba haciendo era incorrecto. Una exoneración por estos motivos (alegato de enajenación) exige que el acusado ingrese automáticamente y durante un tiempo indeterminado en

29. En este texto he dicho bastante sobre las deficiencias de las neuroimágenes. Aunque el método es valiosísimo para revelar los correlatos neurales de la conducta y la cognición, no creo que sea una prueba lo bastante fiable para inculpar o exculpar a nadie en un juicio.

un hospital psiquiátrico o un centro médico autorizado donde le tratarán su enfermedad.[30]

En realidad, los neuroéticos no ponen en duda la responsabilidad legal sino la responsabilidad moral. En los procesos judiciales, defienden criterios seculares de moralidad y también propugnan oportunamente el uso de la neurociencia moderna para perfeccionar los testimonios médicos en dichos procesos. Más allá de esto, sin embargo, no han cambiado radicalmente la postura filosófica de los tribunales de justicia. Tampoco han cambiado mucho las ideas sobre la libertad o la responsabilidad desde la perspectiva de la neurociencia. De hecho, mis opiniones sobre el «libre albedrío», la responsabilidad y el papel del lóbulo frontal en la conducta son totalmente *compatibles* –utilizo este término intencionadamente, véase introducción– con las suyas. Si hay diferencias, aunque puedan ser importantes, son de grado. Vale la pena que volvamos sobre ellas al menos brevemente.

Sobre el telón de fondo de la neurociencia actual, el tratamiento del *libre albedrío* como entidad existencial o facultad mental única e indivisible es, a mi juicio, poco razonable por parte tanto de los defensores como de los detractores. El libre albedrío es tan libre como las leyes de

30. La regla McNaghten toma el nombre de Daniel McNaghten, que en 1843 fue acusado de intento de asesinato de sir Robert Peel, primer ministro británico. De hecho, disparó una pistola que hirió mortalmente a Edward Drummond, secretario del estadista; más adelante afirmó que Dios le había ordenado matar a Peel. Tras numerosos testimonios, un jurado nombrado por la Cámara de los Lores absolvió a McNaghten alegando enajenación, lo que dio origen a la actualmente famosa regla que lleva su nombre. La regla original ha experimentado algunas modificaciones debido a su uso judicial, pero en esencia ha seguido aplicándose prácticamente en todos los juzgados occidentales donde se ven casos de responsabilidad criminal de personas con problemas mentales. Es el fundamento del veredicto de «no culpable por enajenación mental» o «culpable pero demente».

la termodinámica le permiten serlo en el cerebro. Como hemos visto, la enfermedad puede alterar estas leyes en perjuicio de la libertad. Donde hay opción hay libertad, y nuestra libertad es libre en la medida en que tengamos opciones y que estas opciones tengan impacto en el mundo, en los demás o en nosotros mismos. Por tanto, tomamos decisiones morales con límites.

No obstante, una elección moral conlleva un agente moral. Y aquí no podemos invocar un agente más elevado que la corteza cerebral: para ser más exactos, la corteza bajo inputs de sí misma y del mundo interior de la emoción, inmersos todos en el ciclo PA. Esto significa también inputs procedentes de innumerables redes corticales (cógnitos) que representan patrones de conducta morales y éticos. El hecho de que muchos de ellos sean inconscientes no vuelve nuestra corteza menos libre para sopesar, evaluar y elegir. Da igual que algunas de estas decisiones sean anuladas por impulsos límbicos. Las decisiones verdaderamente libres se toman en la corteza, y no hace falta que en algún lugar de la misma haya una autoridad moral superior, o «superyó».[31]

31. No obstante, hay una dimensión de la existencia humana en la que el fundamento biológico del agente moral que tenemos dentro desafía el análisis neurocientífico: el sufrimiento. La capacidad para resistir, incluso sublimar, el sufrimiento físico y moral pone abiertamente en tela de juicio cualquier explicación neural de estos fenómenos. Su reducción a un deseo vehemente de dolor, o a un placer obtenido del dolor, como si se tratara de un masoquismo de base biológica, es lamentablemente simplista. Sería más verosímil la lógica de que la creencia sólida, de base cortical, superaría el dolor físico, más o menos como lo consigue el faquir mediante entrenamiento. Lo más difícil de explicar en clave neurológica es la resistencia al sufrimiento moral (Frankl, 2000; Fuster, 2005). En cuanto a esto, lo más destacable es la sensación de liberación interior que algunos individuos descubren en las profundidades de la opresión más abyecta. Es lo más cercano a una experiencia metafísica –de hecho, espiritual– de libertad que la neurociencia puede encontrar y debe negarse a explicar.

Por lo tanto, la libertad y el libre albedrío, incluso para las actuaciones por principios, se ven graduadas, determinadas, o mejor aún *afectadas,* tanto por la naturaleza como por la educación. La cultura, que forma parte de ambas, es el tema de la sección siguiente.

Cultura

«Cultura o civilización, tomada en su amplio sentido etnográfico, es ese complejo de conocimientos, creencias, arte, moral, derecho, costumbres y cualesquiera otros hábitos o aptitudes que el hombre adquiere como miembro de la sociedad.» Esta amplia definición de cultura de sir Edward Burnett Tylor (1920/1871), padre de la antropología social, es una adecuada introducción al tema de esta última sección del capítulo. De manera implícita en sus últimas palabras, la definición contiene dos aspectos fundamentales. Uno es que, como la cultura es adquirida, excluye lo que hemos heredado de la evolución.[32] El otro es el papel cultural del lenguaje simbólico, una facultad mental que constituye el más potente transmisor y depósito de cultura. Y aún otro aspecto de la cultura es que consiste en un proceso dinámico continuo: en otras palabras, cambia, «evoluciona», a lo largo de la vida así como en el transcurso de la historia. Algunos de estos cambios son drásticos, a veces dramáticos, como ocurre a menudo con la población inmigrante, liberada o subyugada. En casos así, una cultura o subcultura recibe el calificativo de «aculturada» con respecto a la cultura dominante, por elección o bajo coacción.

En cualquier caso, en lo que concierne al individuo, la cultura tiene dos componentes, a los que, en su defini-

32. No obstante, para Tylor nuestra cultura era el resultado de la evolución lineal desde una «cultura primitiva».

ción, Tylor no priva de ambigüedad. El primero es la cultura como medio social en el que vivimos. El otro, el medio personal, esto es, la cultura interiorizada, lo que Ortega (1961) denominaba la «circunstancia». En realidad, ésta es precisamente la parte de la cultura que se ve obligada a aculturarse con respecto a los cambios en la cultura *exterior*.

La situación ideal es que una cultura democrática proteja nuestra libertad personal exigiéndonos a la vez que asumamos nuestras responsabilidades con respecto a la protección de la libertad de los demás. Mediante la aplicación de las leyes civiles y penales –elaboradas por parlamentos con arreglo a la constitución del país–, los tribunales de todos los niveles tienen como finalidad proteger estas libertades. De hecho, para garantizar la libertad de cualquiera hace falta que todos cumplan la ley. Es así como se supone que son las cosas en una democracia en circunstancias normales de paz y prosperidad. A lo largo del pasado siglo, sin embargo, la cultura occidental prácticamente no ha tenido una década entera sin alguna guerra o tribulación socioeconómica. Más adelante analizaremos algunas de las causas y de las consecuencias culturales de la crisis actual en las economías de occidente.

Gran parte del derecho civil y penal es redundante con respecto al derecho natural. En el cerebro llevamos la esencia de los sentimientos y las virtudes fundamentales (confianza, afiliación, solidaridad, ecuanimidad, lealtad, compasión, etcétera) que en conjunto constituyen lo que ha venido en llamarse el «sentido moral» (Smith, 1759; Darwin, 1872; Wilson, 1993). El sentido moral es imprescindible para el orden social. Este «sentido», posiblemente de origen filogenético,[33] empapado de emoción y «ensa-

33. En *El origen del hombre*, Darwin señala cuatro factores, surgidos de los instintos sociales del hombre, que le llevaron al desarrollo del sentido moral:

yado» después de nacer –primero en la familia–, es con toda probabilidad la fuente suprema de criterio moral, que en situaciones concretas actúa en nosotros rápidamente mediante la intuición, antes incluso de utilizar el intelecto para racionalizar el criterio (Haidt, 2001). Voy un paso más allá y, basándome en mi idea epifenoménica de la conciencia, sostengo que buena parte de lo que parece intuitivo ya es racional, bien que inconsciente. Nuestra corteza cerebral tiene a sus órdenes una inmensa base de datos que le permite computar al instante una opción –en este caso un criterio– con la velocidad de un reflejo nervioso. El hecho de que el «razonamiento» cortical inconsciente, aunque sólo probabilístico, pueda ser desencadenado automáticamente por impulsos procedentes del sistema límbico no invalida el argumento sino que lo refuerza.

La base de datos de la ley natural seguramente consiste en un inmenso conglomerado de cógnitos conceptuales –o sea, redes cognitivas repartidas por la corteza cerebral– que encarnan el conjunto de la experiencia moral y la agenda moral. Tanto si son innatos (filéticos) como si no lo son, tanto si están hechos de «herencia perfeccionada» como si han sido adquiridos totalmente después de

---

1. Por su misma naturaleza, los instintos sociales «conducen a un animal a encontrar placer en la sociedad de sus compañeros, a sentir un cierto grado de solidaridad hacia ellos y a prestarles diversos servicios».
2. En el hombre, una memoria superior le permite recordar acciones que son buenas o perjudiciales para la comunidad.
3. Con los poderes mentales del hombre, también aumenta el poder de la comunicación y del lenguaje, lo que permite a los individuos ser conscientes de las necesidades de los demás y expresar a éstos las suyas propias.
4. La conducta repetida por el bien de la comunidad tiende a instituirse como conducta habitual.

Estos factores operan para establecer un sentido moral de la conducta favorable a la comunidad.

nacer, estos cógnitos son objeto de acalorado debate. A mi modo de ver, en todo caso, la experiencia y la agenda morales siempre están a disposición del cerebro y preparadas para entrar al instante en el ciclo PA con motivo de un criterio, una elección o una decisión. Como hemos visto en el capítulo 4, este ciclo tiene un circuito cognitivo y otro emocional, ambos activos a la vez cuando es necesario. La necesidad puede ser inmediata o prospectiva. En el segundo caso, el ciclo PA involucra a la corteza prefrontal en la futura adaptación del organismo al cambio, con independencia de lo cercano o lejano que este futuro pueda estar.

Es aventurado pensar que la ley hecha por el ser humano ha de tener una distribución cortical distinta de la de la ley natural, sobre todo si aceptamos la posibilidad de que gran parte de la primera está incluida en la segunda. Por tanto, la base estructural del juicio moral estaría sobre todo en la corteza posterior, mientras que la de la acción moral se hallaría principalmente en la corteza ejecutiva. No obstante, es difícil, y probablemente incorrecto, intentar separar en la corteza el sustrato de las dos funciones morales en lo alto del ciclo PA, que es integrador por definición. Sería como intentar, por ejemplo, separar una acción compasiva de la compasión por el dolor de otro.

La ley humana comprende una amplia gama de códigos legales, desde las ordenanzas municipales hasta las leyes nacionales, desde las regulaciones comerciales hasta las normas institucionales, desde los códigos de vestimenta hasta los estándares para los profesionales autorizados, desde las leyes de propiedad intelectual hasta los patrones éticos de escritores y científicos. Se han establecido códigos legales para proteger los derechos y libertades de los ciudadanos, de los países en sus tratos mercantiles, de los trabajadores manuales y no manuales, de los socios comerciales, de los enfermos, etcétera. Una vez instituida, buena parte de esta legislación es relativamente estable. En términos generales, ésta es la parte de la ley que guarda más relación con la ley natural. Otra parte es más mudable, adaptable a factores demográficos, circunstancias comerciales, agentes medioambientales, convenciones sociales, etcétera.

En el siglo pasado, ciertos cambios importantes en la cultura occidental han originado cambios en muchos códigos legales, a los que a veces ha precedido o seguido algún conflicto social. Los cambios socioeconómicos más destacados y trascendentales han sido los siguientes: (a) grandes emigraciones del campo a la ciudad y de territorios –y países– subdesarrollados a otros desarrollados; (b) transición gradual desde una industria manufacturera –y agrícola– boyante a industrias menos productivas de servicios y finanzas; (c) globalización del comercio que ha sustituido tanto a las guerras comerciales como a las guerras por el comercio; (d) desaparición del patrón oro o de cualquier otro estabilizador de las divisas; (e) reafirmación de los derechos civiles; y (f) proliferación de programas gubernamentales de ayuda social, algunos ocupando el lugar antes asignado al ahorro privado, las aseguradoras y la responsabilidad personal.

Diversos conflictos derivados de estos cambios ponen de manifiesto la dificultad de un sistema complejo –por ejemplo, la economía de un país– para adaptarse con la suficiente rapidez y eficacia a un cambio importante. Es como si la corteza prefrontal de un país fuera incapaz de predecir las consecuencias de estos cambios y careciera de la necesaria información para preadaptarse a ellas. En los países occidentales, estamos actualmente experimentando una de estas situaciones, provocada por la recesión económica y el consiguiente desempleo. En las presentes circunstancias, la autocorrección del sistema es lenta y torpe, a menudo incapaz de prevenir el conflicto social abierto. Hoy en día, desde luego, cualquier conflicto es magnificado por los medios y por el hecho de afectar al mismo tiempo a un gran número de personas. En todo caso, algunos de los cambios señalados antes han beneficiado a nuestra cultura, pero otros no.[34]

Acabo de hacer una referencia metafórica («como si») a la corteza prefrontal colectiva de un país. Teniendo en cuenta el actual estado de nuestros conocimientos, una referencia así apenas puede superar el nivel de la alegoría. No obstante, creo que comparar la economía de un país, de hecho un sistema adaptativo complejo, con el sistema adaptativo complejo que ha sido el tema de este libro –el cerebro humano libre y creativo– es algo más que un comentario banal. Está claro que es algo más que una metáfora porque los dos sistemas se hallan interrelacionados de forma causal.

En 2004, el psicólogo George Ainslie y J. Monterosso publicaron en *Science* un fascinante artículo titulado «La conducta, ¿un mercado en el cerebro?», en el cual describían sus investigaciones experimentales sobre el descuento por demora, una importante variable en la evaluación de la recompensa esperada (capítulo 4). Dado que en cualquier mercado verdadero el valor (o el precio) queda determinado mediante las acciones de muchas personas (Hayek, 1948; Mises, 1998), y dado que, en última instancia, estas acciones están determinadas por interacciones

34. Un área donde se ha producido cambio cultural para bien es la de la protección del medio ambiente. En Estados Unidos, muchos individuos y organizaciones han llevado durante años la iniciativa de la protección ecológica. Entre los numerosos avances en este sentido, destacan dos de gran trascendencia: la creación del National Park Service (década de 1910) y las regulaciones sobre la contaminación del aire en California (década de 1950).

entre los respectivos cerebros,[35] quiero parafrasear la pregunta de Ainslie para nuestro análisis final: ¿Existe un mercado de los valores en el cerebro colectivo de nuestra cultura? Mi respuesta es «sí», y trataré de justificarla en lo más básico, dejando la cuantificación para futuras investigaciones.

La primera premisa de esta postura es la presencia de antecedentes biológicos de la acción en forma de sustrato cognitivo en la corteza del agente. La segunda es que este sustrato cognitivo se compone de redes (cógnitos) que, cuando están activadas, median en la relación dinámica entre el componente perceptual del sustrato y su componente ejecutivo (ciclo PA). Estos dos componentes cognitivos son capaces no sólo de integrar acción con objetivo sino también de evaluar inputs sensoriales que originan la acción, amén de las consecuencias esperadas. En capítulos anteriores (sobre todo el 3 y el 4) he intentado probar estas dos premisas. Tal como vimos en esos capítulos, tanto la evaluación de inputs sensoriales como el valor calculado de la recompensa esperada son funciones del complejo límbico-prefrontal. Ninguna de estas evaluaciones es posible sin la experiencia del agente y sus interacciones con el entorno interno y externo del ciclo PA. Tampoco cabe discusión alguna sobre la neurobiología de las opciones de valor sin tener en cuenta esa interacción.

35. Ninguno de estos gigantes de la escuela austriaca de economía, Mises o Hayek, ambos efectivamente defensores de la libertad económica, parecían reconocer la importancia de la biología en la elección de la acción humana. El primero se refería a la «acción humana como presupuesto irreductible» y el segundo la consideraba el resultado de la «pura lógica de la elección». (De hecho, en *El orden sensorial* [1952] Hayek analizó extensamente la acción en el contexto de la percepción, anticipándose a la aparición del concepto del ciclo PA en la corteza cerebral.)

Veamos el sencillo ejemplo en el que el valor es monetario, como una transacción en la bolsa. En esencia, hay implicados tres agentes: el comprador, el vendedor y el bróker. El primero busca un precio bajo (*bid*, precio máximo de compra) por un lote de acciones, el segundo y el tercero buscan un precio alto (*ask*, precio mínimo de venta, y comisión). Básicamente, la transacción engrana y entrelaza dos ciclos PA, el del comprador y el del vendedor, mientras el del bróker media entre los dos. Es este último, mediante el teléfono y el email (es decir, ciclos PA dialécticos), quien hace cuadrar el «bid» y el «ask». Al acordarse el precio final de la operación, se detienen los tres ciclos.[36]

Puede que los cambios en valores culturales se deban a factores monetarios, como los precios de las materias primas, el empleo, la inflación, los salarios, los impuestos, los tipos de interés, etcétera. O acaso resulten de factores no monetarios, por ejemplo, ciertas medidas gubernamentales, la estética, la inmigración, la opinión pública, etcétera. Los valores naturales –esto es, los más relacionados con la ley natural, como los familiares– serán los más resistentes al cambio, y quizá sean susceptibles sólo de pequeñas modificaciones o correcciones. Otros, como las modas o los valores estéticos, están a todas luces expuestos a los medios de comunicación y al boca a boca.

En realidad, es mediante el boca a boca como se producen cambios en la mayoría de los valores culturales a través de miles o millones de «diálogos» en todo el mundo. El hecho de que los expertos de los medios, las encuestas de opinión y los políticos influyan en estos cambios no elimina del todo el carácter de decisión libre que

36. La transacción se ha simplificado mucho sin sacrificar lo esencial. Incluso en una simple operación extrabursátil hay involucradas más personas en la determinación del precio final.

tienen los juicios de valor del individuo o de la pequeña comunidad. Tampoco internet altera la esencia diádica de millones de ciclos PA en busca de una suma total de valores culturales. Como cada ciclo PA pasa por un par –o muchos pares– de cerebros, y como cada cerebro individual es libre para tomar decisiones entre opiniones que contribuyen a esa suma total, es lógica la conclusión de que un «cerebro colectivo» está decidiendo sobre valores culturales para todos nosotros. No tenemos por qué estar necesariamente de acuerdo con ello, pero por otro lado ésta es la naturaleza del mercado de valores en una democracia.

En contraste con las ventajas del cerebro colectivo de una democracia, mencionaré un punto débil cultural que en la actualidad es muy evidente y sumamente perturbador: el resultado social de abuso y manipulación del descuento por demora realizado por algunos políticos y banqueros.[37] Con sus acciones, el mercado a largo plazo de nuestros valores culturales, en especial el ahorro, acaba gravemente distorsionado. Junto a ello, nuestra libertad para llegar a ser económicamente independientes resulta duramente menoscabada. De hecho, un descuento por demora muy elevado impide a las personas ahorrar dine-

37. En términos financieros, el descuento por demora es la cantidad de valor que descontamos de una inversión si hemos de esperar mucho para recuperarla con un beneficio o ganancia de alguna clase. Este valor –es decir, el descuento– aumenta en relación inversamente proporcional a la devolución calculada de la inversión y a la cantidad de tiempo que hemos de esperar para recuperar el capital invertido. Una entidad crediticia –es decir, un banco, una empresa privada o el gobierno– puede incrementar el descuento por demora prolongando el tiempo o reduciendo la devolución. Los bancos de Estados Unidos, en nombre de la Reserva Federal, últimamente han estado haciendo precisamente esto bajando hasta mínimos históricos el tipo de interés de los bonos a diez años, por ejemplo.

ro para afrontar la vejez o eventuales enfermedades.[38] La salud pública y la seguridad social son sin duda las dos principales víctimas del brutal descuento por demora que le ha sido impuesto a nuestra cultura, uno de cuyos mayores errores ha sido asignar al gobierno la responsabilidad de atender a toda la gente en el futuro. Es una transferencia insidiosa de la que, por desgracia, los demagogos saben aprovecharse muy bien.

No obstante, cabe esperar que las enfermedades sociales como ésta sean temporales. A largo plazo, la sociedad humana, concretamente en los Estados Unidos, ha demostrado una y otra vez ser capaz de reorientarse tras parecer perdida para siempre. Por tanto, podemos predecir con seguridad que tarde o temprano volverán los valores tradicionales, incluido el ahorro y la alegría de trabajar. La inmigración es tan inherente a nuestra historia cultural que para nosotros ya es un hábito vivir en una sociedad multicultural, donde la tolerancia es algo natural

38. En otros tiempos, el déficit público se combatía con impuestos o inflación, o ambas cosas. Sin embargo, estos instrumentos ya no parecen funcionar para sostener un estado de bienestar infradotado. Es fácil que los impuestos alcancen el punto de los rendimientos decrecientes, y la inflación ya no parece efectiva ni de gran ayuda pese a los mínimos históricos de los tipos de interés. A mi juicio, para superar una recesión hacen falta tres condiciones psicológicas que el gobierno parece incapaz de promover: confianza, seguridad y fe en el futuro. Las viejas soluciones defendidas por economistas de derecha e izquierda no surten efecto, sobre todo porque faltan estas tres condiciones. La economía del libre mercado, propugnada elocuentemente por Hayek en *Camino de servidumbre* (1944) y reivindicada por la potente recuperación tras la Segunda Guerra Mundial, apenas funciona en las enormes poblaciones de las ciudades modernas, con sus problemas de familias desarticuladas, fracaso escolar, crimen, inmigración ilegal y desempleo. La filosofía económica contraria de la economía keynesiana –es decir, monetización la deuda pública (emisión de moneda) y empleos promovidos por el gobierno– casi nunca funciona fiablemente durante períodos prolongados.

y la discriminación una lacra del pasado. El paro bajará. Los negocios volverán a prosperar, y una muy necesaria regulación pondrá sordina a los representantes del gran capital financiero. La libertad, la equidad y la democracia seguirán avanzando en nuestro cerebro cultural, y la innovación y la creatividad en su corteza prefrontal colectiva.

Conclusiones

La confianza en los demás es un principio ético de origen evolutivo que se desarrolla en fases tempranas de la vida con la ayuda de un entorno social confiado y fiable. La confianza hace previsible la vida, igual que en nuestro nombre y por nuestro bien hace previsibles las acciones de los otros. Inmediatamente después de nacer, la confianza es indispensable para sobrevivir, y más adelante para adquirir habilidades sociales. En la vida adulta, llega a ser fundamental para el ejercicio de todas las libertades, en la familia, la sociedad, los negocios, las profesiones y el servicio público. El lenguaje es tanto una ventaja como un transmisor de confianza.

Además de la confianza y otros valores morales, los bienes naturales como la comida tienen una base de valor evolutiva. Otros, como el dinero, tienen un valor con derivado. Los valores son gratificantes y, como tales, activan el sistema dopaminérgico mesolímbico, en la base del cerebro –el «eje de la recompensa»–. Este sistema recoge inputs procedentes de la amígdala y otras estructuras límbicas implicadas en la evaluación de recompensas. En conjunto, estas estructuras introducen inputs codificadores de valores en grandes áreas de la corteza cerebral. Las estructuras límbicas son componentes del ciclo PA emocional, que, simultáneamente con el ciclo PA cognitivo, coordina la conducta con objetivo.

La corteza prefrontal es esencial para la evaluación del valor esperado, el riesgo y la probabilidad de recompensa. Además, es la fuente de feedback interno para el seguimiento y la corrección de errores. Las funciones prefrontales prospectivas desempeñan un papel crítico en la demora de recompensa esperada para un mayor beneficio –o sea, en el control del descuento por demora, que es nuestra tendencia natural a menospreciar el valor de las recompensas para las que hemos de esperar–. Si no se controla el descuento por demora, las economías públicas y privadas pueden verse muy perjudicadas.

Se supone que los valores éticos superiores están muy repartidos por las cortezas frontal y perceptual. Se cree que estos valores se desarrollan dentro de un período crítico posterior al nacimiento. Si este proceso no se produce, podemos tener un individuo «ciego a los valores». Varios trastornos cerebrales reducen la libertad, y en consecuencia la responsabilidad moral y legal. Entre ellos destacan las psicosis, los síndromes de depresión/TOC, las adicciones y las afecciones de los lóbulos frontales.

Nuestra cultura interna está integrada, en parte, por el sentido moral, una profusión de virtudes y sentimientos, como la confianza y la afiliación, arraigados en la ley natural. Otra parte de la cultura se compone de material aprendido, tradiciones y principios éticos y adquiridos por la experiencia en la familia, la escuela y la vida social. En una sociedad democrática, las leyes protegen nuestras libertades; a cambio, la sociedad espera de nosotros que actuemos con responsabilidad respetando a los demás. Tras establecerse gracias a la experiencia vital, se supone que los principios tanto de la ley natural como de la ley elaborada por el ser humano están representados por cógnitos de alto nivel en la corteza, desde donde guían conductas cognitivas y emocionales por sus respectivos ciclos PA.

Referencias bibliográficas

Ainslie, G. (2002). *Breakdown of Will*, Nueva York, Cambridge University Press.

Ainslie, G. y Monterosso, J. (2004). «Behavior: a marketplace in the brain?», *Science*, 306, pp. 421-423.

Alexander, G.E., DeLong, M.R. y Crutcher, M.D. (1992). «Do cortical and basal ganglia motor areas use "motor programs" to control movement?», *Behavioral and Brain Sciences*, 15, pp. 656-665.

Amiez, C., Joseph, J.P. y Procyk, E. (2005). «Anterior cingulate error-related activity is modulated by predicted reward», *European Journal of Neuroscience*, 21, pp. 3447-3452.

Amit, D.J. (1989). *Modeling Brain Function: The World of Attractor Neural Networks*, Nueva York, Cambridge University Press.

Ansmann, I.C. (2005). «The whistle repertoire and acoustic behavior of short-beaked common dolphins, *Delphinus delphis*, around the British Isles, with applications for acoustic surveying», tesis MSc (Master of Science), Universidad de Gales, Bangor.

Ardrey, R. (1966). *The Territorial Imperative*, Nueva York, Atheneum.

Ariëns Kappers, C.N., Huber, G. y Crosby, E.C. (1960). *The Comparative Anatomy of the Nervous System of Vertebrates, Including Man*, Nueva York, Hafner.

Aron, A.R., Robbins, T.W. y Poldrack, R.A. (2004). «Inhibition and the right inferior frontal cortex», *Trends in Cognitive Sciences*, 8, pp. 170-177.

Atkinson, A.P. y Adolphs, R. (2011). «The neuropsychology of face perception: Beyond simple dissociations and functional selectivity», *Philosophical Transactions of the Royal Society of London. Series B, Biological Sciences*, 366, pp. 1726-1738.

Baddeley, A. (1983). «Working memory», *Philosophical Transactions of the Royal Society of London. Series B, Biological Sciences*, 302, pp. 311-324.

Barkley, R.A. (1997). *ADHD and the Nature of Self-Control*, Nueva York, Guilford Press.

Barsalou, I.W. (1999). «Perceptual symbol systems», *Behavioral and Brain Sciences*, 22, pp. 577-660.

Batthyany, A. y Elitzur, A. (2009). «Mental causation and free will after Libet and Soon: reclaiming conscious agency», en *Irreducibly conscious: Selected Papers on Consciousness*, invierno, Heidelberg, Universitäts-Verlag.

Baumgartner, T., Heinrichs, M., Vonlanthen, A., Fischbacher, U. y Fehr, E. (2008). «Oxytocin shapes the neural circuitry of trust and trust adaptation in humans», *Neuron*, 58, pp. 639-650.

Bechara, A. (2005). «Decision making, impulse control and loss of willpower to resist drugs: a neurocognitive perspective», *Nature Neuroscience*, 8, pp. 1458-1463.

Bechara, A., Tranel, D. y Damasio, H. (2000). «Characterization of the decision-making deficit of patients with ventromedial prefrontal cortex lesions», *Brain*, 123, pp. 2189-2202.

Bergson, H. (1907). *L'évolution créatrice*, París, Presses Universitaires de France (hay trad. cast., *La evolución creadora*, Barcelona, Espasa Libros, 1985).

Bernard, C. (1927/1865). *An Introduction to the Study of Experimental Medicine*, Nueva York, Macmillan.

Berndt, T.J. y Wood, D.J. (1974). «The development of time concepts through conflict based on a primitive duration capacity», *Child Development*, 45, pp. 825-828.

Bernstein, N. (1967). *The Co-ordination and Regulation of Movements*, Nueva York, Pergamon.

Berridge, K.C. (2007). «The debate over dopamine's role in reward: the case for incentive salience», *Psychopharmacology (Berl)*, 191, pp. 391-431.

Bertalanffy, L. von (1950). «The theory of open systems in physics and biology», *Science*, 111, pp. 23-29.

Blair, R.J.R. y Mitchell, D.G. (2009). «Psychopathy, attention and emotion», *Psychological Medicine*, 39, pp. 543-555.

Bodner, M., Shafi, M., Zhou, Y.D. y Fuster, J.M. (2005). «Patterned firing of parietal cells in a haptic working memory task», *European Journal of Neuroscience*, 21, pp. 2538-2546.

Bogousslavsky, J. (2005). «Artistic creativity, style and brain disorders», *European Neurology*, 54, pp. 103-111.

Bolhuis, J.J. y Wynne, D.L. (2009). «Can evolution explain how minds work?», *Nature*, 458, pp. 832-833.

Bonin, G.V. (1950). *Essay on the Cerebral Cortex*, Springfield, Illinois, Charles C. Thomas.

Bookheimer, S. (2002). «Functional MRI of language: new approaches to understanding the cortical organization of semantic processing», *Annual Review of Neuroscience*, 25, pp. 151-188.

Boring, E.G. (1933). *The Physical Dimensions of Consciousness*, Nueva York, Century.

Born, J., Rasch, B. y Gais S. (2006). «Sleep to remember», *Neuroscientist*, 12, pp. 410-424.

Boroditsky, L. (2003). «Linguistic relativity», en L. Nadel (ed.), *Encyclopedia of Cognitive Science*, Londres, Macmillan, pp. 917-922.

Bowlby, J. (1951). *Maternal Care and Mental Health*, Nueva York, Schocken.

Broca, P. (1861). «Rémarques sur la siège de la faculté du langage articulé suivi d'une observation d'aphémie», *Bulletin of the Anatomy Society* (París), 2, pp. 330-357.

Brodmann, K. (1909). *Vergleichende Lokalisationslehre der Grosshirnrinde in ihren Prinzipien dargestellt auf Grund des Zellenbaues*, Leipzig, Barth.

— (1912). «Neue Ergebnisse uber die vergleichende histologische Lokalisation der Grosshirnrinde mit besonderer

Berücksichtigung des Stirnhirns», *Anatomischer Anzeiger (Suppl.)*, 41, pp. 157-216.

Brunia, C.H.M., Haahg, S.A.V.M. y Scheirs, J.G.M. (1985). «Waiting to respond: electrophysiological measurements in man during preparation for a voluntary movement», en H. Heuer, U. Kleinbeck y K.-H. Schmidt (eds.), *Motor Behavior*, Nueva York, Springer, pp. 35-78.

Buijs, R.M. y Van Eden, C.G. (2000). «The integration of stress by the hypothalamus, amygdala and prefrontal cortex: balance between the autonomic nervous system and the neuroendocrine system», *Progress in Brain Research*, 126, pp. 117-132.

Bullock, M. y Gelman, R. (1979). «Preschool Children's assumption about cause and effect: temporal ordering», *Child Development*, 50, pp. 89-96.

Bush, G., Luu, P. y Posner, M.I. (2000). «Cognitive and emotional influences in anterior cingulate cortex», *Trends in Cognitive Sciences*, 4, pp. 215-222.

Butterworth, B. (2005). «The development of arithmetical abilities», *Journal of Child Psychology and Psychiatry*, 46, pp. 3-18.

Cajal, S.R. (1894). «La fine estructure des centres nerveux», *Proceedings of the Royal Society of London*, 55, pp. 444-468.

— (1923). *Recuerdos de mi vida*, Madrid, Pueyo, 1923.

Cannon, W. (1932). *The Wisdom of the Body*, Nueva York, Norton.

Cappelletti, M., Fregni, F., Shapiro, K., Pascual-Leone, A. y Caramazza, A. (2008). «Processing nouns and verbs in the left frontal cortex: a transcranial magnetic stimulation study», *Journal of Cognitive Neuroscience*, 20, pp. 707-720.

Caramazza, A. y Hillis, A.E. (1991). «Lexical organization of nouns and verbs in the brain», *Nature*, 349, pp. 788-790.

Carrington, S.J. y Bailey, A.J. (2009). «Are there theory of mind regions in the brain? A review of the neuroimaging literature», *Human Brain Mapping*, 30, pp. 2313-2335.

Chomsky, N. (1957). *Syntactic Structures*, La Haya/París, Mouton (hay trad. cast., *Estructuras sintácticas*, Madrid, Siglo XXI Editores, 1987).

— (1965). *Aspects of the Theory of Syntax*, Cambridge, MA, MIT Press (hay trad. cast., *Aspectos de la teoría del lenguaje*, Barcelona, Gedisa, 1999).

— (1985) *Knowledge of Language*, Nueva York, Praeger (hay trad. cast., *El conocimiento del lenguaje: su naturaleza, origen y uso*, Madrid, Altaya, 1999).

— (2007). «Approaching UG from below», en U. Sauerland y M. Gärter (eds.), *Interfaces + Recursion = Language?*, Nueva York, Mouton de Gruyter, pp. 1-29.

Christiansen, M.H. y Chater, N. (2008). «Language as shaped by the brain», *Behavioral and Brain Sciences*, 31, pp. 489-558.

Christie, A. (2011). *Murder on the Orient Express*, Nueva York, HarperCollins (hay trad. cast., *Asesinato en el Orient Express*, Barcelona, RBA, 2004).

Churchland, P.S. (2011). *Braintrust*, Princeton University Press (hay trad. cast., *El cerebro moral: lo que la neurociencia nos cuenta sobre la moralidad*, Barcelona, Paidós, 2012).

Clark, A. (2008). *Supersizing the Mind: Embodiment, Action, and Cognitive Extension*, Oxford University Press.

Conel, J.L. (1963). *The Postnatal Development of the Human Cerebral Cortex*, Cambridge, MA, Harvard University Press.

Corina, D.P., Loudermilk, B.C., Detwiler, L., Martin, R.F., Brinkley, J.F., y Ojemann, G. (2010). «Analysis of naming errors during cortical stimulation mapping: implications for models of language representation», *Brain and Language*, 115, pp. 101-112.

Creutzfeldt, O.D. (1993), *Cortex Cerebri*, Berlín, Springer-Verlag.

Damasio, A.R. (1994). *Descartes' Error: Emotion, Reason and the Human Brain*, Nueva York, Grosset Putnam (hay trad. cast., *El error de Descartes, la emoción, la razón y el cerebro humano*, Barcelona, Crítica, 2004).

— (1996). «The somatic marker hypothesis and the posible functions of the prefrontal cortex», *Philosophical Transactions of the Royal Society of London. Series B, Biological Sciences*, 351, pp. 1413-1420.

Darwin, C. (1872). *The Descent of Man and Selection in Relation to Sex*, Londres, John Murray (hay trad. cast., *El origen del hombre*, Barcelona, Crítica, 2009).

Davis, J. (1994). *Keynes's Philosophical Development*, Nueva York, Cambridge University Press.

Dawkins, R. (1986). *The Blind Watchmaker*, Nueva York, Norton (hay trad. cast., *El relojero ciego*, Barcelona, RBA, 1993).

DeCasper, A. y Spence, M. (1986). «Prenatal maternal speech influences newborns' perception of speech sounds», *Infant Behavior and Development*, 9, pp. 133-150.

Dehaene, S. (1997). *The Number Sense: How the Mind Creates Mathematics*, Nueva York, Oxford University Press.

De Marneffe, D. (1991). «Looking and listening: the construction of clinical knowledge in Charcot and Freud», *Signs*, 17, pp. 71-111.

Dennett, D. (2003). *Freedom Evolves*, Nueva York, Viking Books (hay trad. cast., *La evolución de la libertad*, Barcelona, Paidós, 2004).

Denton, D.A., McKinley, M.J. y Weisinger, R.S. (1996). «Hypothalamic integration of body fluid regulation», *Proceedings of the National Academy of Sciences of the United States of America*, 93, pp. 7397-7404.

Dicey, A.V. (1889). *Introduction to the Law of the Constitution*, Nueva York, Macmillan.

Di Pellegrino, G., Fadiga, L., Fogassi, L., Gallese, V. y Rizzolatti, G. (1992). «Understanding motor events: a neurophysiological study», *Experimental Brain Research*, 91, pp. 176-180.

Dittmann, V. (1996). «Substance abuse, mental disorders and crime: comorbidity and multi-axial assessment in forensic psychiatry», *European Addiction Research*, 2, pp. 3-10.

Dretske, F. (2000). *Perception, Knowledge and Belief*, Cambridge University Press.

Edelman, G.M. (1987). *Neural Darwinism*, Nueva York, Basic Books.

Edelman, G.M. y Gally, J.A. (2001). «Degeneracy and complexity in biological systems», *Proceedings of the National Academy of Sciences of the United States of America*, 98, pp. 13763-13768.

Emmerich, W., Goldman, K.S., Kirsh, B. y Sharabany, R. (1977). «Evidence for a transitional phase in the development of gender constancy», *Child Development*, 48, pp. 930-936.

Erikson, E. (1993). *Childhood and Society*, Nueva York, Norton.

Everitt, B.J. y Robbins, T.W. (2005). «Neural systems of reinforcement for drug addiction: from actions to habits to compulsion», *Nature Neuroscience*, 11, pp. 1481-1489.

Farah, M.J. (2010). *Neuroethics: An Introduction with Readings*, Cambridge, MA, MIT Press.

Fellows, L.K. y Farah, M.J. (2005). «Dissociable elements of human foresight: a role for the ventromedial frontal lobes in framing the future, but not in discounting future rewards», *Neuropsychologia*, 43, pp. 1214-1221.

Fenichel, O. (1946). *The Psychoanalytic Theory of Neuroses*, Londres, Kegan Paul, Trench, Trübner and Co. (hay trad cast., *Teoría psicoanalítica de las neurosis*, Barcelona, Paidós, 1984).

Finger, E.C., Marsh, A.A., Blair, K.S., Reid, M.E., Sims, C., Ng, P., Pine, D.S. y Blair, R.J. (2011). «Disrupted reinforcement signaling in the orbitofrontal cortex and caudate in youths with conduct disorder or oppositional defiant disorder and a high level of psychopathic traits», *American Journal of Psychiatry*, 168, pp. 152-1162.

Flechsig, P. (1901). «Developmental (myelogenetic) localisation of the cerebral cortex in the human subject», *Lancet*, 2, pp. 1027-1029.

Floden, D., Alexander, M.P., Kubu, C.S., Katz, D. Stuss, D.T. (2008). «Impulsivity and risk-taking behavior in focal frontal lobe lesions», *Neuropsychologia*, 46, pp. 213-223.

Fodor, J.A. (1975). *The Language of Thought*, Nueva York, Thomas Crowell (hay trad. cast., *El lenguaje del pensamiento*, Madrid, Alianza Editorial, 1985).

Fodor, J.A. y Pylyshyn, Z.W. (1988). «Connectionism and cognitive architecture: a critical analysis», en S. Pinker y J. Mehler (eds.), *Connections and Symbols*, Cambridge, MA, MIT Press, pp. 3-71.

Fox, M.D. y Raichle, M.E. (2007). «Spontaneous fluctuations in brain activity observed with functional magnetic resonance imaging», *Nature Reviews Neuroscience*, 8, pp. 700-711.

Frahm, H.D., Stephan, H. y Stephan, M. (1982). «Comparison of brain structure volumes in Insectivora and primates. I.

Neocortex», *Journal für Hirnforschung*, 23, pp. 375-389.
Frankfurt, H. (1971). «Freedom of the will and the concept of the person», *Journal of Philoosophy*, 68, pp. 5-20.
Frankl, V.E. (2000). *Man's Search for Ultimate Meaning*, Cambridge, MA, Perseus.
Freud, S. (1891). *Zur Auffassung der Aphasien*, Viena, Deuticke.
Frisch, W. (2003). *Brahms: The Four Symphonies*, New Haven, CT, Yale University Press.
Friston, K.J y Frith, C.D. (1995). «Schizophrenia: A disconnection syndrome?», *Journal of Clinical Neuroscience*, 3, pp. 89-97.
Friston, K.J., Tononi, G., Reeke, G.N., Jr., Sporns, O. y Edelman, G.M. (1994). «Value-dependent selection in the brain: simulation in a synthetic neural model», *Neuroscience*, 59, pp. 229-243.
Fukuyama, F. (1995). *Trust: The Social Virtues and the Creation of Prosperity*, Nueva York, Free Press.
Fumagalli, M. y Priori, A. (2012). «Functional and clinical neuroanatomy of morality», *Brain*, 135, pp. 2006-2021.
Funnell, E. y Wilding, J. (2011). «Development of a vocabulary of object shapes in a child with a very-early-acquired visual agnosia: a unique case», *Quarterly Journal of Experimental Psychology*, 64, pp. 261-262.
Fuster, I.X. (2005). *Sufrimiento humano: verdad y sentido*, Barcelona, Balmes, 2005.
Fuster, J.M. (1995). *Memory in the cerebral Cortex –An Empirical Approach to Neural Networks in the Human and Nonhuman Primate*, Cambridge, MA, MIT Press.
— (2001). «The prefrontal cortex –an update: time is of the essence», *Neuron*, 30, pp. 319-333.
— (2003). *Cortex and Mind: Unifying Cognition*, Nueva York, Oxford University Press.
— (2008). *The Prefrontal Cortex* (4.ª edición), Londres, Academic Press.
— (2009). «Cortex and memory: emergence of a new paradigm», *Journal of Cognitive Neuroscience*, 21, pp. 2047-2072.
Fuster, J.–M., Bauer, R.H., y Jervey, J.P. (1982). «Cellular discharge in the dorsolateral prefrontal cortex of the monkey

in cognitive tasks», *Journal of Experimental Neurology*, 77, pp. 679-694.

Fuster, J.M. y Bressler, S. (2012). «Cognit activation: a mechanism enabling temporal integration in working memory», *Trends in Cognitive Sciences*, 16, pp. 207-218.

Gallagher, S. (2005). *How the Body Shapes the Mind*, Nueva York, Oxford University Press.

Gallistel, C.R. (1980). *The Organization of Action: A New Synthesis*, Hillsdale, NJ, Lawrence Erlbaum.

Gathercole, S.E., Pickering, S.J., Ambridge, B. y Wearing, H. (2004). «The structure of working memory from 4 to 15 years of age», *Developmental Psychology*, 40, pp. 177-190.

Gazzaniga, M.S. (2005). *The Ethical Brain*, Nueva York, Dana Press (hay trad. cast., *El cerebro ético*, Barcelona, Paidós, 2006).

Geschwind, N. (1965a). «Disconnexion syndromes in animals and man. I», *Brain*, 88, pp. 237-294.

— (1965b). «Disconnexion syndromes in animals and man. II», *Brain*, 88, pp. 585-644.

Ghashghaei, H.T. y Barbas, H. (2002). «Pathways for emotion: interactions of prefrontal and anterior temporal pathways in the amygdala of the rhesus monkey», *Neuroscience*, 115, pp. 1261-1279.

Gibson, J. (1977). «The theory of affordances», en R. Shaw y J. Bransford (eds.), *Perceiving, Acting, and Knowing: Toward an Ecological Psychology*, Hillsdale, NJ, Lawrence Erlbaum, pp. 67-82.

Gillespie, C.C. (1997). *Pierre-Simon Laplace, 1749-1827: A Life in Exact Science*, Princeton University Press.

Glancy, G.D. y Regehr, C. (1992). «The forensic psychiatric aspects of schizophrenia», *Psychiatric Clinics of North America*, 15, pp. 575-589.

Glimcher, P. (2003). *Decisions, Uncertainty, and the Brain: The Science of Neuroeconomics*, Cambridge, MA, MIT Press.

Goldman-Rakic, P.S. (1994). «Working memory dysfunction in schizophrenia», *Journal of Neuropsychiatry and Clinical Neuroscience*, 6, pp. 348-357.

Goleman, D. (1995). *Emotional Intelligence*, Nueva York, Bantam (hay trad. cast., *Inteligencia emocional,* Barcelona, Kairós, 2010).

Gothard, K.M., Battaglia, F.P., Erickson, C.A., Spitler, K.M. y Amaral, D.G. (2007). «Neural responses to facial expression and face identity in the monkey amygdala», *Journal of Neurophysiology,* 97, pp. 1671-1683.

Gould, S.J. (1992). «Ontogeny and phylogeny –revisited and reunited», *Bioessays,* 14, pp. 275-279.

Grabenhorst, F. y Rolls, E.T. (2011). «Value, pleasure and choice in the ventral prefrontal cortex», *Trends in Cognitive Sciences,* 15, pp. 56-67.

Grafton, S.T., Woods, R.P. y Mike, T. (1994). «Functional imaging of procedural motor learning: relating cerebral blood flow with individual subject performance», *Human Brain Mapping,* 1, pp. 221-234.

Granger, C.W.J. (1988). «Causation in decision, belief change and statistics», en W. Harper y B. Skyrms (eds.), *Causality Testing in a Decision Science,* Alphen, Holanda, Kluwer, pp. 1-20.

Greene, J. y Cohen, J. (2004). «For the law, neuroscience changes nothing and everything», *Philosophical Transactions of the Royal Society of London. Series B, Biological Sciences,* 359, pp. 1775-1785.

Greenfield, P.M. (1991). «Language, tools and brain: the ontogeny and phylogeny of hierarchically organized sequential behavior», *Behavioral and Brain Sciences,* 14, pp. 531-595.

— (2009). «Linking social change and developmental change: shifting pathways of human development», *Developmental Psychology,* 45, pp. 401-418.

Gregory, R.L. (1970). *The Intelligent Eye,* Nueva York, McGraw-Hill.

Gregory, R.L. y Wallace, J.G. (1963). «Recovery from early blindness: a case study», *Quarterly Journal of Psychology, Monograph,* 2.

Griffiths, J.D., Marslen-Wilson, W.D., Stamakis, E.A. y Tyler, L.K. (2012). «Functional organization of the neural language system: dorsal and ventral pathways are critical for syntax», *Cerebral Cortex,* 23, pp. 139-147.

Guyer, P. (2004). Immanuel Kant. *Routledge Encyclopedia of Philosophy*, Londres, Routledge.

Habicht, C. (1985). «An ancient Baedeker and his critics: Pausanias "Guide to Greece"», *Proceedings of the American Philosophical Society*, 129, pp. 220-224.

Haeckel, E. (1992). *The Riddle of the Universe*, Amherst, NY, Prometheus Books.

Haidt, J. (2001). «The emotional dog and its rational tail: a social intuitionist approach to moral judgment», *Psychological Review*, 108, pp. 814-834.

Harlow, H.F. (1993). *Love in Infant Monkeys*, Scientific American Library, Nueva York, W.H. Freeman.

Harnad, S. (2005). «To cognize is to categorize: cognition is categorization», en C. Lefebvre y H. Cohen (eds.), *Handbook of Categorization in Cognitive Science*, Nueva York, Elsevier Press, pp. 19-43.

Harris, E.E. (1970). *Hypothesis and Perception: The Roots of Scientific Method*, Nueva York, Allen and Unwin.

Hayek, F.A. (1944). *The Road to Serfdom*, University of Chicago Press (hay trad. cast., *Camino de servidumbre*, Madrid, Alianza Editorial, 2010).

— (1948). *Individualism and Economic Order*, University of Chicago Press (hay trad. cast., *Individualismo: verdadero y falso*, Madrid, Unión Editorial, 2009).

— (1952). *The Sensory Order*, University of Chicago Press (hay trad. cast., *El orden sensorial: los fundamentos de la psicología teórica*, Madrid, Unión Editorial, 2011).

— (1960). *The Constitution of Liberty*, University of Chicago Press (hay trad. cast., *Los fundamentos de la libertad*. Madrid, Unión Editorial, 2008).

Hebb, D.O. (1949). *The Organization of Behavior*, Nueva York, Wiley.

Hegel, G.W.F. (2002). *Philosophy of Right*, Newburyport, MA, Focus Publishing (hay trad. cast., *Principios de la filosofía del derecho*, Barcelona, Edhasa, 2005).

Helmholtz, H. von (1925). *Helmholtz's Treatise on Physiological Traits* (trad. J.P.C. Southhall), Menasha, WI, Optical Society of America.

Hensch, T.K. (2004). «Critical period regulation», *Annual Review of Neuroscience*, 27, pp. 549-579.
— (2005). «Critical period plasticity in local cortical circuits», *Nature Reviews Neuroscience*, 6, pp. 877-888.
Herrick, C.J. (1956). *The Evolution of Human Nature*, Austin, TX, University of Texas Press.
Hess, W.R. (1943). «Teleokinetisches und ereismatisches Kraeftesystem in der Biomotorik», *Helvetica Physiological Pharmacology Acta*, 1, pp. c62-c63.
— (1954), *Das Zwischenhirn*, Basilea, Benno Schwabe.
Hobbes, T. (1968). *The Leviathan*, Londres, Penguin Books (hay trad. cast., *Leviatán: la materia, la forma y el poder de un estado eclesiástico y civil*, Madrid, Alianza Editorial, 2006).
Holland, J.H. (1998). *Emergence from Chaos to Order*, Reading, MA, Addison-Wesley.
Huang, P., Qiu, L., Shen, L., Gong, Q., Xie, P., Zhang, Y., Song, Z. y Qi, Z. (2012). «Evidence for a left-over-right inhibitory mechanism during figural creative thinking in healthy nonartists», *Human Brain Mapping*, DOI (identificador digital): 10.1002/hbm.22093.
Hubel, D. (1995). *Eye, Brain, and Vision*, Scientific American Library, Nueva York, W.H. Freeman.
Hudson, J.A. (2006). «The development of future concepts through mother-child conversation», *Merrill-Palmer Quarterly*, 52, pp. 70-95.
Ingvar, D.H. (1979). «"Hyperfrontal" distribution of the cerebral grey matter flow in resting wakefulness; on the functional anatomy of the conscious state», *Acta Neurologica Scandinavica*, 60, pp. 12-25.
— (1985). «"Memory of the future": an essay on the temporal organization of conscious awareness», *Human Neurobiology*, 4, pp. 127-136.
Jackson, J.H. (1882). «On some implications of dissolution of the nervous system», *Medical Press and Circular*, 2, pp. 411-426.
— (1915). «On affections of speech from disease of the brain», *Brain*, 38, pp. 107-174.

James, W. (1956/1884). «The dilemma of determinism». Repr. En *The Will to Believe* Nueva York, Dover (hay trad. cast., *La voluntad de creer y otros ensayos de filosofía popular*, Barcelona, Marbot, 2009).

— (1890). *Principles of Psychology*, Nueva York, Holt (hay trad. cast., *Principios de psicología*, México, Fondo de Cultura Económica, 1989).

Jaynes, E., Bretthorst, G. y Jaffe, A.H. (2003). *Probability Theory: The Logic of Science*, Cambridge University Press.

Jones, E.G. y Leavitt, R.Y. (1974). «Retrograde axonal transport and the demonstration of non-specific projections to the cerebral cortex and striatum from thalamic intralaminar nuclei in the rat, cat and monkey», *Journal of Comparative Neurology*, 154, pp. 349-378.

Juarrero, A. (1999). *Dynamics in Action: Intentional Behavior as a Complex System*, Cambridge, MA, MIT Press.

Kahneman, D. (2011). *Thinking, Fast and Slow*, Nueva York, Farrar, Straus and Giroux.

Kahneman, D. y Tversky, A. (1979). «Prospect theory: an analysis of decision under risk», *Econometrica*, 47, pp. 263-291.

Kandel, E.R. (2000). «Cellular mechanisms of learning and the biological basis of individuality», en E.R. Kandel, J.H. Schwartz y T.M. Jessell (eds.), *Principles of Neural Science*, Nueva York, McGraw-Hill, pp. 1247-1279.

— (2012). *The Age of Insight*, Nueva York, Random House (hay trad. cast., *La era del inconsciente*, Barcelona, Paidós, 2012).

Kane, R. (1985). *Free Will and Values*, Albany, NY, SUNY Press.

— (2011). Introducción, en R. Kane (ed.), *The Contours of Contemporary Free-Will Debates*, Nueva York, Oxford University Press, pp. 3-35.

Kant, I. (1993). *Grounding for the Metaphysics of Morals*, Indianapolis, IN, Hackett (hay trad. cast., *Fundamentación para una metafísica de las costumbres*, Madrid, Alianza Editorial, 2010).

Karmiloff, K. y Karmiloff-Smith (2001). *Pathways to Language: From Fetus to Adolescent*, Cambridge, MA, Harvard University Press.

Karunanayaka, P.R., Holland, S.K., Schmithors, V.J., Solodkin, A., Chen, E.E. y Szaflarski, J.P. (2007). «Age-related connectivity changes in fMRI data from children listening to stories», *NeuroImage*, 1, pp. 349-360.

Keegan, J. (1993). *A History of Warfare*, Nueva York, Knopf.

Keller, H., Lohaus, A., Völker, S., Cappenberg, M. y Chasiotis, A. (1999). «Temporal contingency as an independent component of parenting behavior», *Child Development*, 70, pp. 474-485.

Klüver, H. y Bucy, P.C. (1938). «An analysis of certain effects of bilateral temporal lobectomy in the rhesus monkey, with special reference to "psychic blindness"», *Journal of Psychology*, 15, pp. 33-54.

Knutson, B., Taylor, J., Kaufman, M., Peterson, R. y Glover, G. (2005). «Distributed neural representation of expected value», *Journal of Neuroscience*, 25, pp. 4806-4812.

Köhler, W. (1925). *The Mentality of Apes*, Nueva York, Harcourt.

Kowatari, Y., Lee, S.H., Yamamura, H., Nagamori, Y., Levy, P., Yamane, S. y Yamamoto, M. (2009). «Neural networks involved in artistic creativity», *Human Brain Mapping*, 30, pp. 1678-1690.

Kreitzer, A.C. y Malenka, R.C. (2008). «Striatal plasticity and basal ganglia circuit function», *Neuron*, 60, pp. 543-554.

Kroger, J.K., Sabb, F.W., Fales, C.L., Bookheimer, S.Y., Cohen, M.S. y Holyoak, K.J. (2002). «Recruitment of anterior dorsolateral prefrontal cortex in human reasoning: a parametric study of relational complexity», *Cerebral Cortex*, 12, pp. 477-485.

Krubitzer, L. (2009). «In search of a unifying theory of complex brain evolution», *Annals of the New York Academy of Sciences*, 1156, pp. 44-67.

Kuhn, D. y Phelps, H. (1976). «The development of children's comprehension of causal direction», *Child Development*, 47, pp. 248-251.

Lashley, K.S. (1950). «In search of the engram», *Symposia of the Society for Experimental Biology*, 4, pp. 454-482.

— (1951). «The problem of serial order in behavior», en L.A. Jeffress (ed.), *Cerebral Mechanisms in Behavior. The Hixon Symposium*, Nueva York, Wiley, pp. 112-146.

Le Bihan, D., Mangin, J.F., Poupon, C., Clark, C.A., Pappata,

S., Molko, N. y Chabriat, H. (2001). «Diffusion tensor imaging: concepts and applications», *Journal of Magnetic Resonance Imaging*, 13, pp. 534-546.

LeDoux, J.E. (1992). «Emotion and the amygdala», en J.P. Aggleton (ed.), *The Amygdala: Neurobiological Aspects of Emotion, Memory, and Mental Dysfunction*, Nueva York, Wiley-Liss, pp. 339-351.

Libet, B. (1985). «Unconscious cerebral initiative and the role of conscious will in voluntary action», *Behavioral and Brain Sciences*, 8, pp. 529-566.

Libet, B., Wright, E.W. y Gleason, C.A. (1983). «Preparation– or intention-to-act, in relation to pre-event potentials recorded at the vertex», *Electroencephalography and Clinical Neurophysiology*, 56, pp. 367-372.

Lin, A., Adolphs, R. y Rangel, A. (2012). «Social and monetary reward learning engage overlapping neural substrates», *Social Cognitive and Affective Neuroscience*, 3, pp. 274-281.

Lorenz, K. (1963). *On Aggression*, Nueva York, Harcourt Brace and Co. (hay trad cast., *Sobre la agresión: el pretendido mal*, Madrid, Siglo XXI Editores, 1992).

Low, L.K. y Cheng, H.J. (2006). «Axon pruning: an essential step underlying the developmental plasticity of neuronal connections», *Philosophical Transactions of the Royal Society of London. Series B, Biological Sciences*, 361, pp. 1531-1544.

Lucas, T.H, McKhann, G.M. y Ojemann, G.A. (2004). «Functional separation of languages in the bilingual brain: a comparison of electrical stimulation language mapping in 25 bilingual patients and 117 monolingual control patients», *Journal of Neurosurgery*, 101, pp. 449-457.

Luria, A.R. y Homskaya, E.D. (1964). «Disturbance in the regulative role of speech with frontal lobe lesions», en J.M. Warren y K. Akert (eds.), *The Frontal Granular Cortex and Behavior*, Nueva York, McGraw-Hill, pp. 353-371.

Malhi, G.S., Parker, G.B. y Greenwood, J. (2005). «Structural and functional models of depression: from sub-types to substrates», *Acta Psychiatrica Scandinavica*, 111, pp. 94-105.

Marcus, G.F. (1998). «Can connectivism save constructivism?»,

Cognition, 66, pp. 153-182.

Marías, J. (1973). *Ortega: circunstancia y vocación*, Madrid, 1973.

Marina, J. (1993). *Teoría de la inteligencia creadora*, Barcelona, Ed. Anagrama, 1993.

Markovits, H. y Barrouillet, P. (2002). «The development of conditional reasoning: a mental model account», *Developmental Review*, 22, pp. 5-36.

Maurois, A. (1986). *The Climates of Love*, Londres, Peter Owen (hay trad. cast., *Climas*, Barcelona, Círculo de Lectores, 1965).

McCarthy, G., Puce, A., Gore, J. y Truett, A. (1997). «Face-specific processing in the human fusiform gyrus», *Journal of Cognitive Neuroscience*, 9, pp. 605-610.

McClelland, H.A. y Rumelhart, D.E. (1986). *Parallel Distributed Processing*, Cambridge, MA, MIT Press.

McClure, S.M., Laibson, D.I., Loewenstein, G. y Cohen, J.D. (2004). «Separate neural systems value immediate and delayed monetary rewards», *Science*, 306, pp. 503-507.

Mehler, J. y Dupoux, E. (1994). *What Infants Know: The New Cognitive Science of Early Development*, Cambridge, MA, Blackwell.

Mele, A. (2006). *Free Will and Luck*, Nueva York, Oxford University Press.

Mill, J. (1829). *Analysis of the Phenomena of the Human Mind*, vol. I, Londres, Baldwin and Cradock.

Mill, J.S. (1859). *On Liberty*, Londres, J.W. Parker and Son (hay trad. cast., *Sobre la libertad*, Madrid, Alianza Editorial, 2013).

Miller, E.K. y Cohen, J.D. (2001). «An integrative theory of prefrontal cortex function», *Annual Review of Neuroscience*, 24, pp. 167-202.

Mises, L. (1998). *A Treatise on Economics*, Auburn, AL, Ludwig von Mises Institute.

Misztal, B. (1996). *Trust in Modern Sciences: The Search for the Bases of Social Order*, Cambridge, Polity Press.

Monod, J. (1971). *Chance and Necessity*, Nueva York, Knopf (hay trad. cast., *El azar y la necesidad*, Barcelona, Círculo de Lectores, 2000).

Montague, R. (2007). *Your Brain Is (Almost) Perfect: How We Make Decisions*, Nueva York, Penguin.

Mrzljak, L., Uylings, H.B.M., Van Eden, C.G. y Judás, M. (1990). «Neuronal development in human prefrontal cortex in prenatal and postnatal stages», en H.B.M. Uylings, C.G. Van Eden, J.P.C. De Bruin, M.A. Corner y M-G.P. Feenstra (eds.), *The Prefrontal Cortex: Its Structure, Function and Pathology*, Ámsterdam, Elsevier, pp. 185-222.

Munakata, Y., Herd, S., Chatham, C., Depue, B., Banich, M. y O'Reilly, R. (2011). «A unified framework for inhibitory control», *Trends in Cognitive Sciences*, 15, pp. 453-459.

Murphy, N. y Brown, W. (2007). *Did my Neurons Make Me Do It?*, Oxford University Press.

Myers, R.E. (1967). «Cerebral connectionism and brain function», en C.H. Millikan y F.L. Darley (eds.), *Brain Mechanisms Underlying Speech and Language*, Nueva York, Grune and Stratton, pp. 61-72.

Nasar, S. (2011). *Grand Pursuit*, Nueva York, Simon & Schuster.

Noë, A. (2004). *Action in Perception*, Cambridge, MA, MIT Press.

Ojemann, G., Ojemann, J., Lettich, E. y Berger, M. (2008). «Cortical language localization in left, dominant hemisphere: an electrical stimulation mapping investigation in 117 patients», *Journal of Neurosurgery*, 108, pp. 411-421.

Olds, J. y Milner, P. (1954). «Positive reinforcement produced by electrical stimulation of the septal area and other regions of the rat brain», *Journal of Comparative & Physiological Psychology*, 47, pp. 419-427.

Ortega y Gasset, J. (1961). *Meditaciones del Quijote*, Madrid, Ed. Biblioteca Nueva, 2004.

Osvath, M. y Osvath, H. (2008). «Chimpanzee (*Pan troglodytes*) and orangután (*Pongo abelii*) forethought: self-control and pre-experience in the face of future tool use», *Animal Cognition*, 11, pp. 661-674.

Pearl, J. y Verma, T.S. (1991). «A theory of inferred causation», en J.A. Allen, R. Fikes y E. Sandevall (eds.), *Principles of Knowledge Representation and Reasoning*, San Mateo, CA, Morgan Kaufmann, pp. 441-452.

Pessoa, L. y Adolphs, R. (2010). «Emotion processing and the amygdala: from a "low road" to "many roads" of evaluating biological significance», *Nature Reviews Neuroscience*, 11, pp. 773-783.

Phelps, E.A. (2004). «Human emotion and memory: interactions of the amygdala and hippocampal complex», *Current Opinion in Neurobiology*, 14, pp. 198-202.

Piaget, J. (1952). *The Origins of Intelligence in Children*, Nueva York, International Universities Press (hay trad. cast., *El nacimiento de la inteligencia en el niño*, Barcelona, Crítica, 2003).

Pinker, S. (1994). *The Language Instinct*, Nueva York, Morrow (hay trad. cast., *El instinto del lenguaje: cómo la mente construye el lenguaje*, Madrid, Alianza Editorial, 2012).

Poincaré, H. (1914). *Science and Method*, Nueva York, Nelson and Sons (hay trad. cast., *Sobre la ciencia y su método*, Barcelona, Círculo de Lectores, 1997).

Poldrack, R.A. (2006). «Can cognitive processes be inferred from neuroimaging data?», *Trends in Cognitive Sciences*, 10, pp. 59-63.

Popper, K. (1980). *The Logic of Scientific Discovery*, Londres, Hutchinson (hay trad. cast., *La lógica de la investigación científica*, Madrid, Ed. Tecnos, 2011).

Popper, K. y Eccles, J.C. (1977). *The Self and Its Brain*, Londres, Springer (hay trad. cast., *El yo y su cerebro*, Barcelona, Ed. Labor, 1985).

Premack, D.G. y Woodruff, G. (1979). «Does the chimpanzee have a theory of mind?», *Behavioral and Brain Sciences*, 1, pp. 515-526.

Preuss, T.M., Caceres, M., Oldham, M.C. y Geschwind, D.H. (2004). «Human brain evolution: insights from microarrays», *Nature Reviews Genetics*, 5, pp. 850-860.

Pribram, K.H. (1973). «The primate frontal cortex –executive of the brain», en K.H. Pribram y A.R. Luria (eds.), *Psychophysiology of the Frontal Lobes*, pp. 293-314, Nueva York, Academic Press.

Price, C.J. (2010). «The anatomy of language: a review of 100 fMRI studies published in 2009», *Annals of the New York Academy of Sciences*, 1191, pp. 62-88.

Prigogine. I. (1997). *The End of Certainty*, Nueva York, Free Press (hay trad. cast., *El fin de las certidumbres*, Madrid, Taurus Ediciones, 1996).

Quintana, J. y Fuster, J.M. (1999). «From perception to action: temporal integrative functions of prefrontal and parietal neurons», *Cerebral Cortex*, 9, pp. 213-221.

Rachlin, H., Raineri, A. y Cross, D. (1991). «Subjective probability and delay», *Journal of Experimental Analysis of Behavior*, 55, pp. 233-244.

Raine, A. (2002). «Annotation: the role of prefrontal deficits, low autonomic arousal, and early health factors in the development of antisocial and aggressive behavior in children», *Journal of Child Psychology and Psychiatry*, 43, pp. 417-434.

Ratey, J.J. y Loehr, J.E. (2011). «The positive impact of physical activity on cognition during adulthood: a review of underlying mechanisms, evidence and recommendations», *Review of Neuroscience*, 22, pp. 171-185.

Reiss, S. (2000). *Who Am I? The 16 Basic Desires That Motivate Our Actions and Define Our Personalities*, Nueva York, Putnam.

Rilling, J. (2006). «Human and nonhuman primate brains: are they allometrically scaled versions of the same design?», *Evolutionary Anthropology*, 15, pp. 65-77.

Rizzolatti, G., Gentilucci, M., Camarda, R.M., Gallese, V., Luppino, G., Matelli, M. y Fogassi, L. (1990). «Neurons related to reaching-grasping arm movements in the rostral part of area 6 (area 6a)», *Experimental Brain Research*, 82, pp. 337-350.

Roberts, A.C., Robbins, T.W., Everitt, B.J. y Muir, J.L. (1992). «A specific form of cognitive rigidity following excitotoxic lesions of the basal forebrain in marmosets», *Neuroscience*, 47, pp. 251-264.

Rollnik, J.D., Schröder, C., Rodriguez-Fornells, A., Kurzbuch, A.R., Dauper, J., Moller, J. y Munte, T.F. (2004). «Functional lesions and human action monitoring: combining repetitive transcranial magnetic stimulation and event-related brain potentials», *Clinical Neurophisiology*, 115, pp. 145-153.

Rolls, E.T., Critchley, H.D. y Treves, A. (1996). «Representation of olfactory information in the primate orbitofrontal cortex», *Journal of Neurophysiology*, 5, pp. 1982-1996.

Roskies, A. (2002). «Neuroethics for the millennium», *Neuron*,

35, pp. 21-23.

Rowe, J.B., Owen, A.M., Johnsrude, I.S. y Passingham, R.E. (2001). «Imaging the mental components of a planning task», *Neuropsychologia*, 39, pp. 315-327.

Rushworth, M.F. y Behrens, T.E. (2008). «Choice, Uncertainty and value in prefrontal and cingulate cortex», *Nature Neuroscience*, 11, pp. 389-397.

Rutishauser, U., Tudisciuc, O., Neumann, D., Mamela, A.N., Heller, A.C., Ross, I.B., Philpott, L., Sutherling, W.W. y Adolphs, R. (2011). «Single-unit responses selective for whole faces in the human amygdala», *Current Biology*, 21, pp. 1654-1660.

Rymer, R. (1994). *Genie: A Scientific Tragedy*, Nueva York, Harper Perennial.

Schoenemann, P.T., Sheehan, M.J. y Glotzer, I.D. (2005). «Prefrontal white matter volume is disproportionately larger in humans than in other primates», *Nature Neuroscience*, 8, pp. 242-252.

Schott, G.D. (2012). «Pictures as a neurological tool: Lessons from enhanced and emergent artistry in brain disease», *Brain*, 135, pp. 1947-1963.

Schultz, W. (1998). «The phasic reward signal of primate dopamine neurons», *Advances in Pharmacology*, 42, pp. 686-690.

Scoville, W.B. y Milner, B. (1957). «Loss of recent memory after bilateral hippocampal lesions», *Journal of Neurology, Neurosurgery, and Psychiatry*, 20, pp. 11-21.

Searle, J. (1997). *The Mystery of Consciousness*, Nueva York Review of Books (hay trad. cast., *El misterio de la conciencia*, Barcelona, Paidós, 2009).

Sellman, D. (2010). «The 10 most important things known about addiction», *Addiction*, 105, pp. 6-13.

Selye, H. (1956). *The Stress of Life*, Nueva York, McGraw-Hill.

Semendeferi, H., Damasio, H., Frank, R. y Van Hoesen, G.W. (1997). «The evolution of the frontal lobes: a volumetric analysis based on three-dimensional reconstruction of magnetic resonance scans of human and ape brains», *Journal of Human Evolution*, 32, pp. 375-388.

Seo, M., Lee, E. y Averbeck, B.B. (2012). «Action selection and action value in frontal-striatal circuits», *Neuron*, 74, pp. 947-960.

Shallice, T. (1982). «Specific impairments of planning», *Philosophical Transactions of the Royal Society of London. Series B, Biological Sciences*, 298, pp. 199-209.

Shamay-Tsoory, S.G., Adler, N., Aharon-Peretz, J., Perry, D. y Mayseles, N. (2011). «The origins of originality: the neural bases of creative thinking and originality», *Neuropsychologia*, 49, pp. 178-185.

Shannon, C.E. y Weaver, W. (1949). *The Mathematical Theory of Communication*, Urbana, IL, University of Illinois Press.

Siegel, G.J. (1999). *Basic Neurochemistry*, 6.ª edición, Filadelfia, Lippincott-Raven.

Siegel, M. Donner, T.H. y Engel, A.K. (2012). «Spectral fingerprints of large-scale neuronal interactions», *Nature Reviews Neuroscience*, 13, pp. 121-134.

Smith, A. (1759). *The Theory of Moral Sentiments*, Londres, Miller.

Sowell, E.R., Peterson, B.S., Thompson, P.M., Welcome, S.E., Henkenius, A.L. y Toga, A.W. (2003). «Mapping cortical change across the human life span», *Nature Neuroscience*, 6, pp. 309-315.

Spence, S. (2009). *The Actor's Brain: Exploring the Cognitive Neuroscience of Free Will*, Nueva York, Oxford University Press.

Squire, L.R. (1987). *Memory and Brain*, Nueva York, Oxford University Press.

— (1992). «Memory and the hippocampus: a synthesis from findings with rats, monkeys, and humans», *Psychological Review*, 99, pp. 195-231.

Swick, D. y Turken, A.U. (2002). «Dissociation between conflict detection and error monitoring in the human anterior cingulate cortex», *Proceedings of the National Academy of Sciences of the United States of America*, 99, pp. 16354-16359.

Teuber, H.-L. (1972). «Unity and diversity of frontal lobe functions», *Acta Neurobiologiae Experimentalis*, 32, pp. 625-656.

Tobler, P.N., Christopoulos, G.L., O'Doherty, J.P., Dolan, R.J. y Schultz, W. (2009). «Risk-dependent reward value signal in human prefrontal cortex», *Proceedings of the National Academy of Sciences of the United States of America*, 106, pp. 7185-7190.

Tomasello, M. (2000). *The Cultural Origins of Human Cognition*, Cambridge, MA, Harvard University Press.

Trehub, S.E. y Hannon, E. (2006). «Infant music perception: domain-general or domain-specific mechanisms?», *Cognition*, 100, pp. 73-99.

Tulving, E., Kapur, S., Craik, F.I.M., Moscovitch, M. y Houle, S. (1994). «Hemispheric encoding/retrieval asymmetry in episodic memory: positron emission tomography findings», *Proceedings of the National Academy of Sciences of the United States of America*, 91, pp. 2016-2020.

Tyler, L.K., Randall, B. y Stamatakis, E.A. (2008). «Cortical differentiation for nouns and verbs depends on grammatical markers», *Journal of Cognitive Neuroscience*, 20, pp. 1381-1389.

Tylor, E. (1920/1871). *Primitive Culture*, Nueva York, J.P. Putnam's Sons (hay trad. cast., *Cultura primitiva*, Madrid, Ayuso, 1977).

Uexküll, J. von (1926). *Theoretical Biology*, Nueva York, Harcourt Brace and Co.

Ungerleider, L.G., Doyon, J. y Karni, A. (2002). «Imaging brain plasticity during motor skill learning», *Neurobiology of Learning and Memory*, 78, pp. 553-564.

Vygotsky, L.S. (1978). *Mind in Society: The Development of Higher Psychological Processes*, Cambridge, MA, Harvard University Press (hay trad. cast., *El desarrollo de los procesos cognitivos*, Barcelona, Crítica, 2003).

Walker, A.E. (1940). «The medial thalamic nucleus: a comparative anatomical, physiological and clinical study», *Journal of Comparative Neurology*, 73, pp. 87-115.

Watanabe, M. y Sakagami, M. (2007). «Integration of cognitive and motivational context information in the primate prefrontal cortex», *Cereb Cortex*, 17, (supl. 1), pp. i101-i109.

Wernicke, C. (1874). *Der Aphasische Symtomencomplex*, Breslau, Cohn and Weingert.

Wills, G. (1978). *Inventing America: Jefferson's Declaration of Independence*, Boston, Houghton Mifflin.

Wilson, J.Q. (1993). *The Moral Sense,* Nueva York, Simon & Schuster.

Winston, J.S., Gottfried, J.A., Kilner, J.M. y Dolan, R.J. (2005). «Integrated neural representations of odor intensity and affective valence in human amygdala», *Journal of Neuroscience,* 25, pp. 8903-8907.

Wolpert, D.M. (1997). «Computational approaches to motor control», *Trends in Cognitive Sciences,* 1, pp. 209-216.

Woolsey, C.N., Erickson, T.C. y Gilson, W. (1979). «Localization in somatic sensory and motor areas of human cerebral cortex as determined by direct recording of evoked potentials and electrical stimulation», *Journal of Neurosurgery,* 51, pp. 476-506.

Zalta, E.N., Nodelman, U., Allen, C. y Perry, J. (2012), *Emergent properties,* Stanford, CA, *Stanford Encyclopedia of Philosophy.*

Glosario

Actividad oscilatoria: Manifestación eléctrica de reentrada en redes neurales.

Afasia: Deterioro de la capacidad lingüística. Oscila entre tener dificultades para recordar palabras y ser totalmente incapaz de hablar, leer o escribir.

Afiliación: Asociación con, o adopción por, un grupo social de cualquier clase, como la familia, un equipo deportivo, un grupo profesional, una iglesia, un partido político o una relación comercial.

Agencia: En filosofía y sociología, la capacidad de un agente (personal o de otra clase) para actuar en el mundo. La agencia moral hace referencia a las repercusiones éticas de la acción.

Amígdala: Conglomerado de núcleos en las honduras del lóbulo temporal de cada lado, que forma parte del sistema límbico. Está implicada en la vida emocional y en la evaluación de la importancia motivacional o biológica de los estímulos externos. Por consiguiente, la amígdala desempeña un papel muy importante en la memoria, sobre todo la memoria emocional, y en la conducta emocional.

Antidepresivos: En la actualidad, los antidepresivos más utilizados son tricíclicos (por ejemplo, la amitriptilina [Elavil] y los inhibidores selectivos de la recaptación de serotonina, ISRS [por ejemplo, Prozac]). Todos potencian la serotonina o impiden su eliminación.

Área de Broca: Área situada en la corteza frontal izquierda inferior, importante para la articulación del habla. La afasia de Broca, que deriva de lesiones en esta área, se caracteriza por dificultades en la expresión verbal del lenguaje.

Área de Wernicke: Porción de la corteza PTO –de asociación posterior– que es importante para comprender el significado en el lenguaje. Ciertas lesiones de esta área provocan afasia de Wernicke, caracterizada por lenguaje ampuloso pero absurdo.

Bioimpulso: Impulso biológico, como la sed o el sexo.

Ciclo PA emocional: Paralelo al ciclo PA cognitivo e interactivo con el mismo. Incorpora estructuras límbicas y autonómicas del sistema nervioso en un ciclo cibernético de emoción, en el que las percepciones dan lugar a respuestas emocionales, las cuales originan nuevas sensaciones, etcétera.

Ciclo percepción/acción (PA): Procesamiento cibernético circular de información en la adaptación del organismo a su entorno durante una conducta secuencial con objetivo. En él, ciertos cambios ambientales suscitan estímulos que son analizados por estructuras sensoriales, las cuales inducen al sistema nervioso a producir respuestas reactivas ante estos cambios, lo que genera nuevos cambios exteriores, y así sucesivamente. El flujo de procesamiento de este ciclo adaptativo se corresponde con un flujo de feedback anticíclico que va de estructuras motoras a sensoriales, a fin de acelerar el proceso de ajuste y preparar dichas estructuras sensoriales para el cambio esperado, autoinducido. En el ser humano, el ciclo PA conlleva que las cortezas perceptual (posterior) y ejecutiva (frontal) se engranen sucesivamente a través del entorno. Un diálogo es un ejemplo vívido de dos PA en acción, donde un interlocutor es el «entorno» del otro.

Citoarquitectura: Estructura microscópica de células y fibras nerviosas.

Código relacional: Definición de un objeto o elemento de información mediante las relaciones entre sus componentes. El lenguaje es el código relacional preeminente, pues todas sus estructuras (palabras, frases, etcétera) se definen mediante las relaciones entre letras, fonemas, palabras, signos de puntuación, etcétera. Otro es la geometría. En la corteza cerebral, los cógnitos o redes cognitivas son generalmente relacionales.

Cógnito: Recuerdo o elemento de conocimiento en forma de red de ensamblajes neuronales corticales asociados que representan los componentes de este recuerdo o elemento de conocimiento. Así pues, los cógnitos son redes que varían mucho en cuanto al tamaño, están repartidos por extensiones muy variables de la corteza de asociación, comparten nódulos componentes (rasgos constituyentes) y exhiben un encaje generalizado de cógnitos pequeños en otros mayores.

Columna: Una columna cortical es una disposición vertical de células nerviosas, perpendicular con respecto a la superficie cortical (de unos 2.5 mm de grosor en el ser humano), que comparten ciertas características funcionales, por lo que han sido identificadas como «módulos» para una función neural u otra. No obstante, el concepto falla por razones empíricas. En cambio, diversos agregados celulares de estructura más o menos vertical y dimensiones variables han sido identificados en las cortezas motoras y sensoriales como ensamblajes celulares con funciones comunes.

Compatibilismo: Postura filosófica según la cual el libre albedrío y el determinismo son compatibles, no se excluyen mutuamente.

Cómputo: Cálculo de valores en el procesamiento de información. En el cerebro, como en otros sistemas físicos, tienen lugar dos formas de cómputo: digital y analógico. En la primera, los valores varían en una función discontinua, todo o nada, como en el potencial de acción de una célula nerviosa. En la segunda, los valores varían en una función continua, como en la frecuencia de potenciales de acción en un conjunto (red o ensamblaje celular). En la corteza cerebral, aunque las células se comunican entre sí mediante potenciales de acción, la información (sensorial, motora, cognitiva o emocional) va más allá del potencial de acción y se procesa de una manera analógica, mediante cambios en la frecuencia de dichos potenciales.

Conciencia: Conocimiento subjetivo de un estado, objeto, estímulo o episodio externo o interno.

Contingencia transtemporal: En una secuencia de conducta, lenguaje o razonamiento, la dependencia lógica de una acción o un episodio con respecto a otro que se haya producido antes.

Control inhibitorio: Función ejecutiva de la corteza prefrontal que, en el procesamiento de la atención, la planificación, la toma de decisiones y la memoria de trabajo, inhibe influencias irrelevantes y contradictorias, así como distracciones de cualquier fuente que puedan, de algún modo, interferir en la acción presente.

Corteza de asociación: Parte de la corteza que se halla fuera de las áreas motoras y sensoriales primarias (específicas). Está recíprocamente conectada con los núcleos asociativos del tálamo. Consta de dos componentes principales: (a) la corteza de asociación posterior de los lóbulos parietal, temporal y occipital (corteza PTO), y (b) la corteza prefrontal. Ambas cortezas de asociación están funcionalmente implicadas en funciones cognitivas superiores. Es decir, la primera (a) está implicada en los aspectos sensorio-perceptuales de la cognición –a saber, la atención, la percepción, la memoria, el lenguaje y la inteligencia–; la segunda (b) está implicada en los aspectos ejecutivos de las mismas funciones superiores.

Corteza prefrontal: Corteza que cubre los polos anteriores de los lóbulos frontales. En el cerebro humano, constituye casi una tercera parte de la totalidad de la denominada neocorteza, la última corteza desarrollada en la evolución. En sus redes neuronales, la corteza prefrontal codifica memoria y conocimiento ejecutivos. Al cooperar con la corteza de asociación posterior (PTO) en la dinámica del ciclo PA, la corteza prefrontal lateral –convexidad externa del lóbulo frontal– desempeña un papel fundamental en la organización temporal de la conducta con objetivo, el razonamiento y el lenguaje. Tres funciones prefrontales ejecutivas están al servicio de este papel básico: la memoria de trabajo, el escenario preparatorio y el control inhibitorio. La corteza prefrontal orbital, en la superficie inferior de la corteza prefrontal, es esencial para la codificación de recompensas, la integración de conducta social-emocional y el control de la impulsividad. La región prefrontal cingulada medial y anterior es básica para el seguimiento del desempeño conductual y la corrección de errores.

Corteza prefrontal orbital o corteza orbitofrontal: Corteza de la parte inferior de la corteza prefrontal, situada inmediatamente encima del ojo.

Corteza PTO: Corteza de asociación de la región posterior de ambos hemisferios, compuesta de corteza de los lóbulos parietal, temporal y occipital. En sus redes neuronales, codifica memoria y conocimiento perceptual adquiridos a través de los sentidos. En colaboración con la corteza prefrontal, la corteza PTO desempeña un papel vital en las funciones integradoras temporales de la memoria activa, es decir, en la memoria de trabajo, la percepción sensorial y la adquisición de recuerdos nuevos.

Cuerpo calloso: Haz plano de fibras nerviosas, o comisura, que debajo de la corteza une los dos hemisferios corticales –principalmente ubicaciones simétricas–. Está al servicio de la comunicación interhemisférica.

Darwinismo social: Aplicación de conceptos evolutivos a la sociología y la política, con la suposición implícita o explícita de que el progreso deriva de la eliminación de grupos inferiores a cargo de grupos superiores de la sociedad.

Degeneración: En neurociencia cognitiva, se refiere a las circunstancias en que, debido a alguna característica común, inputs distintos dan lugar al mismo output. Así pues, la degeneración es una propiedad relacional, en la que la semejanza da origen a la constancia. Es la base de la constancia perceptual o ejecutiva y lo contrario de la discriminación.

Derecho consuetudinario: Sistema legal desarrollado por jueces y jurados. Es un derecho elaborado por el ser humano en el que lo precedente tiene una importancia decisiva.

Descuento por demora: Menosprecio de un beneficio, recompensa o ganancia porque hay que esperar; cuanto mayor el tiempo de espera, mayor el menosprecio. El descuento por demora es una importante fuente de crédito al consumo y un motivo para depender del gobierno a costa de los ahorros privados.

Determinismo: Filosofía según la cual todo lo que sucede en el mundo tiene una causa. Los acontecimientos están ligados a la causalidad de tal manera que cualquier estado de naturaleza física está totalmente determinado por estados anteriores o concomitantes.

Drogadicción: Dependencia física –es decir, biológica– de la ingestión o inyección continuada de ciertos agentes tóxicos como el alcohol, la cocaína, las anfetaminas o las sustancias derivadas del opio. Cuando es intensa, limita gravemente la libertad personal.

Dualismo: En neurociencia cognitiva, idea de que el cerebro y la mente son dos sustancias diferentes, bien que interactivas.

Economía conductual: Se ocupa de los efectos de factores sociales, cognitivos y emocionales en las decisiones económicas de individuos e instituciones, y de las consecuencias para los precios del mercado, las declaraciones fiscales y la asignación de recursos.

Economía keynesiana: Filosofía económica que propugna la intervención del gobierno con el fin de controlar la política monetaria del banco central, estimular la economía y minimizar la tendencia cíclica de las economías privadas.

Ensamblaje celular: Conceptualizado por Hebb como una pequeña red de células nerviosas corticales que participa en la retención temporal de cierto rasgo sensorial (por ejemplo, visual) mediante algún tipo de reverberación en su seno. Así pues, el concepto es precursor del concepto de red cognitiva o cógnito, que está compuesto de ensamblajes celulares interconectados y distribuidos por amplias áreas corticales.

Epistemología: Naturaleza y alcance (limitaciones) del conocimiento en un campo concreto.

Fascículo longitudinal superior: Conglomerado de tractos de fibras que conectan mutuamente la corteza de asociación posterior (PTO) y la corteza prefrontal. Tiene una implicación decisiva en todas las operaciones del ciclo PA, incluido el lenguaje.

Fenomenología: Estudio filosófico de la conciencia y la experiencia subjetiva. Fundada por Husserl, esta escuela de pensamiento se centra en las apariencias (los fenómenos) del mundo en actos de la conciencia del sujeto. La fenomenología tiene un extraordinario valor descriptivo en psiquiatría, donde ayuda críticamente a diagnosticar, tratar y prevenir. Cuando se aplica a la neurociencia, la fenomenología se puede diferenciar fácilmente del método cartesiano, el cual ve el mundo como objetos, conjuntos de objetos y objetos que actúan unos sobre otros –y reaccionan unos ante otros– y en el cerebro con independencia de la experiencia fenoménica (consciente).

Fenotipo: Suma de las características o los rasgos observables del organismo que resultan de las interacciones del genoma con el entorno.

Forense: Relacionado con la ley.

Frenología: Pseudociencia basada en mediciones del cráneo, según la cual las facultades mentales están localizadas en áreas o «módulos» del cerebro delimitados por marcas externas.

Funciones cognitivas: Funciones de la mente, basadas en la corteza cerebral, que median en las relaciones de la persona consigo misma y con el mundo que la rodea. Las principales funciones cognitivas son la atención, la percepción, la memoria, el lenguaje y la inteligencia.

Ganglios basales: Masas nucleares en la base del cerebro (globo pálido, núcleo caudado, sustancia negra, núcleo subthalamico) dedicadas a la ejecución y la coordinación de movimientos en procesos muscular-cinéticos, cognitivos y emocionales.

Gramática universal (GU): En lingüística, teoría atribuida a Noam Chomsky según la cual la capacidad para aprender gramática es heredada y está cableada en el cerebro. Esta capacidad lingüística se pone de manifiesto en la facilidad con la cual, y gracias a un aprendizaje mínimo, los niños de corta edad ponen en práctica correctamente la gramática y las reglas sintácticas en sus expresiones lingüísticas.

Hemiciclo de la libertad: Conjunto de las cortezas perceptual y ejecutiva implicadas en el ciclo PA, donde se toman las decisiones y se realizan las elecciones.

Hipocampo: Parte de corteza antigua, y del sistema límbico, situada, como la amígdala, en niveles profundos del lóbulo temporal. En el ser humano, es esencial para la consolidación de memoria a corto plazo en memoria a largo plazo. Es una de las primeras estructuras cerebrales que resultan afectadas en la enfermedad de Alzheimer, con sus consiguientes problemas de memoria. En el ser humano y algunas especies inferiores, se ha revelado también su implicación en la navegación espacial.

Hipotálamo: Situado en lo alto del tronco del encéfalo, complejo nuclear dedicado a diversas funciones viscerales mediante outputs autonómicos y hormonales. Su función clave es el mantenimiento de la homeostasis. El hipotálamo controla la temperatura corporal, el sueño y los ciclos circadianos. También está implicado en funciones instintivas y emocionales relacionadas con la alimentación, el sexo, la huida y la agresividad.

Homeostasis: Mantenimiento del equilibrio en el medio interno del cuerpo.

Hormona: Sustancia química liberada por una célula o glándula de una parte del cuerpo que, a través de la sangre, envía mensajes que afectan a las funciones o el metabolismo de las células de otras partes del cuerpo.

Imaginación: Capacidad para formar en la mente de uno sensaciones e imágenes nuevas no percibidas a través de la visión, la audición u otros sentidos.

Inhibición: En neurofisiología, bloqueo o restricción de la excitación neuronal. Actúa en las sinapsis, que vuelve menos excitables por parte de las fuentes de estimulación. La inhibición puede actuar como limitación generalizada de actividad en beneficio de funciones reparadoras como el sueño. Es asimismo un componente fundamental de la atención y el movimiento selectivo; mediante inhibición recíproca de material irrelevante o mediante relajación de músculos antagonistas, la inhibición intensifica la concentración y el contraste selectivo, con lo que aumenta la eficiencia de las funciones sensoriales y motoras. En la corteza cerebral –algo, por tanto, cognitivamente pertinente–, el neurotransmisor inhibitorio más común es el ácido gamma-aminobutírico (GABA).

Intuición: Capacidad para adquirir conocimiento y obrar en consecuencia sin la conciencia ni el uso consciente de la razón.

Ley/derecho natural: Sistema jurídico determinado por la naturaleza, y por tanto universal, que supuestamente encarna diversas normas heredadas y vinculantes (éticas) de conducta moral.

Liberalismo económico: Filosofía económica que propugna la protección de la propiedad privada, las decisiones privadas y el libre mercado para fomentar la productividad y el progreso.

Ligamiento: Conexión dinámica de ensamblajes corticales mediante reentrada en un cógnito activado. Es una característica inherente a todas las redes recurrentes.

Ligamiento temporal: Unión de redes cognitivas (cógnitos) a lo largo del tiempo en la ejecución de conductas con objetivo.

Memoria asociativa: Memoria recuperable mediante un elemento de información connatural a su contenido, como la asociación contextual (por ejemplo, el recuerdo de una persona gracias al perfume que suele ponerse). La corteza y un buscador abordan la memoria de este modo, mediante asociaciones de contenido.

Memoria de trabajo: Retención de un recuerdo o elemento de conocimiento con una finalidad intencional en el futuro inmediato, como la solución de un problema o la consecución de un objetivo. Puede que el contenido de la memoria de trabajo consista en un viejo cógnito activado o en una percepción reciente. Podemos considerar razonablemente que la memoria de trabajo es atención dirigida a una representación interna.

Memoria episódica: Memoria de experiencias personales.

Memoria filética: Estructura innata de los sistemas sensoriales y motores del cerebro.

Memoria procedimental: Memoria de cómo hacer las cosas. Incluye destrezas y hábitos.

Memoria semántica: Memoria de hechos, significado o conocimiento general sobre el mundo.

Mente: Combinación de facultades cognitivas que posibilita la conciencia, el pensamiento, el razonamiento, la percepción y la evaluación.

Merecimiento: Premio o castigo éticamente justificado.

Mutación: Cambio accidental en un gen, un componente básico del genoma, el portador molecular de herencia biológica.

Nativismo: En psicología, postura teórica según la cual ciertas capacidades, como la percepción y el lenguaje, están cableadas en el cerebro al nacer. Esta idea se contrapone al empirismo. El nativismo político es la postura que favorece a los habitantes autóctonos de un país y muestra prejuicios hacia los inmigrantes.

Neuroimágenes: Exploración radiológica por computadora para visualizar la estructura y las funciones del cerebro. Las imágenes estructurales (por ejemplo, las de resonancia magnética [RMI]) se utilizan para poner de manifiesto las características físicas de estructuras cerebrales y, con fines diagnósticos, la presencia en las mismas de formaciones patológicas, como tumores o lesiones vasculares. Las imágenes funcionales se utilizan para revelar funciones cerebrales; se basan en la exposición radiográfica de cambios en el flujo sanguíneo regional o el metabolismo, que supuestamente derivan de cambios en la actividad neural o los acompañan. Los principales métodos de las imágenes funcionales son la tomografía de emisión de positrones (TEP) y la resonancia magnética funcional (RMf).

Neurona: Célula eléctricamente excitable del sistema nervioso central que procesa y transmite información mediante señales eléctricas y químicas.

Neurotransmisor: Sustancia química endógena, empaquetada en vesículas sinápticas, que transmite información de una neurona a otra a través de sus membranas. Los neurotransmisores excitatorios más comunes son el glutamato, la glicina y las monoaminas (dopamina, noradrenalina y serotonina). El transmisor inhibitorio más común es el ácido gamma-aminobutírico (GABA).

Núcleos talámicos asociativos: Núcleos talámicos que están recíprocamente conectados con la corteza de asociación. Esto excluye los núcleos específicos, que transmiten información sensorial a la corteza, y el núcleo reticular, que está conectado sólo consigo mismo y con otros núcleos, no con la corteza. Se considera que los núcleos de asociación del tálamo están involucrados en las funciones cognitivas de la corteza de asociación con la que están conectados.

Numerosidad: Base conceptual y del desarrollo de los números y las matemáticas.

Ontogenia: Desarrollo de un organismo o de cualquiera de sus partes.

Percepción: Organización, clasificación, identificación e interpretación de información sensorial en la elaboración de una representación mental del mundo exterior.

Política monetaria: Procedimiento mediante el cual la autoridad monetaria de un país (por ejemplo, la Reserva Federal de Estados Unidos, el Banco e Inglaterra o el Banco Central Europeo) controla el flujo de dinero. Sus principales instrumentos son la fijación de los tipos de interés y la monetización de la deuda pública (mediante compra de bonos y cosas por el estilo).

Potencialidad: Cualidad de un objeto o entorno que permite a un agente llevar a cabo determinada acción o conducta.

Preadaptación: En la evolución, uso de una estructura previamente formada para su uso alternativo por parte de los descendientes. Con respecto a la libertad, la creatividad y la función prefrontal, preadaptar es preparar el organismo para cambios previstos y ajustarlo a ellos por adelantado con la capacidad prospectiva del ciclo PA.

Priming: Efecto implícito de un estímulo en la percepción o el recuerdo de otro con el que tiene una relación endeble e inconsciente.

Principios hebbianos: Leyes de cambio sináptico en la base del aprendizaje y la memoria postuladas por Donald Hebb.

Qualia: En filosofía, elementos individuales de experiencia consciente, subjetiva, normalmente sensorial.

Recompensa: Estímulo positivo, obsequio (por ejemplo, dinero) o placer resultante de una acción o tarea, para cuya ejecución puede haber sido un incentivo.

Recursividad: En el lenguaje, tiene dos significados: (a) capacidad para repetir la esencia de una declaración o manifestación de múltiples maneras diferentes, y (b) capacidad para regresar a la declaración o manifestación principal tras digresión en una secundaria o menos esencial.

Red por defecto: Red de regiones cerebrales que se muestran activas cuando el individuo no está concentrado en el mundo exterior y el cerebro se halla en reposo vigilante. También conocida como «red en modo de defecto» o «red en estado de defecto», su actividad se caracteriza por oscilaciones neuronales coherentes a un ritmo inferior a 0.1 Hz (una cada 10 segundos).

Reduccionismo: Enfoque para entender la realidad compleja reduciéndola al análisis de sus partes, a menudo bajo la suposición de que el todo equivale a la suma de sus partes.

Reentrada: Propiedad estructural de redes neurales posibilitadora de recurrencia, en virtud de la cual un área cortical, o un grupo de células corticales, influye en otro y, a su vez, recibe la influencia de éste (feedback positivo). Es un rasgo esencial de activación reticular sostenida en la memoria de trabajo, y, según algunos, también en la conciencia.

Responsabilidad: Cualidad o estado de ser responsable –es decir, dar cuenta o razón– de los efectos de las acciones de uno en sí mismo y en los demás. La rendición de cuentas puede ser mental (psicológica), social, moral o legal. La responsabilidad es inseparable de la libertad, pues un agente es responsable no sólo de su decisión sino también de las consecuencias de la misma.

Selección natural: En la evolución biológica, proceso en virtud del cual diversos rasgos llegan a formar parte del organismo de una especie animal. Un rasgo deriva de mutaciones aleatorias y acaba instalado en la población mediante propagación genética.

Sinapsis: Punto de contacto electroquímico entre dos neuronas, a través del cual se transmiten impulsos de una a otra.

Las sinapsis están en los terminales de las fibras (axones) y las dendritas que conectan una neurona con otra. Un cógnito o red cognitiva se compone de neuronas, axones, dendritas y sinapsis que lo conectan todo. La fuerza de un cógnito depende de la fuerza sináptica de su red. Esta fuerza disminuye con la edad y la falta de uso cognitivo. En la periferia de un cógnito, hay neuronas y conexiones débiles que unen los elementos más exteriores de un recuerdo o un elemento de conocimiento. Esta penumbra más débil del cógnito es especialmente propensa al olvido y explica fenómenos como el *priming* (imprimación) y la intuición. Puede que sea útil en la recuperación de recuerdos tras lesión cortical.

Sintaxis: Reglas y principios que rigen la estructuración de frases en cualquier lengua particular.

Sistema de recompensas: Conglomerado de estructuras neurales repartidas por la base del cerebro, implicadas en la experiencia de la recompensa o el placer, entre las que se incluyen particularmente el hipotálamo, la amígdala, el séptum, el nucleus accumbens, la corteza orbitofrontal y la corteza cingulada anterior.

Sistema límbico: Conjunto de estructuras situado en el centro del cerebro, alrededor de las principales comisuras interhemisféricas (incluyendo el cuerpo calloso), que sustenta diversas funciones emocionales y está implicado en la memoria. Comprende el hipocampo, la amígdala y el hipotálamo.

Sistema nervioso autonómico: Parte del sistema nervioso que controla las funciones viscerales. Afecta al ritmo cardíaco, la digestión, la respiración, la salivación, la transpiración, el diámetro de las pupilas, la micción y la excitación sexual.

Tálamo: Conglomerado de núcleos, en el centro del cerebro, dedicados a la transmisión de inputs sensoriales a la corteza, las conexiones funcionales entre áreas corticales y la modulación de sistemas motores subcorticales. Es importante en la regulación del sueño y la vigilia.

Teleología: Filosofía según la cual la naturaleza tiene causas físicas finales de mecanismo, diseño u objetivo previos.

Teleonomía: Aparente finalidad de las funciones de los organismos vivos, que deriva de su historia evolutiva y está programada para el éxito adaptativo y reproductor.

Teoría prospectiva: Teoría económica conductual, asociada a Kahneman y Tversky, que describe decisiones que conllevan riesgo, donde se conocen las probabilidades de los resultados. Según dicha teoría, la gente toma decisiones basándose en el valor potencial de las pérdidas y las ganancias más que en el resultado final de dichas decisiones.

Trastorno de atención con hiperactividad (ADHD, por sus siglas en inglés): Trastorno infantil, a veces persistente en la adolescencia y la edad adulta, caracterizado por dificultades para concentrar la atención y una actividad motora excesiva. Como habitualmente afecta a niños en edad escolar, el trastorno afecta al aprendizaje y la conducta tanto en la escuela como en casa.

Valencia: Atractivo emocional intrínseco (valencia positiva) o aversión (valencia negativa) de un acontecimiento, un objeto o una situación.

Índice